"圣贤文化传承与华夏文明创新研究"丛书

（丛书主编　管国兴）

贤文化理论体系建构与当代实践研究

钟海连　谢清果　主　编

董　熠　　　　副主编

九州出版社
JIUZHOUPRESS ｜ 全国百佳图书山版单位

图书在版编目（CIP）数据

贤文化理论体系建构与当代实践研究 / 钟海连，谢清果主编. -- 北京：九州出版社，2020.11

（"圣贤文化传承与华夏文明创新研究"丛书 / 管国兴主编）

ISBN 978-7-5108-9809-9

Ⅰ. ①贤… Ⅱ. ①钟… ②谢… Ⅲ. ①伦理学－文集 Ⅳ. ①B82-53

中国版本图书馆CIP数据核字(2020)第222380号

贤文化理论体系建构与当代实践研究

作　　者	钟海连　谢清果　主编　董　熠　副主编
出版发行	九州出版社
地　　址	北京市西城区阜外大街甲 35 号（100037）
发行电话	(010)68992190/3/5/6
网　　址	www.jiuzhoupress.com
电子信箱	jiuzhou@jiuzhoupress.com
印　　刷	三河市国新印刷有限公司
开　　本	720 毫米 ×1020 毫米　16 开
印　　张	20.75
字　　数	360 千字
版　　次	2020 年 12 月第 1 版
印　　次	2020 年 12 月第 1 次印刷
书　　号	ISBN 978-7-5108-9809-9
定　　价	86.00 元

"圣贤文化传承与华夏文明创新研究"丛书

中盐金坛盐化有限责任公司博士后科研工作站 成果
厦门大学新闻传播学博士后流动站 成果
厦门大学哲学博士后流动站 成果

策划与组稿

中盐金坛盐化有限责任公司企业文化部
厦门大学华夏文明传播研究中心
厦门大学道学与传统文化研究中心

学术委员会

余清楚　朱　菁　王日根　曹剑波　苏　勇　郑称德　周可真

编委会

管国兴　谢清果　钟海连　黄永锋　陈　玲　潘祥辉　黄　诚

主　编

管国兴

副主编

钟海连　谢清果　黄永锋

编辑部（按姓氏笔画排序）

刘育霞　刘晓民　孙　鹏　林銮生　周丽英　郑明阳　赵立敏
荀美子　胡士颍　祝　涛　奚刘琴　董　熠　蒋　银

总序

传统圣贤思想的演进及其天人合德思维特征

丛书编委会

华夏文明推崇的生命境界是圣贤，历代仁人志士皆以"成贤作圣"为其学修的目标和人生价值取向。北宋哲学家周敦颐提出"三希真修"的修身阶次说，"圣希天，贤希圣，士希贤"①，以及"圣人之道，入乎耳，存乎心。蕴之为德行，行之为事业"②的"内圣外王"观。明初文学家宋濂自谓"既加冠，益慕圣贤之道"（《送东阳马生序》）；明代哲学家王阳明将"读书学圣贤"立为人生"第一等事"③。现代哲学家冯友兰亦指出："使人成为精通内圣外王之道的圣人，是中国哲学的一大目标。"④关于何为圣贤、圣贤可学否、如何学以成圣贤的思想，在中国古代史册典籍中载述丰富，历代先哲对此的阐释亦洋洋大观，在华夏文明历史长廊中蔚为一道标志性的文化景观。

纵观华夏文明史，传统圣贤思想总体上呈现如下演进规律：内涵由才能、德行、修身、治国而及于合道，理论建构由人性论、道德论、治国论而进入宇宙本体论、心性本体论，思维取向由外而内、由身而心乃至身心合一、天人合德，学为圣贤的工夫由修身、立诚转向发明本心、致良知的易简直截之道。传统圣贤思想的演进规律与中国传统文化儒佛道三教合一的发展趋向若合符契。在此以儒家圣贤思想为例，从字义溯源、内涵演变、理论建构、思维取向、治道应用、修养工夫等角度，对传统圣贤思想的形成发展略述如下。

---

① 陈克明点校：《周敦颐集》卷二《通书·志学》，北京：中华书局，2009年，第23页。下引同书只注书名、卷数、页码。

② 《周敦颐集》卷二《通书·陋》，第40页。

③ 陈恕编校：《王阳明全集四·卷三十二·年谱一》，中国书店，2004年，第190页。下引同书只注书名、页码。

④ 冯友兰：《三松堂全集》卷五，郑州：河南人民出版社，2000年，第8页。

一、能力超群：圣贤字义溯源

许慎《说文解字·耳部》解"圣"为"通也。从耳，呈声。"段玉裁注曰："圣，通而先识。凡一事精通亦得谓之圣。"朱骏声《说文通训定声》："圣者，通也。从耳，呈声。按，耳顺之谓圣"，"春秋以前所谓圣人者，通人也。"① 从字义上考据，"圣"是指精通、通达之意。孔安国《尚书正义》引王肃云："睿，通也。思虑苦其不深，故必深思使通于微也。"又言："睿、圣俱是通名，圣大而睿小，缘其能通微，事事无不通，因睿以作圣也。郑玄《周礼注》云：'圣通而先识也'。是言识事在于众物之先，无所不通，以是名之为圣。圣是智之上，通之大也。"（《尚书正义》卷十二《洪范第六》）据以上诸解，"圣"是指"思虑深微，事事无不通达，且识事先于和高于智者、通者"的人。

早在中国上古时代的巫觋文化中"圣"字就已出现。据《国语·楚语下》所载观射父论巫觋："古者民神不杂。民之精爽不携贰者，而又能齐肃衷正，其智能上下比义，其圣能光远宣朗；其明能光照之，其聪能听彻之。如是则明神降之，在男曰觋，在女曰巫。"《尚书》多处提到"圣"，如《洪范》"视曰明，听曰聪，思曰睿。……睿作圣"，《大禹谟》"帝德广运，乃圣乃神"，《囧命》"聪明齐圣"。这几本古书中所提到的"圣"，是指善视、善听、善思、善宣的人，上古时代的巫、觋就是"圣人"，他们在神、民之间起沟通、宣达作用。

"贤"为会意字，在甲骨文中为"臤"，左为"臣"，意为俘虏、奴隶，右为"又"，意为抓持、掌握、管理，整体可理解为对奴隶、俘虏进行很好的掌控。据学者高华平的研究："在现有文献中，从春秋战国到秦朝的'贤'字，主要有三种写法：（1）以《鸟祖癸鼎》、《贤父癸觯》、楚帛书为代表，'贤'字写作'臤'；（2）以《贤簋》、《中山胤嗣铜圆壶》、石鼓文和各种传世文献为代表，'贤'字写作上'臤'下'贝'（賢）；（3）以中山王墓《夔龙纹刻铭青铜方壶》、包山楚简、郭店楚简以及上博简为代表，'贤'字写作上'臤'下'子'（孯）。与此相对应，'贤'字的这三种形态分别代表了三种关于'贤'的价值观念：（1）以'臤'为'贤'，表示此时的'贤'观念指谁的力气大，能将战俘或奴仆紧紧地、牢牢地抓住，谁就是'贤'；（2）以上'臤'下'贝'为'贤'字，表示其'贤'观念指'以财为义也'，谁的财富多，谁

---

① 朱骏声：《说文通训定声》，北京：中华书局，1984年，第880页。

就是'贤';(3)以上'臤'下'子'为'贤',则表示以具有如初生婴儿般品德的人为'贤'。"①

"贤"字最早见于《尚书·君奭》篇,"在祖乙,时则有巫贤",这里的"贤"为当时辅佐商王祖乙的大臣之名。《诗经·大雅·行苇》中有言"敦弓既坚,四鍭既钧,舍矢既均,序宾以贤"。"序宾以贤",即按射箭命中的次序排列宾客的席位,"贤"在此处为射箭的技能之义。

从春秋战国到秦朝,"贤"字由最初含义为力气大、财多、技能高超,逐渐引申出才能、德行的含义。许慎《说文解字·贝部》言:"贤,多财也。从贝,臤声。"段玉裁《说文解字注》:"多财也。财各本作才。今正。贤本多财之称,引伸之,凡多皆曰贤。人称贤能,因习其引伸之义而废其本义矣。"语言文字学家杨树达在《增订积微居小学金石论丛·释贤》中提出:"以臤为贤,据其德也;加臤以贝,则以财为义也。盖治化渐进,则财富渐见重于人群,文字之孳生,大可窥群治之进程矣。"②历史学家顾颉刚在《"圣""贤"观念和字义的演变》中也曾指出,"贤"原来只是多财的意思,才能、德行的含义是后有的③。

通过字义的简要溯源可知,圣、贤二字最初没有德行的含义,主要指能力、财富方面过人,并未言及德性,故最初所谓的圣人、贤人均指能力超群的"能人",这应当是圣、贤的本义。而将圣人、贤者赋予善治之才、至德之性、人伦之至乃至为天道(天理)的先知先觉者等引申义,始于春秋战国时期儒家孔子、孟子、荀子,《易传》则基于易道(天道),通过推天道以明人事而加以系统化、理论化。

---

①　高华平:《从出土文献中的"贤"字看先秦"贤"观念的演变》,《哲学研究》2008年第3期,第72页。

②　杨树达:《增订积微居小学金石论丛》,上海:上海古籍出版社,2013年,第36页。

③　顾颉刚:《"圣""贤"观念和字义的演变·释中国》,上海:上海文艺出版社,1998年,第712页。

二、人道之极：儒家崇圣思想的理论建构及其思维取向

据《论语·述而》记载，孔子曾将圣与仁并举："子曰：若圣与仁，则吾岂敢？抑为之不厌，诲人不倦，则可谓云尔已矣。"在此，孔子将"圣"与"仁"并举，但孔子并未明确赋予"圣"以德性内涵。《论语》提到"圣人"的记载只有三次，如孔子曾言"君子有三畏：畏天命，畏大人，畏圣人之言"（《论语·述而》）。鲁太宰问子贡："夫子圣者与？何其多能也？"子贡回答说："固天纵之将圣，又多能也。"（《论语·子罕》）子贡也是从多能角度解释孔子作为圣人的内涵。此外，孔子视圣人为"博施济众"的治国者典范，在《论语》中有明确的记载："子贡曰：如有博施于民而能济众，何如？可谓仁乎？子曰：何事于仁，必也圣乎！尧舜其犹病诸！"（《论语·雍也》）

据《大戴礼记·哀公问五义第四十》记载，孔子曾对鲁哀公讲过他的圣人观："哀公曰：'善！敢问：何如可谓圣人矣？'孔子对曰：'所谓圣人者，知通乎大道，应变而不穷，能测万物之情性者也。大道者，所以变化而凝成万物者也。情性也者，所以理然、不然、取舍者也。故其事大配乎天地，参乎日月，杂于云蜺，总要万物，穆穆纯纯，其莫之能循；若天之司，莫之能职；百姓淡然，不知其善。若此，则可谓圣人矣。'"在这段对话中，孔子认为圣人是智慧能把握大道、才能足以应对万变、能力可洞察万物的真实状态和物性特点的人。且不论此段对话内容的历史真实性，单从内容看，孔子在此亦未将圣人与德行联系起来。

明确地将圣人与德性修养的境界联系起来的是孟子。孟子认为，圣人既是"百世之师也"（《孟子·尽心下》），又是"人伦之至也"（《孟子·离娄上》）。而人伦指的是"父子有亲，君臣有义，夫妇有别，长幼有叙，朋友有信"（《孟子·滕文公上》）这些德行。孟子还认为，只有圣人方能尽得人理，然后可以践其形而无亏歉，故言："形色，天性也。惟圣人然后可以践其形。"（《孟子·尽心上》）也就是说，圣人在人伦（德性）修养上达到最高境界，他能充分、完整地展现人之为人的本性，他是教化民众的师表。孟子的这一观点，使圣人由本义上的能人演变成具备完美道德人格的典范。此外，孟子还将圣人视为能够施行他所期待的"仁政"理想之人物——圣君，"圣人继之以不忍人之政，而仁覆天下矣"（《孟子·离娄上》）。圣人治天下，民有恒产而仁义生，"圣人治天下，使有菽粟如水火。菽粟如水火，而民焉有不仁者乎？"（《孟子·离娄上》）值得一提的是，孟子首次将圣人与天道并举，把圣人视为

合于天道的德性典范，圣人境界就是天人合德的境界，这一思想体现出儒家"天人合一"的理论思维取向。孟子曰："仁之于父子也，义之于君臣也，礼之于宾主也，知之于贤者也，圣人之于天道也，命也，有性焉，君子不谓命也。"（《孟子·尽心下》）孟子认为，父子之间相居以仁，君臣之间相处以义，宾主之间相待以礼，贤者相达于知，此皆于人性各得一偏；惟有圣人才能完满践行"天道"赋予人的仁、义、礼、知之德性，与天道合一。所以朱熹说"圣人立于天道也无不吻合，而纯亦不已焉"①。总之，在孟子看来，圣人是民之出类拔萃者，"圣人之于民，亦类也。出于其类，拔乎其萃"（《孟子·公孙丑上》）。

荀子对圣人思想发展的贡献是其以"化性起伪"为理论基础的"圣王"观。荀子认为，圣人不仅是道德意义上的完人，"圣人者，人道之极也"（《荀子·礼论篇》），更是政治意义上的"圣王"——礼仪法度的制定者。荀子说："圣也者，尽伦者也；王也者，尽制者也。两尽者，足为天下极矣。故学者以圣王为师，案以圣王之制为法，法其法以求其统类，类以务象效其人。"（《荀子·解蔽篇》）圣王立礼仪、制法度，是为了引导人的情性归之于正，使社会由不治而治进而合于道，"古者圣王以人性恶，以为偏险而不正，悖乱而不治，是以为之起礼义，制法度，以矫饰人之情性而正之，以扰化人之情性而导之也，始皆出于治，合于道者也"（《荀子·性恶篇》）。而圣王起礼仪制法度，就是针对人性恶的"化性起伪"，其中"性"属于人不可学、不可事的先天禀赋，而"伪"则属于人可学而能、可事而成的后天德性修养——礼仪，"礼仪者，圣人之所生也，人之所学而能，所事而成者也。不可学、不可事而在人者，谓之性；可学而能、可事而成之在人者，谓之伪。是性伪之分也。……圣人化性而起伪"（《荀子·性恶篇》）。

经过先秦时期儒家孔子、孟子、荀子等原创性的理论阐发，圣人从本义的善听、善视、善思、善宣的能人、通人，演变为与天道相合的人道之极、至德之人、善治之王，圣人被赋予道德、人伦、政治等多方面的内涵，圣人成为"完人"的代称，被视为天道的人格化身。

圣人的内涵经过儒家孔、孟、荀的丰富发展和初步的理论建构，已与天道建立逻辑关系，这是圣人思想演进过程中重要的理论原创成果。但天道的

---

① 朱熹：《孟子集注·尽心章句下》，见《四书集注》，南京：凤凰出版社，2016年，第352页。下引同书只注书名、页码。

具体内涵是什么？天道与人道之间逻辑关系的建立依据是什么？人道如何顺应天道？回答这个问题要求古典思想家、哲学家具备更高的理论思辨水平。被推举为群经之首的《易经》及据传为孔子撰述的《易传》，较早对此问题做出了系统的回答。

《易经·系辞传》指出："易之为书也，广大悉备，有天道焉，有人道焉，有地道焉。"《易传》认为，天道、地道、人道，合称"三才之道"，皆包含在"易"中。《易经·说卦传》则进一步指出，"是以立天之道，曰阴与阳；立地之道曰柔与刚；立人之道曰仁与义"，明确提出"阴阳、刚柔、仁义"，分别为天、地、人三才之道的具体内容。而天地人三才之道，又统摄于"一阴一阳"之"天道"，故《易经·系辞传》言："一阴一阳之谓道，继之者善也，成之者性也。"《易传》作者认为，一阴一阳变化的总规律就是天道的最高层次——"易道"，它既是天地人三才之道的总根源，也是天地万物得以生生不息的根本，天地万物顺继之则为善，天地万物顺因之则为各自之本性；一阴一阳之道神妙莫测，然万物皆由之而得以化育成长，故又称之为"神"，"阴阳不测之谓神"（《易经·系辞传上》），"神也者，妙万物而为言者也"（《易经·说卦传》）。换言之，天道（易道）统领地道、人道，正如乾健坤顺、天尊地卑的位序一样，天地既设尊卑之位，则变化通行于天地间的人道应尊崇天道、效法地道，"知崇礼卑，崇效天，卑法地"（《易经·系辞传上》），故顺天道者得天佑，吉顺而无有不利。《易传》明确天、地、人三才之道的具体内涵为阴阳、刚柔、仁义，并从"天尊地卑，乾坤定矣；卑高以陈，贵贱位矣"（《易经·系辞传上》）的先验逻辑，推衍出人道之仁义根源于一阴一阳之天道（易道）、人道当效法天道的结论，从而为以仁义为内涵的人道确立了理论和逻辑依据。

《易传》的作者认为，圣人是洞悉天地变化之总规律即"易道"的先知先觉者，圣人用卜筮的方式和制作相应的卦象、卦爻辞来向世人呈现神妙莫测的"易道"，促成世间万物合乎天道而运行。《易·系辞传上》言："圣人有以见天下之赜，而拟诸其形容，象其物宜，是故谓之象。圣人有以见天下之动，而观其会通，以行其典礼，系辞焉以断其吉凶，是故谓之爻。……拟之而后言，议之而后动，拟议以成其变化。"同时，《易传》还提出"易有圣人之道四焉"的命题，"易有圣人之道四焉：以言者尚其辞，以动者尚其变，以制器者尚其象，以卜筮者尚其占。"（《易·系辞传上》）圣人通过"尚辞、尚变、尚象、尚占"四种途径，向世人揭示天道"深、几、神"的微妙，"夫易，圣人之所以极深而研几。唯深也，故能通天下之志；唯几也，故能成天下之务；唯神也，故不疾而速，不行而至。子曰易有圣人之道四焉者，此之谓也"（《易·系辞传上》）。而世人通过观象玩辞、观变玩占，从吉凶悔吝之天象的启示中，体会人事的进退变化之道，遵循圣人所指示的天道行事从而获得"吉无不利"的结果，故言："圣人设卦观象，系辞焉而明吉凶，刚柔相推而生变化。是故吉凶者，失得之象也。悔吝者，忧虞之象也。变化者，进退之象也；刚柔者，昼夜之象也。六爻之动，三极之道也。是故君子所居而安者，易之序也；所乐而玩者，爻之辞也。是故君子居则观其象而玩其辞，动则观其变而玩其占，是以自'天佑之，吉无不利'。"（《易·系辞传上》）《易传》从推天道以明人事的思维方向出发，不但在天道与人道之间建构起了清晰的逻辑关系，并把圣人作为宣达天道、阐释天道、引导人类回归天道，进而使天地人三才进入生生不息之化境（易道之境）的最高人格典范，为古典圣贤思想的哲理化奠定了理论框架和范畴、符号体系。

三、德行高人：儒家尚贤思想的形成及其治理之应用

儒家的尚贤思想发源于孔子。西周末期，礼制僭越，"礼乐征伐自天子出"变为"礼乐征伐自诸侯出"，进而"自大夫出"，以至出现"陪臣执国命"的"天下无道"状态（《论语·季氏》）。礼乐的崩坏造成了社会秩序失衡和价值体系的混乱。面对礼崩乐坏的现状，孔子提出以"仁义"为核心内容的"尚贤"思想，并把其"尚贤"思想贯彻于治国理政，一方面继承周礼，一方面倡导维新。

"尚贤"是孔子倡导的仁政的重要组成部分。据统计，仅《论语》中提及"贤"至少24次。《论语·子路》记载："仲弓为季氏宰，问政。子曰：先有司，赦小过，举贤才。曰：焉知贤才而举之？曰：举尔所知，尔所不知，人其舍诸！"由此可见，"举贤才"是孔子所提倡的为政之道。《论语·泰伯》言："舜有臣五人而天下治。武王曰：'予有乱臣十人。'孔子曰：'才难，不其然乎！唐虞之际，于斯为盛。有妇人焉，九人而已。三分天下有其二，以服事殷。周之德，其可谓至德也已矣。'"舜有五贤臣而天下治，武王有九贤臣得以代殷而王，孔子称赞舜、武王能够任用贤能，感叹人才难得，同时强调"尚贤"的重要性。《史记·孔子世家》也有记录："鲁哀公问政。对曰：'政在选臣。'季康子问政，对曰：'举直错诸枉，则枉者直。'"孔子认为选对正直

的人对为政具有积极作用。孔子还对知贤不用贤的行为给予批评，子曰："臧文仲，其窃位者与？知柳下惠之贤而不与立也。"（《论语·卫灵公》）

孔子从性情、行为、言论、财富角度阐述了贤人的超常品格："所谓贤人者，好恶与民同情，取舍与民同统；行中矩绳，而不伤于本；言足法于天下，而不害于其身；躬为匹夫而愿富贵，为诸侯而无财。如此，则可谓贤人矣。"（《大戴礼记·哀公问五义第四十》）《孔子家语·五仪》也有孔子谈论何为贤人的记载："所谓贤人者，德不逾闲，行中规绳，言足以法于天下而不伤于身，道足化于百姓而不伤于本。富则天下无宛财，施则天下不病贫。此贤者也。"上引两段文字，其大意为：贤人之性情与民众相通，是非取舍的标准亦与民众同，但贤人能做到行为合于礼仪节度，言行能够为天下人所效仿；贤人富有但不以积财为目的，贤人可以把自己的财产奉献给社会却并不因此而贫困。

对于何为贤才，孔子认为"德才兼备"是贤才必备的基本条件。朱熹曾为孔子所言的"举贤才"作注："贤，有德者；才，有能者。"[①] 此外，《论语》对"贤才"的品质也多有描述，如安贫乐道、知人善任、见贤思齐、贤贤易色等。

孔子虽然把德行纳入了贤才的考量标准，但值得注意的是，他倡导的是"亲亲有术，尊贤有等"的尚贤观。孔子坚持周礼的"君臣父子"之道，延续宗法血缘，把仁作为儒家最高道德规范，而仁的根本在于血缘亲情，"仁者，人也，亲亲为大。义者，宜也，尊贤为大"（《中庸》）。亲爱亲族是最大的仁。孔子所倡导的尊贤、举才，仍是维护封建等级制度的，在孔子看来"百工居肆以成其事，君子学以致道"（《论语·子张》），他认为贤才主要出自君子，即"士"阶层，以"合于道"为修养的目标；而百工则以做好自己的分内职责为成功的标志。

孟子眼中的贤者，应先知先觉，使人昭昭，"贤者以其昭昭使人昭昭，今以其昏昏使人昭昭"（《孟子·尽心下》）；应知当务之急，以亲贤为急务，"知者无不知也，当务之为急；仁者无不爱也，急亲贤之为务"（《孟子·尽心上》）；应知于性命，不失本心，"是故所欲有甚于生者，所恶有甚于死者。非独贤者有是心也，人皆有之，贤者能勿丧耳"（《孟子·告子上》）。

孟子的尚贤思想在继承孔子的基础上有深化拓展，其强调"尊贤使能"对"仁政"具有重要作用，"尊贤使能，俊杰在位，则天下之士皆悦，而愿立于其朝矣"（《孟子·公孙丑章句上》），"尊贤育才，以彰有德。"（《孟子·告

---

① 《论语集注·子路第十三》，第 137 页。

子下》)孟子认为，好的政治应当尊重、培育贤才，表彰道德高尚的人，国家强盛的关键在于重用人才，"不信仁贤，则国空虚。"(《孟子·尽心下》)孟子继承了孔子"举贤才"思想，明确提出了尊贤使能的治政主张，强调任用官吏要尊崇贤者，使用能者，让他们在位在职，"贤者在位，能者在职"(《孟子·公孙丑上》)。

孟子还论述了君主识别贤才、任用贤才的重要性："虞不用百里奚而亡，秦穆公用之而霸。不用贤则亡，削何可得与？""君子之所为，众人固不识也。"(《孟子·告子下》)孟子以秦穆公任用贤才百里奚而得以称霸诸侯的例子论证选贤任能的重要性，同时也指出识别贤才是一项特殊的能力。除识别人才外，还需要举贤养贤，"悦贤不能举，又不能养也，可谓悦贤乎？"(《孟子·万章下》)

较之于孔子，孟子对如何发挥贤者的作用，其观点更为明确，"贤者在位，能者在职"是孟子理想政治的典范。他认为贤明的人身居高位，能干的人担任要职，如此国家才能长治久安。孟子还提出大德与小德、大贤与小贤的关联规律："天下有道，小德役大德，小贤役大贤；天下无道，小役大，弱役强。斯二者，天也，顺天者存，逆天者亡。"(《孟子·离娄上》)此外，孟子进一步拓展了贤者的来源："舜发于畎亩之中，傅说举于版筑之间，胶鬲举于鱼盐之中，管夷吾举于士，孙叔敖举于海，百里奚举于市。"(《孟子·告子下》)特别是孟子"左右皆曰贤，未可也；诸大夫皆曰贤，未可也；国人皆曰贤，然后察之，见贤焉然后用之"(《孟子·梁惠王下》)的察贤举贤的观点，具有古代朴素的民主思想特征。

北宋政治家、文学家司马光说"德行高人谓之贤"(《进修心治国之要札子状》)。朱熹在解读《论语·为政》"君子不器"时提出，圣贤须德才兼备、体用兼尽："若偏于德行，而其用不周，亦是器。君子者，才德出众之名。德者，体也；才者，用也。"[1]"有德而有才，方见于用。如有德而无才，则不能用，亦何足为君子？"(《朱子语类》卷三五)德才兼备且德行高于常人，是儒家对贤人的共识，司马光和朱熹的概括颇具代表性。先秦儒家所确立的举贤任能之德治思想，此后成为历代明君、思想家、政治家的治国理政思想主流，亦是中国传统圣贤思想应用于国家治理领域的重要理论成果。

---

[1] （宋）黎靖德编，王星贤点校：《朱子语类》卷二四《为政篇下》，北京：中华书局，2020年北京第2版，第708页。下引同书只注书名、卷数、页码。

四、圣贤风范：儒家圣贤气象论及圣贤异同之辨

经过孔子、孟子、荀子等先秦儒家先哲及《易传》的理论建构，圣贤从单一的"能力超群"者向人道之极、至德之人、德行高人、善治之王、天道的化身等多重理想角色演进，学为圣贤成为士、君子的人生价值追求。儒学发展至北宋时期，理学宗主周敦颐吸收《周易》的思想，将圣人之德的具体内容概括为"诚、神、几"，试图对圣贤之德性的具体内涵和特征加以界定。他说："诚、神、几，曰圣人"①，并对此三德做了阐释："诚，无为；几，善恶；发微不可见，充周不可穷之谓神。"②"寂然不动者，诚也；感而遂通者，神也；动而未形、有无之间者，几也。"③周敦颐对圣人之德的新诠释，比较明显地发挥了《易传》"深几神"和"易无思也，无为也，寂然不动，感而遂通天下之故"的思想。但周敦颐进一步将圣人由天道（易道）的化身，转换成人道"诚"的化身："圣，诚而已矣。诚，五常之本，百行之源也。"④"诚者，圣人之本。"⑤同时他还将圣人之道用"仁义中正"⑥四字来概括，从而使圣人作为"天人合德"的人生最高境界变得更为明晰。但系统论述圣贤德性之特征——"圣贤气象"问题的是南宋理学家朱熹和吕祖谦。

所谓"圣贤气象"是指圣贤作为理想人格和人生境界的外在表现，也可称之为圣贤风度、圣贤风范。钱穆先生曾指出，关于"圣贤气象"的论述为"有宋理学家一绝大发明"⑦。朱熹、吕祖谦在《近思录·圣贤气象》（亦作《近思录·观圣贤》）中辑录北宋周敦颐、程颢、程颐、张载四先生的著述时，举列了其所肯定的圣贤之人，为世人树立了参照的榜样。他们认为古往今来的圣人有 11 人，分别为尧、舜、禹、汤、周文王、周武王、孔子、颜子、曾子、子思、孟子，而认为荀子、扬雄、毛苌、董仲舒、诸葛亮、王通、韩愈这 7 人有各自缺陷而不能成为圣人，前 6 人可称为贤人，韩愈则可称为豪杰。此外，朱熹和吕祖谦将周敦颐、程颢、程颐、张载四者也列为圣贤。

在《近思录·圣贤气象》中，程颢独占最大篇幅，表明朱熹、吕祖谦认

---

① 《周敦颐集》卷二《通书·圣》，第 18 页。
② 《周敦颐集》卷二《通书·诚几德》，第 16—17 页。
③ 《周敦颐集》卷二《通书·圣》，第 17 页。
④ 《周敦颐集》卷二《通书·诚下》，第 15 页。
⑤ 《周敦颐集》卷二《通书·诚上》，第 13 页。
⑥ 《周敦颐集》卷二《通书·道》，第 19 页。
⑦ 钱穆：《宋代理学三书随札》，北京：读书·生活·新知三联书店，2002 年，第 152 页。

为程颢是宋朝最具圣贤气象的人物^①。据程颐所撰《明道先生行状》、吕大临撰《明道哀词》及二程弟子的记载，程颢的圣贤气象表现为：（1）洞见道体。"博闻强识，躬行力究；察伦明物，极其所止；焕然心释，洞见道体。"^②（2）德性充完。"明道先生德性充完，粹和之气，盎于面背，乐易多恕，终日怡悦，从先生三十年，未尝见其忿厉之容。"^③（3）善于教化。"先生之言，平易易知，贤愚皆获其益，如群饮于河，各充其量。先生教人，自致知至于知止，诚意至于平天下，洒扫应对至于穷理尽性，循循有序；……教人而人易从，怒人而人不怨，贤愚善恶咸得其心，……闻风者诚服，睹德者心醉。"^④（4）为政宽裕。"先生为政，治恶以宽，处烦而裕。……先生所为纲条法度，人可效而为也；至其道之而从，动之而和，不求物而物应，未施信而民信，则人不可及也。"^⑤（5）主敬行恕。"先生行己，内主于敬，而行之以恕；见善若出于己，不欲弗施于人；居广居而行大道，言有物而动有常。"^⑥这五个方面的生动描述，为慕贤希圣者树立了清晰的典范。

除了阐述圣贤风范，朱熹和明代思想家王阳明还对圣贤之异做了辨析。在朱熹看来，根据气质的不同，人可划分为"生而知之者""学而知之者""困而学之者""困而不学者"四类，"言人之气质不同，大约有此四等"^⑦。在此基础上，朱熹阐述了圣人、贤人、众人和下民的区别所在，"人之生也，气质之禀，清明纯粹，绝无渣滓，则于天地之性，无所间隔，而凡义理之当然，有不待学而了然于胸中者，所谓生而知之圣人也。其不及此者，则以昏明、清浊、正偏、纯驳之多少胜负为差。其或得于清明纯粹而不能无少渣滓者，则虽未免乎小有间隔，而其间易达，其碍易通，故于其所未通者，必知学以通之，而其学也，则亦无不达矣，所谓学而知之大贤也。或得于昏浊偏驳之多，而不能无少清明纯粹者，则必其窒塞不通然后知学，其学又未必无不通也，所谓困而学之众人也。至于昏浊偏驳又甚，而无复少有清明纯粹之气，则虽有不通，而懵然莫觉，以为当然，终不知学以求其通也，此则下民

---

① 参见姜锡东：《论圣贤气象——宋代朱熹、吕祖谦〈近思录〉研究之一》，《河北学刊》，2006 的第 1 期，第 171 页。

② 吕大临：《明道哀词》，《二程集》（上），北京：中华书局，1981 年，第 638 页。下引同书只注书名、篇名、页码。

③ 《河南程氏遗书·附录》，《二程集》（上），第 328 页。

④ 程颐：《明道先生行状》，《二程集》（上），第 638 页。

⑤ 程颐：《明道先生行状》，《二程集》（上），第 639 页。

⑥ 程颐：《明道先生行状》，《二程集》（上），第 638 页。

⑦ 《论语集注·季氏第十六》，第 169 页。

而已矣。"①朱熹认为气质之禀清明纯粹、"生而知之者"是"圣人",气质之禀虽清明纯粹然略有渣滓、需"学而知之者"是"贤人",气质之禀多昏浊偏驳而少清明纯粹、"困而学之者"是"众人",气质之禀昏浊偏驳而无清明纯粹、"困而不学者"则是"下民"。

如果说朱熹是从气质之禀的不同区别圣、贤、众人、下人,那么,王阳明则从是否与天道相合、能否率性以及天理人欲角度谈圣、贤之异。王阳明根据《孟子·尽心上》和《中庸》的相关论述,认为生知安行者为圣、学知利行者为贤、困知勉行者为普通人,"夫'尽心、知性、知天'者,生知安行,圣人之事也;'存心、养性、事天'者,学知利行,贤人之事也;'夭寿不贰,修身以俟'者,困知勉行,学者之事也"(《传习录中·答顾东桥书》)。王阳明进一步解释说,圣人为生知,知的是"义理",而不是礼乐、名物等具体的才能,"谓圣人为生知者,专指义理而言,而不以礼乐、名物之类,则是礼乐名物之类无关作圣之功矣"(《传习录中·答顾东桥书》)。圣人与天道合一,而贤者尚有缺失,"知天,……是自己分上事,已与天为一。事天,须是恭敬奉承,然后能无失,尚与天为二,此便是圣贤之别"(《传习录上·答徐爱问》)。圣人率性而行即合道,贤者于道则有过或不及,"圣人率性而行即是道。圣人以下未能率性,于道未免有过不及,故须修道。"(《传习录上·答马子莘问》)圣人之心纯为天理而未杂以人欲,如纯金之足色,"圣人之所以为圣,只是其心纯乎天理而无人欲之杂,犹精金之所以为精,但以其成色足而无铜铅之杂也。人到纯乎天理方是圣,金到足色方是精"(《传习录上·答蔡希渊问》)。

宋明理学家对圣贤气象和圣贤之异的深入探讨表明,儒家圣贤思想从先秦时期的人伦、德性领域上升至性、理、天、道的宇宙本体层面,且最后归结为心性本体,因此,儒家圣贤思想发展到宋明理学时代,达到新的理论高峰,但其天人合德的思维取向则一以贯之,这也是中国传统哲学"天人合一"理论思维特征的体现。

---

① 朱熹:《论语或问·季氏第十六》,朱杰人、严佐之、刘永翔编:《朱子全书》第六册,上海古籍出版社、安徽教育出版社出版,2002年,第871页。

五、立志修身：儒家学为圣贤的工夫论

自《大学》提出"自天子以至于庶人，一是皆以修身为本"，修身，便成为儒家学为圣贤工夫论的主流观点。《大学》把学为圣贤的工夫概括为三纲领八条目，所谓"三纲领"是"明明德、亲民、止于至善"；"八条目"为"正心、诚意、格物、致知、修身、齐家、治国、平天下"。《中庸》以"诚"为合于天道的最高德行境界，认为圣人是天生的诚者，"诚者，天之道也；诚之者，人之道也。诚者，不勉而中，不思而得，从容中道，圣人也。诚之者，择善而固执之者也"。故圣人不学、不修而与天道相合，自然天成地彰显诚之本性。学为圣人者则为"诚之者"，诚之的工夫是"择善而固执之"，具体为"博学之，审问之，慎思之，明辨之，笃行之"（《中庸》）。

孔子把修身高度凝练为"忠恕"两字，并以之为自己的一贯之道，《论语·里仁》篇载："子曰：'参乎！吾道一以贯之。'曾子曰：'唯。'子出，门人问曰：'何谓也？'曾子曰：'夫子之道，忠恕而已矣。'"朱熹《论语集注·里仁篇》释"忠恕"云："尽己之谓忠，推己之谓恕。"其引程子曰："以己及物，仁也；推己及物，恕也。"① 关于"忠恕"之道的意涵，《论语·卫灵公》篇有："子贡问曰：'有一言而可以终身行之者乎？'子曰：'其恕乎！己所不欲，勿施于人。'"观此可知，"恕"就是"己所不欲，勿施于人"。《论语·雍也》篇又有："子贡曰：'如有博施于民而能济众，何如？可谓人乎？'子曰：'何事于仁！必也圣乎！尧舜其犹病诸！夫仁者，己欲立而立人，己欲达而达人。能近取譬，可谓仁之方也已。'"可见，"忠"即是"己欲立而立人，己欲达而达人"。

孟子提出"求放心"的工夫论，把学为圣贤的工夫由修身转向修心。孟子说"圣人，与我同类者"（《孟子·告子上》），"人皆可以为尧舜"（《孟子·告子下》），他认为人人都具备成长为尧、舜那种圣人的先天潜质，并将其名之曰人的"良知良能"，概括而言就是仁与义。孟子说："人之所不学而能者，其良能也；所不虑而知者，其良知也。孩提之童，无不知爱其亲者；及其长也，无不知敬其兄也。亲亲，仁也；敬长，义也。无他，达之天下也。"（《孟子·尽心上》）至于怎样才可以成为尧、舜那样的圣人？孟子指出的具体路径是"求放心"，即保护好人先天善的德性——仁义礼智之四端。"恻隐

---

① 《论语集注·里仁第四》，第69页。

之心，仁之端也；羞恶之心，义之端也；辞让之心，礼之端也；是非之心，智之端也。"(《孟子·公孙丑上》)"学问之道无他，求其放心而已矣。"(《孟子·告子上》)这里的"四端之心"也就是孟子所说的"赤子之心"，圣人就是不失赤子之心者，"大人者，不失其赤子之心者也"(《孟子·离娄下》)。但由于人的此种先天善性在不注意时极易丢失，故必须时时护持好，"故曰'求则得之，舍则失之'"(《孟子·告子上》)。孟子还将"求放心"的德性修养功夫做了生动的描写："故天将降大任于斯人也，必先苦其心志，劳其筋骨，饿其体肤，空乏其身，行拂乱其所为，所以动心忍性，曾益其所不能。"(《孟子·告子下》)求放心、动心忍性是孟子为士人、君子指明的成圣修养方法，如果做不到，则反求诸己，"行有不得者，皆反求诸己，其身正而天下归之"(《孟子·离娄上》)。

周敦颐将学为圣贤之要概括为"无欲"。"或问圣可学乎？曰：可。曰：有要乎？曰：有。请闻焉。曰：一为要。一者无欲也，无欲则静虚动直，静虚则明，明则通；动直则公，公则溥。明通公溥，庶矣乎。"①周敦颐将"无欲"两字提示为圣贤工夫的要领，也就是《中庸》说的"诚之"的要领。在《养心亭说》一文中，周敦颐解释道，只有无欲才能立诚，才能进入"明"与"通"的圣境，"盖寡欲焉以至于无，无则诚立明通。诚立，贤也；明通，圣也"②。

至于立诚（诚之）的工夫，周敦颐认为就是《易经》损、益两卦的要义"惩忿窒欲，改过迁善"③。从立人极的角度，有时他又说"圣人之道，仁义中正而已矣"④，这便是圣学的易简之道；从效法天地的角度，有时又言"圣人之道，至公而已矣。或曰：何谓也？天地至公而已矣"⑤。而公是先对自己的要求，"公于己者公于人，未有不公于己者而能公于人"⑥。正，是指动而合道，"动而正，曰道。"⑦合道之动，动静相即，实为妙万物之神应，"动而无静，静而无动，物也。动而无动，静而无静，神也。动而无动，静而无静，非不

---

① 《周敦颐集》卷二《通书·圣学》，第31页。
② 《周敦颐集》卷三《养心亭说》，第52页。
③ 《周敦颐集》卷三《养心亭说》，第52页。
④ 《周敦颐集》卷二《通书·道》，第19页。
⑤ 《周敦颐集》卷二《通书·公》，第41页。
⑥ 《周敦颐集》卷二《通书·公明》，第31页。
⑦ 《周敦颐集》卷二《通书·慎动》，第18页。

动不静也。物则不通，神妙万物"①。"吉凶悔吝生乎动，噫！吉一而已，动可不慎乎？"②

在圣贤工夫论上，朱熹、王阳明均将"立志"作为工夫之本、之首。朱熹言："学者大要立志。所谓志者，不道将这些意气去盖他人，只是直截要学尧舜。"③朱熹还把"立志"与"居敬"合起来，强调"立志"要以"居敬"的态度来保持志之不失于空："人之为事，必先立志以为本，志不立则不能为得事。虽能立志，苟不能居敬以持之，此心亦泛然而无主，悠悠终日，亦只是虚言。立志必须高出事物之表，而居敬则常存于事物之中，令此敬与事物皆不相违。言也须敬，动也须敬，坐也须敬，顷刻去他不得。"④除具备学为圣贤的志向和理想外，朱熹认为只有努力不辍才能修成圣贤，"圣贤直是真个去做，说正心，直要心正；说诚意，直要意诚；修身齐家，皆非空言"⑤。朱熹认为，立志成圣成贤，是因为人皆可以为尧舜，"曾看得'人皆可以为尧舜'道理分明否？……若见得此分明，其志自立，其工夫自不可已"⑥。王阳明在《教条示龙场诸生》中说："志不立，天下无可成之事。虽百工技艺，未有不本于志者。……故立志而圣，则圣矣；立志而贤，则贤矣；志不立，如无舵之舟，无衔之马，漂荡奔逸，终亦何所底乎？"⑦王阳明把立志比喻为种树培根，强调立志贵在专一："种树者必培其根，种德者必养其心。欲树之长，必于始生时删其繁枝；欲德之盛，必于始学时去夫外好。""我此论学，是无中生有的工夫。诸公须要信得及，只是立志。学者一念为善之志，如树之种，但勿助勿忘，只管培植将去，自然日夜滋长，生气日完，枝叶日茂。树初生时，便抽繁枝，亦须刊落，然后根干能大。初学时亦然。故立志贵专一。"（《传习录上·门人薛侃录》）

王阳明对于圣贤工夫论的重要理论贡献在于其致良知学说。王阳明曾直截了当地说："夫圣人之学，心学也。学以求尽其心而已。……圣人之求尽其心也，以天地万物为一体也。"⑧他将"明本心"确立为"圣学之要"："圣人

---

① 《周敦颐集》卷二《通书·动静》，第27页。
② 《周敦颐集》卷二《通书·乾损益动》，第38页。
③ 《朱子语类》卷第八《学二·总论为学之方》，第164页。
④ 《朱子语类》卷第十八《大学五·传五章》，第512—513页。
⑤ 《朱子语类》卷第八《学二·总论为学之方》，第165页。
⑥ 《朱子语类》卷第一一八《训门人六》，第3473页。
⑦ 《王阳明全集四·卷二十六续编一·教条示龙场诸生》，第7页。
⑧ 《王阳明全集壹·卷七之文录四·重修山阴县学记》，第213页。

之学，乃不有要乎？若世儒之外务讲求考索，而不知本诸其心者，其亦可以谓穷理乎？"①《尚书·大禹谟》有"人心惟危，道心为微，惟精惟一，允执厥中"之说，而阳明则借此推导出圣贤之心与人之本心无异的观点："彼其自以为人心之惟危也，则其心亦与人同耳。惟其兢兢业业，常加'精一'之功，是以能'允执厥中'而免于过。古之圣贤，时时自见己过而改之，是以能无过，非其心果与人异也。"这样便为士人、君子学为圣贤开出了通途——改过明本心。"本心之明，皎如白日。……一念改过，当时即得本心。"②

接着，王阳明把圣贤工夫论从明本心转为致良知。他阐述道："夫心之本体，即天理也。天理之昭明灵觉，所谓良知也。"③而良知就是孟子说的是非之心，人人皆具，圣愚平等。"是非之心，人皆有之，即所谓良知也。孰无是良知乎？但不能致之耳。"④"是非之心，不虑而知，不学而能，所谓良知也。良知之在人心，无间于圣愚，天下古今所同也。"(《传习录中·答聂文蔚》)若不能认识到这一点，则会走向知行分离，"近世格物致知之说，只一知字尚未有下落，若致字功夫，全不曾道著矣。此知行之所以二也"⑤。由此，在王阳明的心学思想体系中，圣贤工夫由修心、明本心，顺理成章地转换为致良知，除致良知外别无其他功夫，"则知致知之外无余功矣"⑥，"良知之外更无知，致知之外更无学"⑦。而且，这是最简易真切的工夫，"若今日所讲良知之说，乃真是圣学之的传，但从此学圣人，却无有不至者。凡功夫只是要简易真切。愈真切，愈简易；愈简易，愈真切"⑧。

王阳明对自己拈出"良知"两字来概括圣学的精髓颇为自得，曾多次说"某近来却见得良知两字日益真切简易。朝夕与朋辈讲习，只是发挥此两字不出。……若致其极，虽圣人天地不能无憾，故说此两字，穷劫不能尽"，"除却良知，还有甚么说得！"⑨"区区所论致知二字，乃是孔门正法眼藏，于此见得真的，直是建诸天地而不悖，质诸鬼神而无疑，考诸三王而不谬，百世

① 《王阳明全集壹·卷五之文录二·与夏敦夫》，第152页。
② 《王阳明全集壹·卷四之文录一·寄诸弟》，第146页。
③ 《王阳明全集壹·卷五之文录二·答舒国用》，第160页。
④ 《王阳明全集壹·卷五之文录二·与陆原静二》，第159页。
⑤ 《王阳明全集壹·卷五之文录二·与陆原静二》，第159页。
⑥ 《王阳明全集壹·卷五之文录二·与黄勉之二》，第162页。
⑦ 《王阳明全集壹·卷六之文录三·与马子莘》，第162页。
⑧ 《王阳明全集壹·卷六之文录三·寄安福诸同志》，第186页。
⑨ 《王阳明全集壹·卷五六之文录三·寄邹谦之书三》，第172页。

以俟圣人而不惑。"①

王阳明还将致良知与《中庸》所讲的"戒慎恐惧"结合起来，他把戒慎恐惧作为致良知的工夫，以确保心之良知不失其昭明灵觉之本体，如此则此心时时处于"动容周旋而中礼、从心所欲不逾矩"的真洒落境界，这就是孔子曾描述的圣人的精神境界。"戒慎恐惧之功，无时或间，则天理常存，而其昭明灵觉之本体，无所亏蔽，无所牵扰，无所恐惧忧患，无所好乐忿懥，无所意必固我，无所歉馁愧怍。和融莹彻，充塞流行，动容周旋而中礼，从心所欲而不逾，其所谓真洒落矣。"②

宋明理学家皆以成贤作圣为人生价值追求。周敦颐基于其太极本体论，提出"诚者，圣人之本"以及"主静"而"立人极"的希圣思想，从性体（天道）上说圣人之本性——诚，其学为圣贤的方法为"立诚"；王阳明则发挥《孟子》"良知良能"和心之"四端"以及《尚书》"人心惟危，道心为微，惟精惟一，允执厥中"的"十六字心传"，从心体上说圣人之本性——良知（是非之心），将学为圣贤的方法简约为"致良知"。周敦颐、王阳明的圣学，既体现了儒学成圣的共同价值取向，但也有着不同的哲思特征，即由用显体与立体达用。两者从思维方式上既坚持了儒学传统的天人合一思维，但又分别融贯吸收了道家老庄虚静、坐忘而返本归真的致思方法和佛教禅学顿悟的思维路径。此为另一话题，在此略而不论。

通观历史，华夏文明演进的主旋律是探寻天地人生生不息之道。历代先哲们在孜孜不倦的求索过程中认识到，天地人"三才"一体共生，万物与人不一不异，人类只有诚意正心，修身养性，由安身立命而达至"与天地合其德，与日月合其明，与四时合其序，与鬼神合其吉凶"，方可进入天地人一体生生不息之化境。正是在这一意义上，《礼记·礼运》说"故人者，天地之心"。五千年来，基于人的德性修养关乎天地人三才的和谐共生与长生久视，华夏文明形成了丰富、宏博的圣贤思想体系，确立了"内圣外王"的人生最高境界，这一源远流长的圣贤思想是华夏文明之魂。如上所述，它在各个领域均产生过深远影响，举凡修身、齐家、治国、平天下，无不渗透了圣贤思想的文化基因。历代皆以圣贤治世、贤良安邦、选贤任能为善治，以慕贤希圣、见贤思齐、修身志贤为价值追求，可以说，传统圣贤思想凝结了华夏文

---

① 《王阳明全集壹·卷五之文录二·与杨仕鸣》，第156页。
② 《王阳明全集壹·卷五之文录二·答舒国用》，第160页。

明关于天地人生生不息之道的理论精华，它矗立于人类文明史的思想高峰，至今仍散发着强大的文化生命力。

　　编纂"圣贤文化传承与华夏文明创新研究"丛书，主要是想为读者提供一套关于圣贤文化的系统性、研究性读物。本丛书尽量兼顾学术性与可读性、理论与实践的结合，全面解读圣贤文化的理论体系、概念范畴、嬗变脉络、古今实践，结合现代案例，诠释其人文精神、德性修养、治国理政等丰富思想内涵的深层价值，推动圣贤文化在新时代的创造性转化和创新性发展。至于是否达到了这个编撰目标，只能交由读者来回答了。

（钟海连　执笔）

目 录

总序　传统圣贤思想的演进及其天人合德思维特征……………………… 1

一、贤文化与社会治理

何以选"贤"：作为社会动员的贤文化及其知识政治考察……… 王　昀　徐　睿　3

贤文化组织传播与"尚贤"治理建构：基于理念与实证的研究

………………………………………………………………… 钟海连　蒋　银　13

乡贤文化与闽南地域社会 ……………………………………………… 连晨曦　45

贤文化在社会治理中的现实意义研究——以山东省为例 ……………… 王荣亮　55

新"乡贤"的媒介形象研究

　　——以微信公众号《人民日报》和《潮州日报》报道为例 ………… 王福忠　65

二、贤文化与道德培育

行贤不自贤——《庄子》的贤人观研究 …………………… 王　婕　谢清果　83

孔子圣贤观的治道思想发微 ……………………………………………… 奚刘琴　97

范仲淹"圣贤"品格的哲学启示与传播价值 ……………………………… 祝　涛　112

崇德尚才：儒家"人观"与王充的传播主体论 …………………………… 吉　峰　126

三、贤文化与历史传承

中庸与圣贤——传播考古学视角下的考察 ……………………………… 杜恺健　143

"身""乡""家""国""天下"之互动与回环

　　——由《管子》《老子》反观《大学》 ……………………………… 张丰乾　164

《老子》的贤德观及其传播价值新论 …………………………… 管国兴　祝　涛　180

北宋注家对老子"不尚贤"之解释 ……………………………………… 王　超　196

从夷齐典故看唐前"贤文化"内涵的易变 ……………………………… 刘育霞　208

四、贤文化与乡村实践

乡村振兴视域下新乡贤的文化参与及社会认同

——以山西晋中白燕村为考察对象 ················· 郭俊红 221

乡贤文化自觉与传统乡贤文化的创造性转化、创新性发展··· 苗永泉 高秀伟 233

乡贤文化在朗德上寨旅游社区善治作用及机制研究 ·············· 祝 霞 242

五、贤文化的当代实践

贤文化研究综述 ················· 张鑫 陈莹燕 李刚 253

墨家尚贤思想的理论体系及当代价值 ················· 金小方 261

中盐金坛公司的贤文化实践个案研究 ················· 钟海连 272

后记 ················· 305

一、贤文化与社会治理

何以选"贤"：作为社会动员的贤文化及其知识政治考察

王 昀 徐 睿①

（华中科技大学新闻与信息传播学院，湖北武汉，430074）

摘要："选贤任能"是中国社会源远流长的人才选拔制度。围绕"贤"作为一种社会价值体系的生成过程，我们可以据此讨论知识分子如何被动员纳入传统社会的治理结构，并持续推进国家力量的增长。从汉代察举制到隋唐科举制的建立，"贤"被逐步确立为官员遴选机制的重要组成部分，标识着寒门庶族与仕途联结的通道。在历代政权的选拔制度管理当中，由"贤才"组成的关系网络建构了一种独特的政治生态。与此同时，媒介作为一种重要的工具资源，也为观察古典社会治理与知识分子的互动脉络提供了窗口。透过探讨国家基于贤文化叙事向平民阶层展现的赋权过程，有助于重新思考市民社会在面对政治体制运作时，如何被动员其中，进而展现其相互合作的弹性。

关键词：选贤；科举制；社会动员；知识政治

"贤"的概念自古以来便与知识分子有着相当程度的关联。在选贤任能的人才选拔理念之下，国家透过察举或竞争性考试遴选官吏，知识分子由此获得参与和组织国家机器的途径。如研究者向来承认，尽管中国古典政治语境中的知识分子和国家之间的关系相当复杂，但绝大多数仍"倾向于认为自己实际上（或潜在地）是国家的一部分,并从寻求力量（或更多的力量）"②。贤

---

① 作者简介：王昀，华中科技大学新闻与信息传播学院讲师；徐睿，华中科技大学新闻与信息传播学院硕士研究生。

② 黄宗智主编：《中国研究的范式问题讨论》，北京：社会科学文献出版社，2003年，第243—244页。

文化在被纳入政治体系的过程中，显然为知识分子与国家之间关系的建立提供了对话空间。

事实上，选贤制度本身并不全然是一种工具手段，更为重要之处在于，贤的概念还超越了关于"能力"的评价，而包含了一整套社会标准，甚至服膺于某种道德规范结构。郑雅如在回溯齐梁时代士人交游活动的时候便提到，贤才标准的变化令士人群体得以脱颖而出。而士人对于名声的重视，则进一步强化了其群体内部的友道。① 换而言之，有关贤的认知形成了一种共同体文化的认知。这种共同体秩序的出现，既成为观察古典知识分子获取政治资本的重要机会，也助益形成了一个更具弹性的社会控制系统。因此，当我们审视"贤"的概念，它往往还可以与礼②、道、天下等一系列概念相互联结，构成讨论华夏政治传播颇为复杂的生态。

本文的问题意识在于"贤"文化如何塑造一种基础的社会动员力量，令知识分子依附其中，进而推动国家权力的持续扩大。"选贤"是中国社会自古至今确立的人才遴选机制，并在各阶段历史语境呈现出不同的调整面貌。本文首先从历史脉络梳理"贤"作为一种人才选拔制度的确立，并进一步论述该制度在中央与平民视野中的社会动员效果。与此同时，本文考察了科举环境下各类媒介的政治功能，试图为当下新传播环境中关于选贤任能的传播学议题，提出新的时代思考。

一、"贤"标准作为制度确立：从"世卿世禄"到"金榜题名"

人才问题是中国古代政治学的基本问题。③ 西周时代，周公就视"官人之法"为治国之大法。"官人之法"即是任官选才的政策制度。从西汉的察举制到延续千年的科举制度，无一不是以贤为标准来选拔人才。所谓"贤，多才也"（《说文解字》），段玉裁作注解释："财各本作才。今正。贤本多财之称。引申之凡多皆曰贤。人称贤能，因习其引申之义而废其本义矣。《小雅》：大夫不均，我从事独贤。传曰：贤，劳也。谓事多劳也。故孟子说之曰。我独

---

① 郑雅如：《齐梁人士的交游——以任昉的社交网络为中心的考察》，《台大历史学报》2009 年第 44 期。

② Pines, Yuri, "Disputers of the 'Li': Breakthroughs in the Concept of Ritual in Preimperial China", *Asia Major*, 2000, 13（1）, pp.1-41.

③ 祁志祥：《国学人文导论》，北京：商务印书馆，2013 年，第 141 页。

贤劳。"①贤首先强调的是个人的才能，多才之人才能称之为贤，且贤者多劳。因此贤者是大众中的少数，正如孔子弟子三千，而"贤者七十二"。在才能之外，贤在主流认识中与个人的德行相关联。"贤，有善行也。"（《玉篇》）在德行的指向方，贤的内涵广泛且并不确定，大凡善、明、有德，即能遵行儒家之礼义仁德者，便可称之曰"贤"。或许正是由于贤的规定比较宽泛，有某种概括性，遂被用来作为评价有德与否的标准。②

在中国传统文化中，圣、贤、君子是理想人格的集中体现，并要求人们做圣贤君子的同时成就圣贤人格。③传统文化强调人的道德修养，对人的约束和价值衡量更多的是激励其"以天下为己任"，将自身的力量投入到国家运转中。中国自古以来国土广袤，国家管理需要大量人才注入，得贤者胜，失贤者败，是历史给予我们的经验与基本法则，并且各层贤者也有着不同的分工："上贤禄天下，次贤禄一国，下贤禄田邑。"（《荀子·正论》）贤在作为社会尺度的同时也构建了人才与国家的联系，随着历史的发展，这种联系逐渐被制度加固并趋于标准化。

作为史书中记载的第一个世袭制朝代，夏朝最早开始将"公天下"变为"家天下"。启变选举为世袭，变传贤为传子，打破了原始部落的"选贤举能"。而西周盛行的选贤贡士制度在一定程度上提高了人们求学任官的积极性，但世卿世禄制仍是当时的主流，而选贤贡士也只是加强王权的需要，此时的贤并不是一种普适性的标准。在西周对于以贤选官的初步尝试之后，历朝历代都对选贤有了进一步的探索。

（一）长官举贤：世有伯乐，然后有千里马

汉代建立以后，中国进入一段长时间的大一统时期，为了适应大一统帝国的统治需要，国家急需贤才之士来辅助治理国家，察举制——一套在当时相对规范和稳定的官吏选拔制度应运而生。而帝国发展初期，出于对人本身的信仰，察举制主要是依靠中央的三公九卿、郡守、列侯以及地方上的高级官员，从平民或低级官吏当中按照一定的标准选拔在道德、品行、才能方

①　（汉）许慎撰，（清）段玉裁注：《说文解字注》，上海：上海古籍出版社，1981年，第513页。

②　中华文化通志编委会编；葛荃撰：《中华文化通志·政德志》，上海：上海人民出版社，1998年，第56页。

③　卢晓晴：《圣、贤与君子——中国传统文化中的理想人格》，《东莞理工学院学报》2006年第2期。

面符合当时统治阶级需要的人才入朝为官，[①] 被举之人再到中央参加各科目考试。

察举制一方面将考试与选拔相结合，给广大有才之士提供了相对公平且较多的入仕机会，逐步实现了向平民阶层的赋权过程。另一方面，过于依靠中央和地方官员的选拔，导致唯亲是举、唯"财"是举等乱象频出，甚至还有"举秀才，不知书；察孝廉，父别居；寒素清白浊如泥，高第良将怯如鸡"这般民谣流传。察举制度将贤置于长官的评价中，尽管看似将权力下放，实则仍处于一种中央主导的选拔，被察举的平民才有被赋权的机会，鉴于此制度弊端颇多，于是并不长久。

（二）门第出贤：王与马，共天下

两汉时期的察举制，到了东汉末年，已为门阀士族所操纵和利用，他们左右了当时的乡间舆论，使察举滋生了种种腐败的现象，曹丕在采纳陈群的创议后，九品中正制成了魏晋南北朝时期主要的选官制度。该制度用各州郡有声望的人任"中正"官，负责在本地区品评人物，选拔官吏。把人物分为九等，称九品，然后按品级选官。据门第高低划分品级上下，按品级上下决定官阶大小。

九品中正制起初在察举制的基础上，将家世与品德并重，并且将选拔人才的能力收回中央，有利于巩固统治。但后期完全以家世来定品级，九品中正制不仅成为维护和巩固门阀统治的重要工具，本身就成了构成门阀制度的重要组成部分。于是，"上品无寒门，下品无势族"（《晋书·刘毅传》）的局面出现。此选贤的标准似乎只注重门第，名门世族被视为贤，完全断绝了平民入仕的路径，在这种完全门阀统治的情境下，科举制度应运而生。

（三）考试求贤：朝为田舍郎，暮登天子堂

随着士族门阀的衰落和庶族地主的兴起，魏晋以来选官注重门第的九品中正制已无法继续下去。隋文帝即位以后，废除九品中正制，创科举制度，开启了平民通过读书考试获取入仕机会的大门。开皇十八年，隋文帝下诏："京官五品已上，总管、刺史，以志行修谨、清平干济二科举人。"（《隋书·文帝纪下》）以"志行修谨"和"清平干济"两个科目来举贤。到隋炀帝时，正

---

① 刘园园：《汉代察举制探析》，《才智》2011 年第 20 期。

式设进士科，按考试选拔人才。科举制度是传统知识分子和传统封建科层制结合的重要中介因素。①

科举制度作为一种"人对文"的选拔机制，具有一定的"法治"精神。科举制度秉承着"怀牒自进"的报考原则和"一切以程文为去留"的及第标准，为下层知识分子凭借自身的才华通往社会上层开辟了一条道路。②此后，科举制成为中国历史上最长久的人才选拔制度，不同于以往的中央高度集权，科举选拔使知识分子身份大大凸显，并与科举考试紧密相连。知识分子从考试中脱颖而出，被赋予参与政治的权利，获得了文人与官僚二重角色的统一。他们既是知识的生产者，又是构成国家政治生态网的一员。

二、制度选贤的社会动员与知识政治化

"贤"是中国传统社会上层招纳人才、平民入仕的衡量尺度，随着隋唐科举制度的确立，国家各层级管理人员选"贤"的标准以统一考试等方式呈现。如秦始皇时代"书同文、车同轨"一般，科举制度的确立像一把水平的直尺，明确地划定界限，告知天下读书人应考入仕的办法。国家管理的需要与朝代的变迁演进，选"贤"这一传统社会的基本规范在国家运转中汇入一股制度动员的力量。

自科举创办以来，由于考试的内容形式与书目多为四书五经，社会上也掀起了一股"惟有读书高"的风潮。科举选贤的动员下，古代社会呈现出一种知识化趋势。敦煌写本《杂抄》内有"论经史何人修撰制注"一条，这部分内容包含二十余种书籍，在形式上看其应为一个简单的阅读书目，推测其为当时具有推荐性的学习书目，联系科举考试制度及内容，加上当时科举应试风气的影响，可以看出其所列书目内容对当时科举考试的迎合。③宋代百科全书与科举参考书目畅销。此时的知识不再是单纯的学习教育意味，科举考试将知识与仕途相联系，知识被赋予了政治权利，文章试图将知识政治置于选贤制度中联结国家与平民的中间概念，将知识政治作为观察"贤"实现社会动员的基本脉络。

秦的一统天下在中国首次形成统一帝国，进而出现君主和人民的统治与

---

① 韩明谟：《中国传统知识分子与社会选择》，《文史哲》1992年第3期。
② 王静：《科举制度对中国封建社会的影响——以政治、文化、教育角度为视野》，《大众文艺》2017年第3期。
③ 张玥：《浅谈〈杂抄〉书目对当时科举考试的迎合》，《文化学刊》2019年第4期。

被统治这一在古代社会不可忽视的关系。① 在传统二元政治格局下，能够步入仕途的考试如同一个中转站，将知识分子转为国家政治机器的零件，拥有足够知识的平民就被赋予了政治参与的权利。此时，贤外化的科举制度就将平民阶层包裹进来，"贤"成了平民与中央协同构建的共同体。知识分子成了联结君主与平民的纽带，兼有双方的印记，在知识化的时代背景下，倚靠贤文化提供的实际依存中主导着知识生产。

（一）贤之为"名"：身份认同与知识资源的赋权

中国封建社会是半封闭式分层体系，只有科举制是向上流动的途径。② 在贤文化主导的知识化过程中，中央对于知识分子的吸纳外化为多方面的考虑。首先，"贤"对于知识分子最基本的要求是身份。隋朝创立的科举考试开辟了中国官员制度选拔的新局面，而科举报名资格的确定与当时社会环境关联很大。由于南北朝时期的九品中正制中一些为官家族形成了世代占据某一官位的现象，此局面不利于揭开新篇章朝代的统治。有鉴于此，隋代统治者在改革选官制时首先关注报考人的资格，对科举报考人员有一系列的限制。由于工商业在中国古代始终被视为末业，因此商人被列入封建统治的黑名单，不允许参加科举考试。《通典》卷十四中写道："隋文帝开皇七年，制诸州岁贡三人，工商不得入仕。"唐代承接隋朝开创的科举制，《唐六典》规定："凡官人身及同居大功已上亲，自执工商，家专其业，皆得入仕。"《旧唐书》卷四三《职官志》也说："工商之家，不得预于士。"工商之家完全被排除在国家管理的人选之外。

在设置选拔门槛之外，选拔方式也是为了招徕真正的贤才，《太平广记》记载："进士科起始于隋炀帝大业年间"，此时贤的标准融入试题，进士科的设立明确了平民参选和中央选才的步骤，读书—应考—任官的三步式入仕模式逐渐明晰化。历朝历代，对选拔的手段不断修改完善。约在武德四年唐行科举一年后设立"投牒自举"的制度："自古哲后，皆侧席待贤；今之取人，令投牒自举，非经国之体也。"（《旧唐书·杨绾传》）唐代投牒自举之法的标志性现象，是士子可自择便于其被举及第之地应举就试，由此体现了其投考

---

①　中国秦汉史研究会：《秦汉史研究译文集·第 1 辑》，西安：中国秦汉史研究会，1983年，第 31 页。

②　李宁主编：《社会学概论》，合肥：安徽人民出版社，2007 年，第 197 页。

的自由度。[1] 这种自由也包含着对有真才实学且敢于毛遂自荐的贤士的期待。武则天上任后，首创殿试和武举制度，为了打击士族门阀的气焰，她采取各种措施，提高进士科的地位，增大招贤的范围与数量，将参与国家管理的权力下放到更广泛的民间，让更多有才能的寒门学子有机会施展自己的才华，也为"贞观遗风"打下了基础。

不仅是直接对人才设限，选贤制度甚至开始介入了这些未来官员的教育方式。元至正十八年（1358），尚未统一全国之际，朱元璋已经开始建立地方官学、科举与国子监的尝试。通过设立国子监、在全国郡县设立地方官学、开科取士等措施，人才培养与选拔基本制度得以初步确立。[2] 洪武二年十月（1639），朱元璋诏令天下郡县并设学校：

> 令天下郡县，并建学校，以作养士类。其府学，设教授一员，秩从九品，训导四员，生员四十人，州手设学正一员，训导三员，生员三十人，县学设教谕一员，训导二员，生员二十人。师生月廪食米人六斗，有司给以鱼肉，学官月俸有差。学者专治一经，以礼乐射御书数设科分教，务求实才，顽不率者黜之。[3]（《明太祖实录》卷四十六）

这一诏令将"务求实才"确定为地方官学的主要目标，全面并具体地规定了地方官学的教学配置、设立目标及淘汰标准，于是这一诏令即成为明代地方官学正式施行的开端与发展基础。为了保证地方官学的顺利建设，朱元璋还将办学作为地方官员考核的重要内容。除官学的创办，明代还设立国子监来为国家管理输送人才。国子监也是明代教育机构的重要组成部分。《明史》中提到"学校起家可不由科举"，也就是说，国子监的学生可以直接入仕，而国子监也就成了一个既教育又直接生产官员的机构。

王德昭认为："科举制度确为社会提供了有效的阶层流动的途径。社会阶层流动性的存在，使传统社会统治机构的成分不时更新，有裨于社会和政治稳定的维持。"[4] 中国的科举制度虽然有诸多限制，可是它毕竟为寒门士子提

---

[1] 楼劲：《科举制"投牒自举"之法溯源》，《历史研究》2019年第1期。

[2] 冯建超：《中国古代人才培养与选拔研究——以明代科举官学为中心的考察》，杭州：浙江大学出版社，2016年，第24—25页。

[3] "中央研究院历史语言研究所"编：《明实录·明太祖实录·卷四十四至七十二》，台北："中央研究院历史语言研究所"，1962年，第925页。

[4] 王德昭：《清代科举制度研究》，北京：中华书局，1984年，第83页。

供了一条入仕为官的道路，科举制度是为了选拔人才来更好地完成统治巩固和国家管理。在统治者书写的历史中，我们看到的是为了适应不同时代要求，官方的求贤若渴与中央"广开才路"政策的不断调整。然而，历史正因为是统治者书写的，所以事实并不尽然。如果科举制度真的像描述的那样给了寒门士子以机会，中央也不必反复政策调整、设立多样揽才机构，甚至存在元朝长达 80 年的科举停考。在中央不断扩充对"贤"的要求并单方面向民众进行政治赋权的同时，知识分子其实也在这一系统中展现了自己的存在，接下来我们可以看到。

（二）贤能共同体：知识生产网络的形成

中国的传统文化由上层传统士大夫阶层文化和下层民间文化共同组成。上下层文化之间尽管有所区别，但在本质上都是以宗法制度为中心的。掌握上层文化的士大夫阶层与下层民众之间并没有不可逾越的鸿沟，他们之间经常处于相互交流的状态。更重要的是，在唐代，科举制度的推行，为更多的中下层知识分子进入上层社会提供了新的通道。[①] 从积极意义上讲，越是注意从社会不同阶层特别是社会底层吸纳人才，越能扩大执政者的执政基础。所以，对于政权的稳固来讲，最根本的措施是要在全国范围内选拔"贤"和"能"。[②]

宋朝统治者大兴科举制正好推动了知识分子的崛起。宋代的科举制正好处于承上启下的关键时期，它上接唐代，进一步使考试规制和任职办法规范化，又启示明清两代做更合理的调整。宋代登科人数又是历朝最多的，据初步统计，其每年平均取士人数，约为唐代的五倍，元代的三十倍，明清两代的三至四倍。[③] 而这也大约离不开宋代的经济发展与文化普及。通过科举考试，大批怀有真才实学的中下层知识分子得到朝廷重用而身居要职，为当时社会政治、经济、军事的繁荣发展做出了重要贡献。[④] 庆历二年（1042 年），王安石进士及第，开始步入从政道路。三舍法是他锐意变法的一生中改革学校制度的一项重要建树。这项制度主张学校教育取代科举考试，"艺可以一日

---

① 张卫东：《唐代刺史若干问题论稿》，郑州：大象出版社，2013 年，第 225—226 页。
② 齐惠：《中国古代官制如何选贤任能》，《党政视野》2017 年第 1 期。
③ 龚延明：《中国古代制度史研究》，杭州：浙江大学出版社，2013 年，第 545 页。
④ 余保中：《宋代科举制对社会分层和垂直流动的作用探析》，《社会学研究》1993 年第 6 期。

而校，行非历岁月不可考"（《玉海》卷 112）即说明了其想要去除科举考一张试卷定取舍弊端的目的。三舍法的实行就是王安石关于提高学校的政治地位和教学质量，从而逐步取代科举制度制度突出而为国家直接输送人才的主张的具体尝试。[①] 这项极其突出"学而优则仕"原则的制度昭示着上舍优等生可以越过科举考直接免试授官，学识与功名画上等号。三舍法看似自上而下的知识化主张，实则是作为知识分子的王安石通过自己的力量重塑了知识分子参与国家管理的途径。

明清是科举考试的极盛时期。"殿试策问"作为科举考试的一个重要环节，不仅具有衡才选士的价值，更具有很强的时政性。清代顺康雍三朝科举曾行之以策论，对清代人才的选拔、实学的倡导以及社会信息及民意的上传与清帝为政思想的下达都发挥了积极作用。[②] 此时，在官方视野中选贤的标准中已经赋予了政治思想。乾隆十八年，朝廷为避免邸报中夹入伪稿的情况，便对抄报制度进行一次改革，设立公报房，庶民一直都不被允许私抄邸报。由于邸报（又称京报）统一印刷，印刷量大而日积月累产生大量剩余。后来有个以负贩为生的山东登州人，将过期的京报携带到北方去试销，因为当时科举考试策论时要涉及时事问题，京报恰恰能提供这方面的资料，于是原来属于废物的过时京报，竟成了畅销货。[③] 过期京报可以被知识分子当作备考材料，又或者可以将报纸上的时事资料视为一种资源，这种知识生产的成果作为政治资源为人们所用，为想要步入仕途的学子们增添了信心。

"朝为田舍郎，暮登天子堂"描绘了科举考试在当时能够带给平民的可能，读书进举也是平民进入国家政治网络的途径。考察科举制度的历史演变，可以看出科举考试使民众形成对人的信仰而失去对物的信仰。科举制度的长期历史积淀使其本身形成"科举信仰"。[④] 而这种信仰之下，因为选"贤"而和国家管理建立关系的知识分子也通过自己的力量对贤产生了一定的影响。

目光随着历史的走向，官方规定考试内容一直局限于四书五经等"死知识"，这在一定程度上是有利于没有条件接收新知识的底层民众的。科举考试给了许多寒门学子鲤鱼跳龙门的机会，但那也是一种在限制下的前进。总的

---

① 俞启定：《宋代太学三舍法评述》，《教育评论》1988 年第 5 期。

② 谢景芳，张会会：《清前期殿试策问与时政关系探论》，《辽宁师范大学学报（社会科学版）》2009 年第 3 期。

③ 丁淦林，刘家林，孙文铄等：《中国新闻事业史新编》，成都：四川人民出版社，2008年，第 26—27 页。

④ 陈正洪：《科学信仰与"科举信仰"》，《淮南师范学院学报》2007 年第 6 期。

来说，一千多年的科举制度对中国人民的影响是巨大的，甚至是存在前文所述的"科举信仰"。统治者为自己的管理招贤纳士，有报国之志的民众按官方路径应征，相较于早前的世卿世禄，普通民众获得了在那个时代下的自由。在科举制度的变动中，普通平民一直处于适应政策的一方，而从众多平民中百里挑一的知识分子又转而通过政策资源等推动政治赋权。"贤"在双方的努力下，内涵不断扩大增加，不仅在与国家政治紧密联系的同时，更成了一种"贤"信仰，官方求贤，民间尚贤。超越原处于中介途径的本身，成了维持社会秩序与层级流动的核心概念。

三、结语

昂格尔认为，"中国传统政治形态中，知识与政治的相互交融，既彰显着一种神奇的统一，同时又暗藏着一种内在的紧张"。[①] 自隋文帝开创科举制度，往后的历朝历代都是在围绕这个制度修改完善。中央以选贤为中心思想，适以朝代要求，据此制定出选拔人才的政策措施，想要完全选拔出天下英俊。在官方的视野中，政策的调整是其求贤若渴的最大表现，而所有平民中的英才所举都是因为制度所及。然而，在科举制度之下的平民，想要进入官方制度内并不十分容易。官方科举制度的下达构建了平民的科举信仰，更多的平民在贤这一秩序的动员下，对于入仕的努力不断求索。

互联网让信息与知识的攫取与被看见变得容易。中华源远流长的历史中，统治者们一直在为贤才被看见而努力，不同时代的社会背景下，选才者与被选者都有自身的考量。"贤"是好字，更是好标准。相较于古代科举的唯一出路，现代社会给予大众更多被看到的机会。对于当下人们趋向的一种媒介化社交生存状态，我们的人才选拔应该将目光放得更宽广，对于互联网环境的选"贤"标准和对人们的引导都是我们如今值得思考的问题。

---

① 罗伯特·曼戈贝拉·昂格尔（Roberto Mangabeira Unger）:《知识与政治》，支振锋译，北京：中国政法大学出版社，2009 年。

贤文化组织传播与"尚贤"治理建构：
基于理念与实证的研究

钟海连　蒋　银 [①]

（《贤文化》编辑部，江苏常州，213200）

摘要： 以"学为圣贤"为第一等事的华夏文明在组织传播过程中，形成了尚贤希圣等理念和追求，在治身、治世、治国等领域呈现出华夏文明独特的"圣贤气象"。本文通过文献梳理、计量分析、案例论证等方法，探讨尚贤希圣理念的演变与组织传播实践的关系。研究表明，先秦时期，儒、墨、道、法等构成华夏文明的主要学派都基于治理视角探讨过圣贤文化，虽然道家、法家没有特别鼓励尚贤，但儒家、墨家却大力提倡尚贤，后世董仲舒、朱熹等人，对尚贤文化多有继承发展。当今学界和管理界开始关注华夏圣贤文化的传承，无论是理论探讨还是实践探索，都取得丰富成果，研究视角涉及哲学、史学、语言学等学科，实践传承关联文化传播、企业管理、社会治理等领域。案例企业中盐金坛盐化有限责任公司通过贤文化组织传播，在团队建设、人才培育、企业文化建设等方面实践传统的尚贤希贤理念，并建构起内贤外王的企业"尚贤"治理，贯穿了传统文化"反求诸己""三才相通"的思维方式，为创造性传承发展华夏圣贤文化做出了有益探索。

关键词： 贤文化；组织传播；"尚贤"治理；反求诸己；三才相通

"贤"是华夏文明所提倡的传统美德，尚贤理念是中华民族的重要精神内

---

① 作者简介：钟海连（1968—），哲学博士，编审，美国夏威夷大学访问学者。蒋银（1993—），东南大学图书馆学硕士。

核，有研究者对贤文化进行过专题研讨。① 通过研究发现，尚贤、希圣等思想，不仅蕴含家国治理、社会教化等功能，而且在团队建设、社会治理等方面呈现独特的组织传播气象。本文从三方面对尚贤思想与组织传播的关系开展研究：其一，从探讨贤字的内涵流变入手，梳理先秦儒、墨、道、法四大学派有关贤的思想和观点并加以剖析，继而梳理董仲舒、朱熹对尚贤思想的继承与发展。其二，以 CiteSpace 软件为工具，以中国知网文献数据库关于"贤"的现有文献为对象，分析贤的研究现状、热点及进展。其三，以案例企业中盐金坛盐化有限责任公司的贤文化建设为例，剖析贤文化组织传播的路径，以及在构建企业"尚贤"治理方面的经验和效果。

一、尚贤的源与流：文化传播视角的梳理

（一）贤字内涵的流变

汉字作为华夏文明传播的主要载体，其自身的流变即呈现出华夏文明的变化概况与发展规律。

"贤"，会意法造字，其本字为"臤"，从各时期的字形变迁来看，如图 1，在甲骨文字形中，左为臣，本意为俘虏、奴隶，右为又，意为抓持、掌握、管理，整体可理解为对奴隶、俘虏进行很好的掌控。金文承续甲骨文字形，当"臤"作为单纯字后，金文再加"贝"另造"賢"代替。《形音义字典》解金文字形的贤曰："象人手执贝审视之形，能识贝之优劣者为贤。"② 篆文、隶书、楷书、行书承续金文字形。

甲骨文	金文	篆文	隶书	楷书	行书	章书	繁体标宋	简体标宋

图 1 "贤"字的字形演变 ③

---

① 尹娇：《中华传统文化核心范畴"贤"的语义分析及文化阐释》，硕士学位论文，福建师范大学，2012 年，第 8 页。

② 高华平：《从出土文献中的"贤"字看先秦"贤"观念的演变》，《哲学研究》2008 年第 3 期。

③ 象形字典网：《"贤"的字形演变》，2019 年 6 月 1 日，http://www.vividict.com/WordInfo.aspx？id=3423，2019 年 6 月 1 日。

　　王筠《说文句读》提道："不言从取者，古者以取为贤，后乃加贝。"[1] 钱桂森《段注钞案》指出："其义为多才而其字从贝，盖从坚贝取譬为义，亦形声兼会意之字。"[2] 以上表明，贤字存在由"臤"加"贝"而形成"賢"的这种演变过程。

　　究其字义演变，贤最初含义为多财，即钱财多，后引申出有才能，有德行的含义。许慎言："贤，多财也。从贝，臤声。"（《说文解字·贝部》）段玉裁《说文解字注》："多财也。财各本作才。今正。贤本多财之称，引申之，凡多皆曰贤。人称贤能，因习其引申之义而废其本义矣。"[3] 语言文字学家杨树达在《增订积微居小学金石论丛·释贤》中提出："以臤为贤，据其德也；加臤以贝，则以财为义也。盖治化渐进，则财富渐见重于人群，文字之孳生，大可窥群治之进程矣。"[4] 历史学家顾颉刚在《"圣""贤"观念和字义的演变》中也曾指出，贤原来只是多财的意思，才能、德行的含义是后有的。[5] 贤的"多才"义和"德行"义是在春秋战国时期形成。

　　贤的"多才"之义引申发展为"多财"，而"有德"之义是后续的进一步发展。贤的甲骨文所具掌控奴隶、俘虏的含义，蕴含勇猛之力，是一种技能的体现。有学者曾提出："远古时代的人们，由于生产力落后，只能靠体力技能获取生活资料，财富多的直接原因就是依靠体力技能。"[6] 所以，多财，其本质意味着有更多的才能。侯外庐等在《中国思想通史》中提出："'贤'字最早见于《尚书·君奭》篇，《诗经·大雅·行苇》篇与《诗经·小雅·北山》篇。"[7]《诗经·大雅·行苇》中有言"敦弓既坚，四鍭既钧，舍矢既均，序宾以贤。""序宾以贤"即按射箭命中的次序排列宾客的席位，"贤"在此处即有射箭的技能之义。

　　贤的"德"义源于"献"字。"献"和"贤"具有通假的关系，《汉语大辞典》解"献"曰："古代指贤者，特指熟悉掌故的人。"《尚书·虞夏书·益

---

①　王筠：《说文解字句读》，上海：中华书局，2016年，第89页。

②　庞月光：《古汉语词义辨析二则》，《北京教育学院学报》（社会科学版）1997年第1期。

③　段玉裁：《说文解字注》，南京：凤凰出版社，2018年，第128页。

④　杨树达：《增订积微居小学金石论丛》，上海：上海古籍出版社，2013年，第36页。

⑤　顾颉刚：《"圣""贤"观念和字义的演变》，王元化主编《释中国》，上海：上海文艺出版社，1998年，第712页。

⑥　尹娇：《中华传统文化核心范畴"贤"的语义分析及文化阐释》，福建师范大学硕士学位论文，2012年，第28页。

⑦　侯外庐，赵纪彬，杜国庠，邱汉生：《中国思想通史》第一卷，北京：人民出版社，1980年，第34页。

稷》："万邦黎献，共惟帝臣"，意即"天下万国的百姓与宿贤，都是舜帝的臣子"。古代借"献"为"贤"的通假例还有南宋朱熹《四书章句集注》解"文献"曰："文，典籍也；献，贤也。"清代刘宝楠《论语正义》解"文献"亦谓："文谓典策，献谓秉礼之贤士大夫。"

学者单纯指出，"记录'贤'的技能含义和'献'的德才含义结合而成现代'贤'字含义的最早文献为《国语·周语中》"[①]。《国语·周语中》中原文为："王曰：'利何如而内，何如而外？'对曰：'尊贵、明贤、庸勋、长老、爱亲、礼新、亲旧……狄，豺狼之德也，郑未失周典，王而蔑之，是不明贤也。'"至此，贤字已有了德行和举贤之义。

除"有才能，有德行"外，贤还具有其他一些义项，宗福邦等在《故训汇纂》中列出贤的 85 个义项，主要为才、能、货贝多于人、大、善、劳、坚、胜、益、愈等等[②]。尹娇在《中华传统文化核心范畴"贤"的语义分析与文化阐释》一文中，结合《辞源》《辞海》《康熙字典》《古汉语字典》等多部权威汉语词典的阐述，将"贤"的义项总结为 7 项，分别为有德行、多才能；有德行、有才能的人；优良、美善；尊崇、器重；胜过、超过；辛劳；对人的敬辞。

总的说来，贤字的本义应是多财，即钱财多，之后首先发展出才能多、德行多的引申义。在其之后，贤的字义又发展出更多的引申义，现代汉语中又发展出"贤德""贤达""贤惠""贤明""贤能""贤哲""贤士""贤良"等多个词义。

（二）先秦诸子的"尚贤"思想

在华夏文明的传播发展过程中，先秦时期诸子百家争鸣的思想文化传播环境，使儒、道、墨、法等学派形成充分的对话交流。对于贤德是否应予以推崇？当时诸子的观点可分为儒家、墨家的"尚贤"和法家、道家的"不尚贤"这两大流派。

1. 儒家：尊贤有等的尚贤观

儒家的尚贤思想发源于孔子。西周末期，礼制僭越，"礼乐征伐自天子出"变为"礼乐征伐自诸侯出"，进而"自大夫出"，以至出现"陪臣执国命"的

---

① 单纯：《贤与中国文化之元》，《青岛大学学报》1996 年第 3 期。

② 宗福邦，陈世铙，肖海波：《故训汇纂》，北京：商务印书馆，2003 年，第 167 页。

"天下无道"状态（《论语·季氏》）。礼乐的崩坏造成了社会秩序失衡和价值体系的混乱。面对礼崩乐坏的现状，孔子提出"仁义"结合的治世之道，一方面继承周礼，一方面倡导维新。

"尚贤"是孔子倡导的仁政的重要组成部分，据笔者统计，仅《论语》中提及"贤"至少 24 次。《论语·子路第十三》记载道，"仲弓为季氏宰，问政。子曰：先有司，赦小过，举贤才。曰：焉知贤才而举之？曰：举尔所知，尔所不知，人其舍诸！"由此可见，"举贤才"是孔子所提倡的为政之道。《论语·泰伯》言："舜有臣五人而天下治。武王曰：'予有乱臣十人。'孔子曰：'才难，不其然乎！唐虞之际，于斯为盛。有妇人焉，九人而已。三分天下有其二，以服事殷。周之德，其可谓至德也已矣。'"舜有五贤臣而天下治，武王有九贤臣得以代殷而王，孔子称赞他们能够任用贤能，感叹人才难得，同时反映出尚贤的重要性。《史记·孔子世家》也记录有："鲁哀公问政。对曰：'政在选臣。'季康子问政，对曰：'举直错诸枉，则枉者直。'"孔子认为选对正直的人对为政具有积极作用。孔子还对知贤不用贤的行为给予批评，子曰："臧文仲，其窃位者与？知柳下惠之贤而不与立也。"（《论语·卫灵公第十五》）

对于何为贤才，孔子认为"德才兼备"是贤才必备的基本条件，朱熹曾为孔子的"举贤才"作注阐释为："贤，有德者；才，有能者。"（《四书集注》）此外，在《论语》中对"贤才"的品质也多有描述，如安贫乐道、知人善任、见贤思齐、贤贤易色等。

孔子虽然把德行纳入了贤才的考量标准，但值得注意的是，他倡导的是"亲亲有术，尊贤有等"的尚贤观。孔子坚持周礼的"君臣父子"之道，延续宗法血缘，把仁作为儒家最高道德规范，而仁的根本在于血缘亲情："仁者，人也，亲亲为大。义者，宜也，尊贤为大。"（《中庸》）亲爱亲族是最大的仁。孔子所倡导的尊贤、举才，仍是维护封建等级制度的，在孔子看来"百工居肆以成其事，君子学以致道"（《论语·子张》），其认为贤才主要出自君子，即"士"阶层。

孟子的尚贤思想在继承孔子的基础上有深化拓展，其强调"尊贤使能"对"仁政"具有重要作用："尊贤使能，俊杰在位，则天下之士皆悦，而愿立于其朝矣。"（《孟子·公孙丑章句上》）"尊贤育才，以彰有德。"（《孟子·告子下》）孟子认为，好的政治应当尊重、培育贤才，表彰道德高尚的人，国家强盛的关键在于重用人才："不信仁贤，则国空虚。"（《孟子·尽心下》）

孟子强调了君主识别贤才、任用贤才的重要性："虞不用百里奚而亡，秦穆公用之而霸。不用贤则亡，削何可得与？""君子之所为，众人固不识也。"（《孟子·告子下》）其以秦穆公任用贤才百里奚而得以称霸诸侯的例子论证选贤任能的重要性，同时也指出识别贤才是一项难得的技能。除识别人才外，还需要举贤养贤，"悦贤不能举，又不能养也，可谓悦贤乎？"（《孟子·万章下》）

而对于个人如何成贤，孟子认为关键在于修身。孟子认为人"性本善"，"仁、义、礼、智根于心"（《孟子·尽心上》），"居移气，养移体"（《孟子·尽心上》）。他指出，地位与环境等后天因素可以改变人的气质、修养、内涵。孟子认为要养成贤德，重在修身，要在实践与苦难中获取磨炼。正所谓："故天将降大任于是人也，必先苦其心志，劳其筋骨，饿其体肤，空乏其身，行拂乱其所为，所以动心忍性，曾益其所不能。"（《孟子·告子下》）孟子眼中的贤者，应先知先觉，使人昭昭；应知其大者，以急务为先；应知于性命，不失本心。

较之于孔子，孟子对如何发挥贤者的作用，其观点更为明确，"贤者在位，能者在职"（《孟子·公孙丑》）是孟子理想政治的典范。他认为贤明的人身居高位，能干的人担任要职，如此国家才能长治久安。孟子还提出大德与小德、大贤与小贤的关联规律："天下有道，小德役大德，小贤役大贤；天下无道，小役大，弱役强。斯二者，天也，顺天者存，逆天者亡。"（《孟子·离娄上》）此外，孟子也进一步拓展了贤者的来源："舜发于畎亩之中，傅说举于版筑之间，胶鬲举于鱼盐之中，管夷吾举于士，孙叔敖举于海，百里奚举于市。"（《孟子·告子下》）特别孟子"左右皆曰贤，未可也；诸大夫皆曰贤，未可也；国人皆曰贤，然后察之，见贤焉然后用之"（《孟子·梁惠王下》）的察贤举贤的观点，具有古代朴素的民主思想特征。

然而，在孟子时期，"尚贤"与"用亲"仍未对立起来。"为政不难，不得罪于巨室。"（《孟子·离娄上》）"国君进贤，如不得已，将使卑踰尊，疏踰戚，可不慎与？"（《孟子·梁惠王下》）"用下敬上，谓之贵贵；用上敬下，谓之尊贤。贵贵、尊贤，其义一也。"（《孟子·万章下》）这些皆体现出孟子"尚贤"思想仍有"亲亲有术，尊贤有等"的成分。孟子甚至对墨子的兼爱思想进行了直接的批判："墨氏兼爱，是无父也，无君无父是禽兽也。"（《墨子·滕文公》）

2. 墨家：兼爱观念下的尚贤

春秋战国之交的著名思想家墨翟，作为一个平民，在少年时代做过牧童，学过木工，其所处阶层使他相当关注小生产者的利益。对于"尚贤"，墨子是先秦诸子中最为积极的倡导者，墨子的"尚贤"思想精华主要体现于其《墨子·尚贤》三篇。兼爱是墨子的代表理论，他针对儒家"爱有等差"的说法，主张爱无差别等级，不分厚薄亲疏。同样的，墨子的尚贤观也打破儒家的亲亲之道，与用亲观形成对立。

"故古者圣王之为政，列德而尚贤。虽在农与工肆之人，有能则举之。""以德就列，以官服事，以劳殿赏，量功而分禄。故官无常贵，而民无终贱，有能则举之，无能则下之，举公义，辟私怨。"（《墨子·尚贤上》）墨子坚定地主张"任人唯贤"，选贤任能，不重出身，"在农与工肆之人"只要有贤都可举之，这同时也反映出墨子所代表平民阶级对提升阶级地位的渴望。"官无常贵，民无终贱"的观点更饱含"尚同"思想，具有人人平等的超前意识。"不党父兄，不偏贵富，不嬖颜色"（《墨子·尚贤中》），体现出墨子对儒家"亲亲有术"的宗法等级观念的突破与批判。

墨子更把"尚贤"提升到"为政之本"的高度。墨子以古时尧任用舜，禹任用益，汤任用伊尹，文王任用闳夭、泰颠的典故为论证之据，提出"夫尚贤者，政之本也。"（《墨子·尚贤上》）墨子还指出，国家兴衰的奥秘在于能否实现人尽其才。他认为，若是国家重用大量贤才，国家就会被治理得很好，否则，国家就会被治理得很差。"国有贤良之士众，则国家之治厚；贤良之士寡，则国家之治薄。"（《墨子·尚贤上》）并且，"贤者之治国也，蚤朝晏退，听狱治政，是以国家治而刑法正。贤者之长官也，夜寝夙兴，收敛关市、山林、泽梁之利，以实官府，是以官府实而财不散。贤者之治邑也，蚤出莫入，耕稼树艺，聚菽粟，是以菽粟多而民足乎食。故国家治则刑法正，官府实则万民富"（《墨子·尚贤中》）。墨子指出贤者治国将带来国家有治而刑法严正，官府充实而万民富足的实际效果。此外，墨子认为贤才的任用与国家的长治久安密切相关，他指出，用贤是十分急迫的。"入国而不存其士，则亡国矣。见贤而不急，则缓其君矣。非贤无急，非士无与虑国。缓贤忘士，而能以其国存者，未曾有也。"（《墨子·亲士》）

对于什么样的人是贤才？墨子也有提出他的观点，"厚乎德行，辩乎言谈，博乎道术"（《墨子·尚贤上》）。可见，德行、才能、学问是墨子的选贤标准。三项标准中，又以德行为首。"富之、贵之、敬之、誉之"，墨子认为要吸引贤才，任用贤才，就必须做到使贤才富有、显贵，同时要尊敬、赞誉贤才。

此外，墨子认为"兼相爱"的尚贤使能促成"交相利"的实现。"古者圣王唯能审以尚贤使能为政，无异物杂焉，天下皆得其利。"（《墨子·尚贤中》）他认为古时候的圣王正是因为尚贤使能为政，没有其他事情掺杂在内，因此天下都能受益。

　　3. 道家与法家的"不尚贤"

　　除儒家与墨家积极倡导"尚贤"思想外，道家和法家则对尚贤之说提出了怀疑和反对。道家所崇尚的是"道法自然，无为而治"，最早主张不尚贤的是老子。他认为："不尚贤，使民不争。"（《道德经·第三章》）释德清在《道德经解》中指出："盖尚贤，好名也。名，争之端也。"① 其注解道德经时认为，尚贤意味着名利，会引发民众的明争暗斗。"圣人之治，虚其心，实其腹，弱其志，强其骨。常使民无知无欲，使夫知者不敢为，为无为，则无不治。"（《道德经·第三章》）在老子看来，崇尚贤士，会引起民众的争执。他认为，只有使人民摆脱欲望和诱惑，才能复归无知无欲的朴素状态；只要做事顺应客观规律，天下就能得到很好的治理。此外，老子还认为圣人应有所作为但不矜持，有功劳而不自居，并且不克意表现自己的贤："是以圣人为而不恃，功成而不处，其不欲见贤。"（《道德经·第七十七章》）

　　老子之后，道家的另一代表人物庄子也反对举用贤士。可以说，庄学对圣贤有更尖刻的批判，其提出"至德之世，不尚贤，不使能"（《庄子·天地》）的观点。"闻在宥天下，不闻治天下也。"（《庄子·在宥》）"在宥"是庄子的政治主张，不同于儒墨倡导的贤人治世，按《庄子·在宥》的解释，"在之也者，恐天下之淫其性也；宥之也者，恐天下之迁其德也"。也就是说，"在宥天下"就是对天下不必加以人为的管束（以仁义、刑法进行治理），而应以无为的态度对待天下，使天下不变化其本性（德）即可，"故君子不得已而临莅天下，莫若无为。无为也，而后安其性命之情"（《庄子·在宥》）。

　　"举贤则民相轧，任知则民相盗。之数物者，不足以厚民。民之于利甚勤，子有杀父，臣有杀君；正昼为盗，日中穴阫。"（《庄子·庚桑楚》）庄学一派直接指出举荐贤才将会引发人民的相互伤害，如果任用智者就会促成百姓出现伪诈。他甚至引用案例警示大众：世人会因私利，做出儿子杀死父亲、臣子谋害国君、大白天抢劫盗窃等恶劣行径。"曰：'某所有贤者，'赢粮而趣之，则内弃其亲，而外弃其主之事；足迹接乎诸侯之境，车轨结乎千里之外，则是上好知之过也。上诚好知而无道，则天下大乱矣！"（《庄子·胠箧》）而老、庄道家所倡导的"至德之世"，邻近的国家相互观望，鸡狗之声相互听闻，百姓直至老死也互不往来。不管是老子还是庄子，道家学派认为，如果统治者

　　① 释德清：《道德经解》，上海：华东师范大学出版社，2009年，第39页。

一心追求智巧，那么就会扰乱天下太平。

值得注意的是，道家的"不尚贤"并非"尚不贤"或完全否定贤才及贤良的品格、精神、气质，因为《道德经》《庄子》亦有多处描述贤人的优良品质。道家的"不尚贤"一方面是不支持对贤才的特意标榜与突出，道家认为这种行为打破了"道法自然"的平衡状态，与"无为而治"背道而驰。另一方面，南怀瑾在《老子他说》中提出：这也是因为道家认为贤与不贤难以分辨，"白石似玉，奸佞似贤。"（《抱朴子·内篇·祛惑》）①

有别于道家"无为而治"视域下的不尚贤，法家的不尚贤是基于其"尚法"的思想理论。法家代表人物慎到非常崇尚法治，"民一于君，事断于法，是国之大道也。""国家之政要，在一人心矣。"（《慎子·逸文》）慎到认为百姓、官吏听从于君主的政令，而君主在做事时依法行事，方是治国之大道；同时保持人心的平稳和谐，对于维护国家的稳定有关键意义，而要实现这个目标，关键在实行法治。慎到主张贵势，"贤不足以服不肖，而势位足以屈贤矣"（《慎子·威德》）。慎到认为贤德并不能使不肖者服从，但权势地位却能使贤人屈服，权势才是进行政治活动的第一要素。于是他反对人治、心治与尚贤，对于人治，慎到提出"君人者，舍法而以身治，则诛赏予夺从君心出矣，舍法以心裁轻重，同功殊赏，同罪殊罚，则怨之所由生也。"（《慎子·君人篇》）他认为君主如若舍弃法治而以个人意志，即进行人治、心治来定夺赏罚，那么就会造成同样功劳不一样的赏赐，同样罪过不一样的惩罚的现象，进一步导致怨恨的产生和国家的混乱动荡。对于尚贤，"立君而尊贤，是贤与君争，其乱甚于无君。故有道之国，法立，则私议不行；君立，则贤者不尊"（《慎子·逸文》）。慎到认为尚贤会影响君主一元化的政治统治，同时也与尚法相矛盾。

商鞅则主张贵贵，反对尚贤。"既立君，则上贤废而贵贵立矣。然则上世亲亲而爱私，中世上贤而说仁，下世贵贵而尊官。上贤者以道相出也，而立君者使贤无用也。"（《商君书·开塞》）商鞅提出历史分阶段演进的说法，认为远古时代人们爱自己的亲人而偏爱私利，中古时代人们推崇贤人而喜欢仁爱，近世人们的思想是推崇权贵而尊重官吏。他认为，君主确立之后，崇尚贤德的思想就要废除，尊重显贵的思想随即树立起来。确定君主的地位后，崇尚贤人的准则便失去效用。商鞅同样反对人治，"以治法者强，以治政者削"（《商君书·去强》），认为法治强于人治。"凡世莫不以其所以乱者治，故小治而小乱，

---

①　南怀瑾：《老子他说（初续合集）》，北京：东方出版社，2014年，第78页。

大治而大乱，人主莫能世治其民，世无不乱之国。奚谓以其所以乱者治？夫举贤能，世之所治也，而治之所以乱。世之所谓贤者，言正也；所以为善正也，党也。听其言也，则以为能；问其党，以为然。故贵之不待其有功，诛之不待其有罪也。此其势正使污吏有资而成其奸险，小人有资而施其巧诈。"（《商君书·慎法》）商鞅直接提出，任用贤人这一尚贤的方式，就是用乱国的方法治国的体现，因为贤的标准难以辨别，贤才的名声是出自他的党羽，统治者因此一味地尚贤，会造成赏罚不明，会使贪官污吏与小人有可乘的机会。

法家的集大成者韩非坚决维护君主的地位，"尧、舜、汤、武或反群臣之义，乱后世之教者也。尧为人君而君其臣，舜为人臣而臣其君，汤、武为人臣而弑其主、刑其尸，而天下誉之，此天下所以至今不治者也。"韩非认为尧、舜、汤、武都是违反君臣之间道义、扰乱后世教令的人物，但世间对他们却进行称赞，这是导致天下得不到治理的原因所在，"此明君且常与而贤臣且常取也"。韩非认为贤能之士对君王之权力造成威胁，任贤会导致君王之地位不能得到保证，因而直接提出"尚法不尚贤"的观点，认为废弃常道去尊尚贤人就会发生混乱，舍弃法制而任用智者就会产生危险。"是废常上贤则乱，舍法任智则危。故曰：上法而不上贤。"（《韩非子·忠孝》）

韩非还对统治者提出一个重要的管理原则，即勿见好恶于下，他认为任用贤人和随意举贤是统治者的两种祸患，因为喜好贤能，群臣就会粉饰自己的行为，不显露自己的实情，从而导致统治者无法真正识别臣下。"人主有二患：任贤，则臣将乘于贤以劫其君；妄举，则事沮不胜。故人主好贤，则群臣饰行以要君欲，则是群臣之情不效；群臣之情不效，则人主无以异其臣矣。"（《韩非子·二柄》）

法家的不尚贤虽倡导不举贤才，崇尚法治，反对人治，但法家并不否定德行的重要性，就韩非子而言，还充分强调了为政者需要具备良好的道德修养，如"智术之士，必远见而明察，不明察，不能烛私；能法之士，必强毅而劲直，不劲直，不能矫奸"（《韩非子·孤愤》）。

总体而言，道家和法家的"不尚贤"不是对贤良品德予以否定，不是聚焦于要不要道德，而是从自身角度对"尚贤"这一政治举措提出独特的观点与看法。

（三）汉代以后"尚贤任能"渐成治道主流

继先秦诸子深入探讨贤德后，华夏民族于汉代建立起大一统的国家政权，为了对广袤领土予以有序治理，因而汉廷中央政权积极选拔出各地的贤良精英，并在官僚组织中对贤良美德予以传播颂扬和赞誉提倡，尚贤之治渐成思想界的主流。其中汉代董仲舒、宋代朱熹等儒家代表人物对尚贤理念做了进一步的传承发展，并将尚贤任能的思想从国家层面加以推动和传播，成为深入华夏文明治道的核心价值观。

董仲舒言："治身者以积精为宝，治国者以积贤为道。"（《春秋繁露·通国身》）在董仲舒看来，明君治国，重在任贤、用贤，他认为贤才关乎国家的兴衰成败、长治久安。"政乱国危者甚众，所任者非其人。"（《汉书·董仲舒传》）"夫鼎折足者，任非其人也；覆公餗者，国家倾也。是故任非其人，而国家不倾者，自古至今，未尝闻也。故吾按春秋而观成败，乃切悕悕于前世之兴亡也，任贤臣者，国家之兴也。"（《春秋繁露·精华》）"贤积于其主，则上下相制使。血气相承受，则形体无所苦；上下相制使，则百官各得其所。形体无所苦，然后身可得而安也；百官各得其所，然后国可得而守也。"（《春秋繁露·通国身》）

对于贤才，董仲舒一方面强调其自身的品质，如"仁义"："率一国之众，以卫九世之主，襄公逐之不去，求之弗予，上下同心而俱死之，故谓之大去。春秋贤死义，且得众心也，故为讳灭。以为之讳，见其贤之也。以其贤之也，见其中仁义也。"（《春秋繁露·玉英》）如"清廉"："气之清者为精，人之清者为贤。"（《春秋繁露·通国身》）

另一方面，他强调统治者要识贤、任贤，同时建议统治者以谦卑的姿态礼待贤才。"夫智不足以知贤，无可奈何矣；知之不能任，大者以死亡，小者以乱危。"（《春秋繁露·精华》）董仲舒认为知贤是任贤的必要前提，而同时如果仅仅知贤而不用贤，那也会造成国家危乱。"鲁庄以危，宋殇以弑"都是知贤而不用贤酿成恶果的佐证。"夫欲致精者，必虚静其形；欲致贤者，必卑谦其身。形静志虚者，精气之所趣也；谦尊自卑者，仁贤之所事也。故治身者，务执虚静以致精；治国者，务尽卑谦以致贤。能致精，则合明而寿；能致贤，则德泽洽而国太平。"（《春秋繁露·通国身》）董仲舒认为，统治者想要广纳贤才，就必须具有谦卑的态度，礼贤下士，如此才能招来贤才，让国家太平。

另外，南宋朱熹和吕祖谦在《近思录·圣贤气象》中辑录北宋周敦颐、程颢、程颐、张载四者的著述时，首次专门论述了"圣贤气象"。圣贤气象是宋代儒者所追求的理想人格和人生境界的外在表现，钱穆先生曾指出圣贤气象为宋明理学家一绝大发明。圣贤气象是对先秦"圣贤崇拜""君子风范"的继承与发展，其与先秦的儒学一脉相承。

《近思录·圣贤气象》明确罗列出了其所肯定的圣贤之人，为世人树立了圣贤榜样。一方面是周敦颐、程颢、程颐、张载四者所界定的圣贤，他们认为古往今来的圣人有 11 人，分别为尧、舜、禹、汤、周文王、周武王、孔子、颜子、曾子、子思、孟子。而认为荀子、扬雄、毛苌、董仲舒、诸葛亮、王通、韩愈这 7 人有各自缺陷而不能成为圣人，前 6 人可称之为贤人，韩愈则可称为豪杰。另一方面，朱熹和吕祖谦二人将周敦颐、程颢、程颐、张载四者也肯定为圣贤。有学者对《近思录》中判断圣贤与非圣贤的根本标准进行概括，认为最根本的标准就只有一条，即求道、明理，遵循规律做事发言。道、理都指的是规律，必须认真探索、彻底地认识掌握事物的规律。①

在朱熹看来，根据气质的不同，人可划分为"生而知之者""学而知之者""困而学之者"和"困而不学者"四类。"言人之气质不同，大约有此四等。杨氏曰：'生知、学知以至困学，虽其质不同，然及其知之一也，故君子惟学之为贵。困而不学，然后为下。'"（《论语集注·季氏第十六》）在此基础上，朱熹阐述了圣人、贤人、众人和下民的区别所在："人之生也，气质之禀，清明纯粹，绝无渣滓，则于天地之性，无所间隔，而凡义理之当然，有不待学而了然于胸中者，所谓生而知之圣人也。其不及此者，则以昏明、清浊、正偏、纯驳之多少胜负为差。其或得于清明纯粹而不能无少渣滓者，则虽未免乎小有间隔，而其间易达，其碍易通，故于其所未通者，必知学以通之，而其学也，则亦无不达矣，所谓学而知之大贤也。或得于昏浊偏驳之多，而不能无少清明纯粹者，则必其窒塞不通然后知学，其学又未必无不通也，所谓困而学之众人也。至于昏浊偏驳又甚，而无复少有清明纯粹之气，则虽有不通，而懵然莫觉，以为当然，终不知学以求其通也，此则下民而已矣。"（《论语或问·季氏第十六》）朱熹认为"生而知之者"是"圣人"，"学而知之者"是"贤人"，"困而学之"者是"众人"，"困而不学"者则是"下民"。同时，朱熹也在此指出学习的对象是"义理"。

朱熹认为立志求志、德才兼备是圣贤的品质修养。一方面，在朱熹看来，立志是人为学、为事之本，"学者大要立志"（《朱子语类》卷八）"人之为事，必先立志以为本，志不立则不能为得事"（《朱子语类》卷十八）。除有志向和理想外，朱熹认为只有努力不辍才能是圣贤："圣贤只是真个去做，说正心，直要心正；说诚意，只要意诚；修身齐家，皆非空言。"（《朱子语类》卷八）

---

① 　张永伟：《近思录圣贤气象研究》，硕士论文，湖南师范大学，2018 年，第 33 页。

"然求造圣贤之极致，须是便立志如此，便去做，使得。"（《朱子语类》卷一一八）另一方面，圣贤须德才兼备、体用兼尽，"若偏于德行，而其用不周，亦是器。君子者，才德出众之名。德者，体也；才者，用也"（《朱子语类》卷二四）。"有德而有才，方见于用。如有德而无才，则不能用，亦何足为君子？"（《朱子语类》卷三五）

二、组织传播视域下华夏文明尚贤理念的传播与实践

为了知悉学界的已有相关成果，掌握各大交叉领域的最新研究动态，笔者运用 CiteSpace 文献计量工具，以中国知网收录的相关文献为分析样本，根据软件绘制的知识图谱及数据统计情况，分析尚贤理念与组织传播实践等交叉领域的研究主体、研讨内容、研究热点等变量。

笔者以中国知网数据库为数据来源。检索式设定为"主题 OR 关键词 OR 篇名＝'贤'"，检索年限为所有年份，文献类别包含期刊、会议、硕士论文，经去重、去无关文献后得 593 篇，文献时间跨度为 1988 年至 2019 年。笔者将每 3 年作为一个时间段，利用 CiteSpace 软件提取每个时间段出现频次前 5% 的数据进行图谱绘制。

（一）与"贤"相关研究成果的时序变化情况

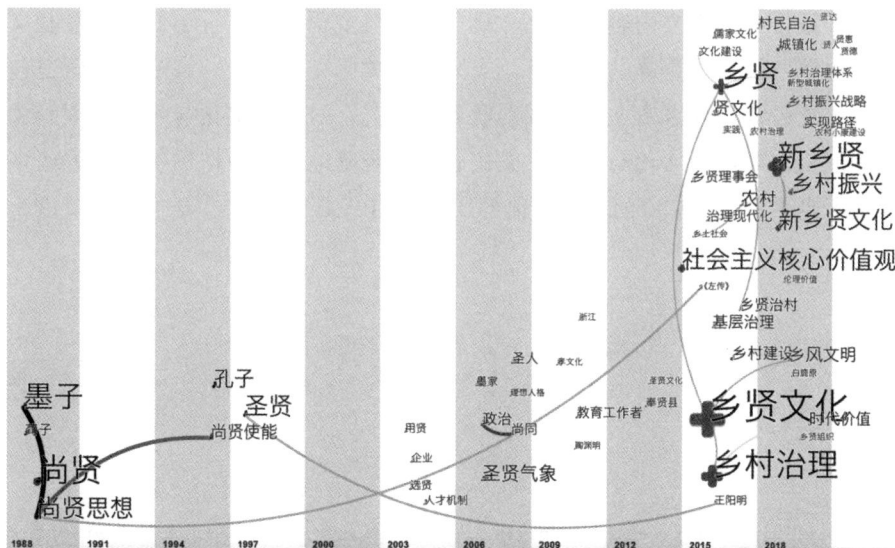

图 2　贤相关研究的主题时序变化展示图

　　从研究的时序看来，有关贤的研究流变呈现从理论研究向实践应用方面转变的特征。起初，学者集中于探讨墨子、荀子、孔子等的尚贤思想，如张国福于 1988 年发表《墨子"尚贤"思想浅析——兼谈先秦尚贤之风》，阐述了春秋战国时期，崇尚贤者已蔚然成风[①]。许凌云于同年发表《墨子尚贤、兼爱论》，提出尚贤思想古已有之，但值得注意的是贤人的含义在各个阶级是不同的，必须意识到墨子尚贤主张的阶级性质和时代意义[②]。此外还有徐进于同年发表《荀子尚贤思想初探》，总结荀子尚贤则治、唯贤是取、得贤必用的思想精髓[③]。

　　此后，从 1990 年到 2010 年，有关贤的研究较为分散，林翊探讨了墨子尚贤思想和企业人才机制建立的关联，朱汉民、周俊勇、刘觅知、陈钢等探讨了宋儒所推崇的圣贤气象的理想人格的成因与要求标准，并分析了圣贤气象对自我发展、人才培养等具有的引领价值。2010 年至 2015 年间，开始出现贤的文化实践研究，余志权、胡德军分别以象贤中学、上屋小学为例，阐述以国学经典为基础开展贤文化教育的实践案例。周宗波、陈磊、陈慧君等阐述了上海奉贤区将"敬奉贤人，见贤思齐"的贤文化融入日常工作，培训良好家风，提升居民文明素质，最终荣获上海首个区长质量奖的实践经历。

　　从 2015 年到当前，贤的相关研究进入井喷期。实施乡村振兴战略是党的十九大报告中的重要内容，对此，众多学者对乡贤文化进行了研究，乡贤文化为主题的研究成果高达 110 篇，成为贤相关研究的热点。该阶段的研究包括对传统乡贤与新乡贤文化的区别联系的探究，对乡贤文化与乡村治理间关系的剖析，对乡贤文化与社会主义核心价值观落地的积极作用的探讨等诸多内容，更注重于考虑贤的文化价值的实践应用。

---

①　张国福：《墨子"尚贤"思想浅析——兼谈先秦尚贤之风》，《中国人才》1988 年第 6 期。

②　许凌云：《墨子尚贤、兼爱论》，《齐鲁学刊》1988 年第 3 期。

③　徐进：《荀子尚贤思想初探》，《东岳论丛》1988 年第 4 期。

（二）典型研究力量的主体结构与基本特征

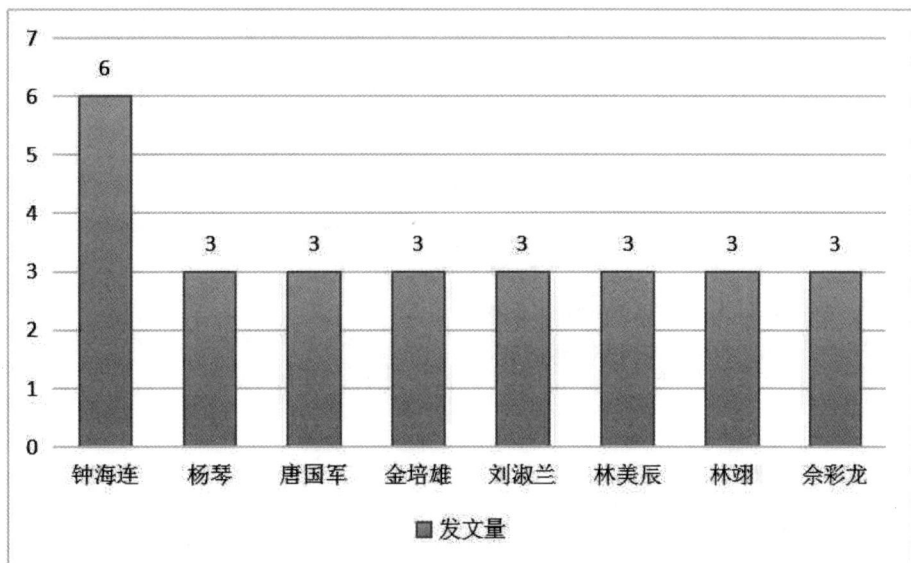

图 3　贤相关研究前 8 名高产作者示意图

　　贤的相关研究成果数量排名前 8 的作者如图 3 所示，发文量最高的学者发文量为 6 篇，主要研究了贤文化在企业中的传播，以及贤文化作为传统文化对企业管理所具有的积极作用。随后的 7 位学者发文量都为 3 篇，其中杨琴、刘淑兰、佘彩龙围绕乡贤文化进行了研究①，林翊探讨了"尚贤文化"对企业人才机制建立的启示②，金培雄以吴江区思贤实验小学为例探讨了"贤文化"教育的价值与模式③，唐国军则分析了《新语》中的长者圣贤模式④。可见，目前尚缺乏对贤进行集中性研究的学者，现有研究相对零散，研究者之间的联系也较为松散。

---

　　① 余彩龙，南星星叶方，杨琴：《新乡贤文化对农村小康建设的作用探究——以浙江省绍兴市上虞区新乡贤文化为例》，《思想政治工作研究》2018 年第 9 期；刘淑兰：《乡村治理中乡贤文化的时代价值及其实现路径》，《理论月刊》2016 年第 2 期。
　　② 林翊：《墨子的尚贤思想与现代企业人才机制的建立》，《北方经贸》2003 年第 12 期。
　　③ 金培雄：《将"贤文化"基因植入教师的精神生命——也谈新建学校教师文化建设的策略》，《江苏教育研究：理论》2017 年第 13 期。
　　④ 唐国军：《因世而权行：汉初长者政治及其治国指导思想新论——汉初长者政治与〈新语〉的长者圣贤模式研究》，《广西社会科学》2009 年第 8 期。

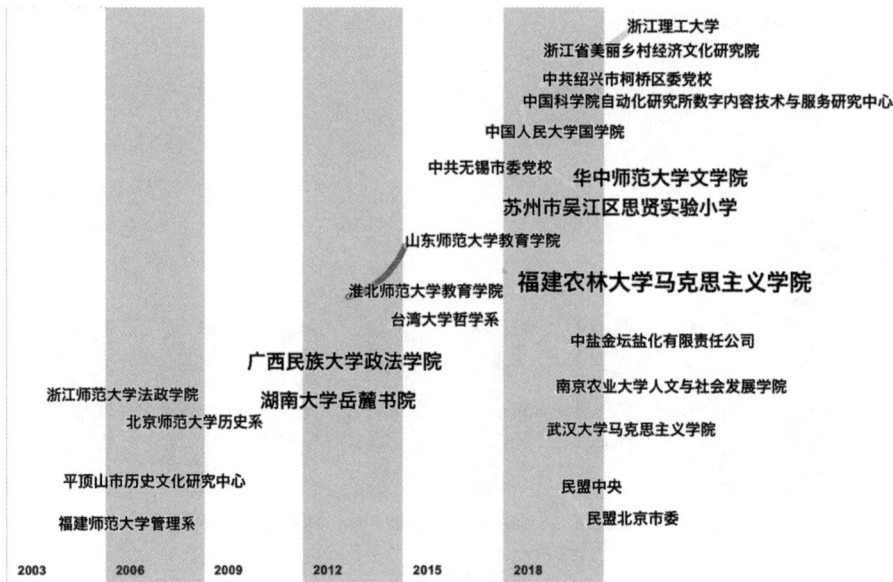

浙江理工大学
浙江省美丽乡村经济文化研究院
中共绍兴市柯桥区委党校
中国科学院自动化研究所数字内容技术与服务研究中心
中国人民大学国学院
中共无锡市委党校
华中师范大学文学院
苏州市吴江区思贤实验小学
山东师范大学教育学院
福建农林大学马克思主义学院
淮北师范大学教育学院
台湾大学哲学系
中盐金坛盐化有限责任公司
广西民族大学政法学院
湖南大学岳麓书院
南京农业大学人文与社会发展学院
浙江师范大学法政学院
北京师范大学历史系
武汉大学马克思主义学院
平顶山市历史文化研究中心
民盟中央
福建师范大学管理系
民盟北京市委

2003　　2006　　2009　　2012　　2015　　2018

图 4　贤相关研究的研究机构时序分布展示图

　　贤的相关研究机构情况统计如图 4。由图可知，现有的研究机构主要可分为三类，其一是各大高校及下属院系，如浙江理工大学、中国人民大学国学院、南京农业大学人文与社会发展学院、武汉大学马克思主义学院等。其二是研究中心，如平顶山市历史文化研究中心、中国科学院自动化研究所数字内容技术与服务研究中心。其三是其他机构，包括企业、党校、小学等，如中盐金坛盐化有限责任公司、苏州市吴江区思贤实验小学、中共无锡市委党校等。

　　就各类型研究机构的研究内容来看，企业、党校和小学的相关研究更侧重于探究贤文化的传播与实际运用，主要以自身经验为基础研究贤文化与企业文化、乡贤文化、教育工作的联系，这些机构的研究也都集中于近 5 年内。高校院所及研究中心则前期如平顶山市历史文化研究中心、福建师范大学管理系、浙江师范大学法政学院、湖南大学岳麓书院、台湾大学哲学系等，多研究尚贤文化与圣贤气象等内容，后期如中国人民大学国学院、浙江理工大学、武汉大学马克思主义学院、浙江省美丽乡村经济文化研究院等，多为对乡贤文化的研究，再次验证上文提及的有关贤的研究流变呈现从理论研究向实践应用方面的转变。

（三）相关研究的常规方法、主题及论争焦点

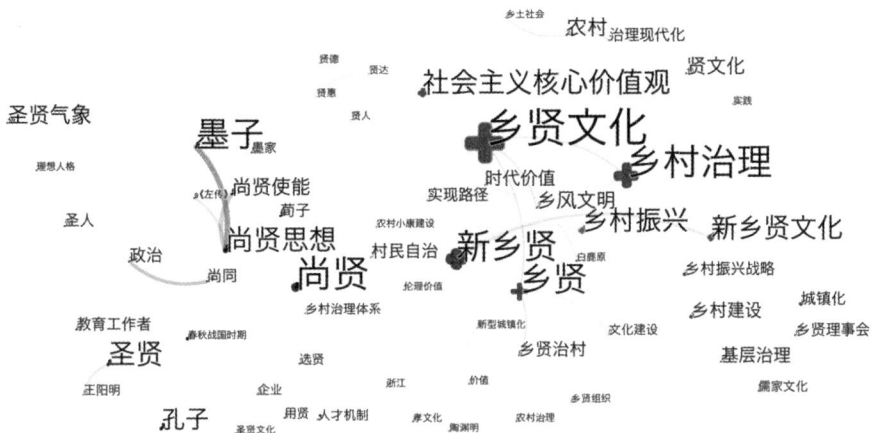

图 5　贤相关研究的关键词聚类展示图

根据所提取得到的关键词图谱及收集的文献数据分析可知，目前，对贤的有关研究主要可分 3 类。

1. 文字语言学角度对"贤"的研析

学界从文字学、语言学角度对"贤"的代表性研究成果有：章锡良在《说"贤"与"您"》中探究了贤的本义和引申义，并且提出宋、金、元时，贤还具有指代第二人称的作用，而伴随时代发展，贤的这一指代作用被更具有区别性的您所替代[①]。陈淑梅在《近代汉语中的人称代词贤》中也指出贤除形容词和名词用法外，在近代汉语尤其唐宋时期的口语类文献中，还具有第二人称代词的特殊用法。黄锦君则分析了贤作为人称代词在二程语录中的使用情况，阐述贤在做第二人称使用时并无尊称之意……并且有时也具备指代复数的用法[②]。

在运用比较研究这种常规方法的基础上，有学者阐述了引人深思的观点。吴小如提出贤与"愚"相对，他强调在贤的使用过程中要注意到：其是上对下、长对少、尊对卑的敬称[③]。高华平结合出土的春秋战国时期金文和楚简文

---

①　章锡良：《说"贤"与"您"》，《苏州大学学报（哲学社会科学版）》1988 年第 4 期。

②　黄锦君：《二程语录与近代汉语研究》，《四川大学学报（哲学社会科学版）》2002 年第 5 期。

③　吴小如：《披"书"三叹》，《文史知识》2001 年第 2 期。

献，重新阐述了贤的字形和字义演变，并且结合文献资料，剖析贤的演变历程与时代、地域文化的紧密联系①。

而且，黄卫星等从多学科角度剖析了贤的文化含义，认为在哲学范畴，贤指大哲学家；从伦理学角度，贤指人的德行与才能；从社会学角度，贤是区别人伦等级和处理人际关系的重要标准；而在中国古代文艺范畴，贤则表现为古代贤人、贤士、贤哲的形象与风范②。尹娇在硕士论文中分析了贤的语义系统及语义演变过程，以儒家经典《论语》《孟子》《荀子》为研究文本，着重探讨了贤在儒家视野中的语义流变③。

2. 思想义理层面对"贤"的探究

从哲学、历史等角度开展与贤有关的思想研究是学界的传统。这部分研究主要是以传统经典为对象，剖析古代贤哲有关贤德的理论见解。一方面，众多学者对"尚贤"思想进行了探讨。刘凡华、赵永建、李贤中、侯建新、李洪华、李德龙等学者以《墨子》为对象，对墨子的尚贤主张进行剖析，阐述墨子为百姓谋福利、改变社会不平等、追求天下大同的出发点，以及其注重道德品行、表达能力和知识涵养，不辟远近，不辟亲疏，不辟贵贱，礼遇人才，给予人才尊重的"尚贤使能"的人才观。

黄建聪、刘冠生、徐进、李贤中等探讨了荀子的尚贤思想，认为其是对墨子尚贤思想的继承与发展。荀子把德、能作为选贤的标准，以德为先、德才兼顾，并且提出了根据礼、法、道建立起各管理阶层并设官分职，量才用人，同时进行监督考核以充分发挥贤人能力。许华松、张伦学等探讨了孔子的尚贤思想，提出孔子"举贤才"的主张突破了维护宗法等级制度的"亲亲"原则，但其尚贤思想基于"为政在人"的人治思想，具有服务君主专制统治的局限性。

刘瑞龙、梁文丽、李宁宁等以《史记》为对象，认为司马迁在对先秦尚贤思吸收的基础上有了进一步丰富与发展，《史记》中的诸多人物形象的塑造彰显出贤者的魅力，德才观与贤人治国理念共同构成了司马迁尚贤思想的核心内容。范浩从整体的角度，以先秦诸子文献为对象进行梳理，剖析了儒家

---

① 高华平：《从出土文献中的"贤"字看先秦"贤"观念的演变》，《哲学研究》2008 年第 3 期。

② 黄卫星，张玉能：《"贤"字的文化阐释》，《汕头大学学报》2018 年第 8 期。

③ 尹娇：《中华传统文化核心范畴"贤"的语义分析及文化阐释》，硕士学位论文，福建师范大学，2012 年。

诸子内部以及与其他诸子间尚贤思想的共性与差异①。王少林依据民族学、古文献学、古文字学等的相关文献，考察分析了尚贤思想的源流，辨析了诸子尚贤观念的共性与差异，认为尚贤思想对先秦政治及之后的社会政治产生了巨大影响②。

另一方面，部分学者对"圣贤气象"这一思想主张进行了研究。朱汉民指出"圣贤气象"是宋儒所推崇的理想人格，这种追求将东汉"节义名士"与魏晋"风流名士"的两重特点进行了调和，不仅具有心忧天下、救时行道的一面，还兼具洒落自得、闲适安乐的一面③。姜锡东指出朱熹和吕祖谦在《近思录·圣贤气象》中辑录北宋周敦颐、程颢、程颐、张载四位先哲的著述，首次专门论述了"圣贤气象"，其划分是否圣人、有无圣贤气象的标准，主要看是否求道、明理、循理④。

钱萌萌阐述了朱熹"贤者气象"思想的圣贤观继承了孔孟传统的理想人格标准，仁智并举、以智启德、事功显著，但同时其将圣贤世俗化，提出圣人可学可为的途径⑤。周俊勇则从仁、智、勇三个角度分析了孔子所具有的圣贤气象，并指出其圣贤气象的形成得益于时代背景、生长背景、儒者思想上的异质"道"和其本身的思想境界⑥。刘萍将《论语》中体现的圣贤气象概括为乐而好学、孝而能敬、治世弘道三方面⑦。刘觅知阐述了王船山对宋儒圣贤气象的继承与发展，认为王船山继承了心忧天下、民胞物与的价值理念，同时又结合社会变迁的情况，增添了豪杰精神⑧。

值得关注的是，还有部分学者探究了贤的思想与现实的联系，阐述贤的思想的现代价值。钟杨、钱宗范等剖析了儒家举贤选能的做法与作用，指出了举贤用能思想对现代管理活动以及当代社会发展等问题所具有的指导作用。万宝方、黄亮、刘朝晖等学者阐述了尚贤思想尊重贤才、任用能人的主张，以及重贤之因、众贤之术、选贤之阈、选贤之标准和原则与现代的人本管理

---

① 范浩：《先秦儒家尚贤思想研究》，硕士学位论文，陕西师范大学，2018 年。
② 王少林：《先秦尚贤观念变迁研究》，硕士学位论文，苏州大学，2012 年。
③ 朱汉民：《圣贤气象与宋儒的价值关怀》，《湖南大学学报（社会科学版）》2009 年第 6 期
④ 姜锡东：《论"圣贤气象"——宋代朱熹、吕祖谦＜近思录＞研究之一》，《河北学刊》，2006 年第 6 期。
⑤ 钱萌萌：《朱熹思想中的"圣贤气象"浅析》，《文学界（理论版）》2011 年第 5 期。
⑥ 周俊勇：《试论孔子圣贤气象的表现及其成因》，《皖西学院学报》2013 年第 4 期。
⑦ 刘萍：《观＜论语＞中的圣贤气象》，《中小企业管理与科技》2010 年第 11 期。
⑧ 刘觅知：《论王船山对宋儒圣贤气象的继承与发展》，《求索》2011 年第 1 期。

观念具有一致性,对企业等组织树立科学的人才观具有积极作用。钟海信提出我国党政干部队伍建设可参考墨子尚贤重贤的思想,选拔任用干部时坚持任人唯贤、德才兼备的标准[①]。马忠认为圣贤气象在规范社会秩序、确立道德原则等方面具有强大的塑造力,其所倡导的治学理念、道德标准、涵养素质对当代中华文化建设具有借鉴意义[②]。

3. 传播、管理等应用实践不断推出研讨热点

由于思想理论与实践应用存在密切的互动关系,因而在当今社会的组织传播、社会治理等过程中,实践环节不断推出一些与贤相关的研讨热点。其中比较典型的便是关于尚贤文化的传播及应用,这一角度的研究主要剖析贤文化在团队建设、社会治理中的价值,并着重探讨贤文化应如何在组织中传播。具体细节又可分为三大方面。

一是贤文化与乡村、社区等组织建设等的关联。对乡村而言,主要体现为新乡贤文化的有关研究。新乡贤一般指在新的历史时期,肩负新使命,对乡村建设有功的人,其突破了传统乡贤乡绅思想的局限性。现有研究中,杨琴以浙江省绍兴市上虞区新乡贤文化建设为例,总结了其从文化、乡村治理、机制体制三个层面创造新乡贤文化的做法,提出新乡贤文化是全面建设农村小康社会的一剂良方,在推进文化繁荣发展、引领乡村社会风尚、助推乡村经济发展、促进乡村社会稳定、推动乡村生态文明、完善基层治理体系等方面有不可或缺的作用[③]。

崔亚男以崔河村为例,阐述了崔河新乡贤营造文明村风,加强基层组织建设的过程,展现新乡贤文化对乡村治理发挥的积极作用[④]。胡鑫等以问卷调查的形式剖析了北京郊区村庄新乡贤文化的建设效果,指出新乡贤文化发挥了积极的作用,大部分村民对新乡贤心存感激、非常敬重。但部分乡镇在新乡贤文化建设过程中仍存在宣传力度不够的问题[⑤]。

许军以浙江省县以下实践为案例,阐述了浙江省基层党委和统战部门以

---

① 钟海信,彭冬芳:《墨子尚贤思想对我国党政干部队伍建设的启示》,《天水行政学院学报》2007 年第 2 期。

② 马忠,於天禄:《浅析"圣贤气象"及其现代价值》,《中国德育》2016 年第 24 期。

③ 杨琴,叶方,余彩龙:《新乡贤文化对农村小康建设的作用及实现路径——以浙江省绍兴市上虞区新乡贤文化为例》,《北京农业职业学院学报》2018 年第 1 期。

④ 崔亚男:《崔河村新乡贤文化与乡村治理》,《农家参谋》2018 年第 9 期。

⑤ 胡鑫,马俊哲,鄢毅平:《北京郊区新乡贤文化建设调查问卷分析》,《北京农业职业学院学报》2016 年第 6 期。

空间维度、地域文化、乡情纽带为基本途径的全新统战工作模式①。成耀辉分析了新乡贤文化对航道系统培育和践行社会主义核心价值观的引领、激励和促进作用，同时指出可通过与辖区航道沿线乡镇结对结亲，组织航道人到航道沿线乡镇参观学习，与新乡贤们谈心交流，在航道系统召开新乡贤事迹报告会、新乡贤文化成果展示会等活动，多途径传播新乡贤文化②。

在社区贤文化建设方面，上海市奉贤区的研究较为集中，曹继军、颜维琦、张竹林等学者剖析了奉贤区贤文化建设的特征，他们指出奉贤区贤文化建设以"家训家风"建设为落脚点，将文化建设工作与社会主义核心价值观的践行有机集合，工作中以发掘传统节庆资源、开展丰富多彩活动、搭建向上向善道德平台、树立典型的方式推进贤文化建设，同时注重经验总结和长效工作机制的建设。

二是贤文化与学校德育建设及学生教育。杨盛彪探讨了墨子的尚贤思想对大学生思想政治教育和促进高校学工队伍建设所具有的积极作用③。寿祖平指出"贤文化"具有亲善性的特征，是师资队伍建设中的重要抓手和动力源泉，他提出学校可在"贤文化"的引领下，以匠心教育、五级培训、搭建舞台等路径来提升教师综合素养④。谢镜新以广东省广州市从化希贤小学为例，指出在"贤文化"的引领下，构建家校和谐关系、互补关系、互动关系以共建良好的育人环境，具有重要意义⑤。

张艳以江苏省江阴市长山中学的"德行教育"为例，阐述该中学以经典诵读课堂、实践课堂、午间课堂、弟子规课堂等八大课堂，让贤文化浸润学生发展，并逐步实现"尚贤向美，德才兼备"的目标的过程⑥。蒋海兰阐述了南宁市马山县古零镇中心小学在"尚德明智，贤能体健"的办学理念的引

---

① 许军：《新乡贤统战：基层统战工作的整合拓展与全新模式——以浙江省县以下实践为案例》，《统一战线学研究》2018 年第 2 期。

② 成耀辉，洪登富：《新乡贤文化在航道系统培育践行社会主义核心价值观中的作用》，《交通企业管理》2018 第 6 期。

③ 杨盛彪，彭冬芳，卓福宝：《刍议墨子"兼爱、尚贤"思想在高校学工队伍人才培养中的作用》，《学理论》2010 年第 13 期。

④ 寿祖平，赵凤，赵建龙：《"贤文化"引领的师资队伍建设研究》，《职业》2018 年第 13 期。

⑤ 谢镜新：《构建"三个关系"，促进家校合作——贤文化引领下家校合作的策略研究》，《时代教育》2015 年第 8 期。

⑥ 张艳，王伟：《守望孩子一生的幸福——记江苏省江阴市长山中学的"德行教育"》，《红蕾·教育文摘旬刊》2014 年第 1 期。

领下，积极营造"尚贤"文化氛围，开展学生德育活动及校园文化活动的经历[①]。

　　黄建龙介绍了上海奉贤区从师资队伍的"贤文化"培训入手，助推贤文化教育的经验，展示了区内贤文化教育的丰富案例，如洪庙中学开发的"贤文化"教育读本，奉贤中学推出的"贤文化"课堂教学展示课和南桥小学开发的"走进两百年，学做小贤人"德育课程等[②]。徐莉浩剖析了上海奉贤区"贤文化"教育尊重学生主体性，强调课程开放性，强化教育实践性，注重资源整合的基本思路[③]。朱皓华以思贤实验小学具体课堂教学过程为例，探讨如何在小学数学课堂教学中渗透"贤文化"，同时指出用"贤文化"的理念指导小学数学课堂教学，可使学生在掌握数学知识的同时，学习、接受、生成"贤文化"的思想观念[④]。

　　三是贤文化与企业建设及管理方面的研究，该部分的研究成果数量相对较少。余明阳提出企业内部关系整合要结合"尚贤使能"思想，让各类人各司其职，具体为贤者居上、能者居中、工者居下、智者居侧[⑤]。刘雯提出企业在人才选用方面需要贯彻墨子的尚贤思想，从德行两方面考量人才，坚持"任人唯贤"，对人才"富之、贵之、敬之、誉之"[⑥]。

　　此外，近年来中盐金坛盐化有限责任公司对企业的贤文化传播及内涵研究进行了研究。《贤文化管理：现代企业"立德立功立言"之道》一文解析了中盐金坛"贤文化"管理的"敬天尊道，尚贤慧物"的核心思想的内涵，同时指出"贤文化管理"是对传统和现代管理思想的有机结合与发展，对建立现代企业修贤育贤的管理模式，推动中国管理学的成熟与发展具有积极意义[⑦]。

　　《传统文化在现代企业传播的形态和效果——中盐金坛贤文化个案解读》一文则结合中盐金坛公司贤文化的工作实际，解读了中盐金坛公司贤文化的

---

① 蒋海兰，李斌：《尚德明智 贤能体健——南宁市马山县古零镇中心小学办学纪实》，《广西教育》2017 年第 32 期。

② 黄建龙：《助推学校教师实施"贤文化"教育》，《现代教学》2015 年第 1 期。

③ 徐莉浩：《开展以"贤文化"为主题的中华优秀传统文化教育》，《现代教学》2015 年第 1 期。

④ 朱皓华：《"贤文化"在小学数学教学中的渗透研究》，《华夏教师》2017 年第 4 期。

⑤ 余明阳：《贤者、能者、工者、智者，各居其位——企业内部关系整合》，《经济工作月刊》1996 年第 5 期。

⑥ 刘雯：《尚贤机制对现代企业用人的影响》，《知识经济》2009 年第 1 期。

⑦ 孙鹏：《贤文化管理：现代企业"立德立功立言"之道》，《中国盐业》2016 年第 5 期。

传播形态、传播效果，揭示了企业所倡导的贤文化的内涵、历史传承，企业贤文化建设与传播的历程、贤文化传播的途径与形式，分析了企业贤文化的传播效果，从而为传统文化在现代企业的传播研究提供了一个典型案例①。

总体说来，近年来，贤的思想与文化价值越发受到关注，越来越多的学者与机构开始对贤进行研究，贤相关研究的热度逐渐升高，其研究的实践性和应用性更为凸显，研究的角度也更为多元。但值得注意的是，对贤的基础性研究，也就是从语言学角度的研究以及对贤思想这两方面的研究仍相对零散，尚缺乏系统性的整理，贤相关研究的根基仍不丰厚。

三、尚贤管理：现代企业传播与实践贤文化的案例分析

如前所述，成贤作圣是儒家文化倡导的治身目标，尚贤任能是儒家文化主张的治世方法，因而以"贤"为核心的文化体系是中华优秀传统文化的重要组成部分。贤文化包含了华夏文明对贤的理解、对成贤的追求、对贤才的培养、对贤者的选拔任用、对贤能治理的设计等一系列内容，是一套蕴含着华夏文明修齐治平之道的文化治理体系。在现代网络技术主导文化传播的社会，对传统贤文化治理体系进行创造性转换和创新性发展的意义何在？通过解读案例企业中盐金坛盐化有限责任公司（以下简称"中盐金坛公司"或"中盐金坛"）传播和实践贤文化、探索"尚贤"管理的路径和效果，可以直观、生动地理解华夏文明"尚贤"气象的现代价值。

（一）从传承与开新的角度阐释"贤文化"

贤，是儒家思想乃至中国文化的一个重要名词和概念，兼具道德和价值观两重意义。儒家从道德修养论角度，将人生的价值追求分为圣、贤、君子等多种层次，贤介于圣与君子之间。北宋著名思想家周敦颐在《通书·志学》中提出："圣希天，贤希圣，士希贤"的"三希真修"思想，其意是说，圣人修养的方向是与天道相契合，贤人修养的方向是成为圣人，士的修养目标是成为贤者。

中盐金坛公司总结自身发展经验，立足于几千年的盐文化传统，汲取儒家文化的思想智慧，同时融入现代科技文明的新元素，提出了以"敬天尊

---

① 钟海连：《传统文化在现代企业传播的形态和效果——中盐金坛贤文化个案解读》，《中华文化与传播研究》2017 年第 1 期。

道，尚贤慧物"为核心理念的贤文化作为企业文化，旨在培育贤才，成就受人尊敬的百年基业。中盐金坛人认为，现代企业员工大都是受过高等教育、学有专长的知识分子，类似于古代"士"的阶层，以成就贤德贤才为人生目标，既有历史的理论依据，也有着现实的可能性；若有更高的愿力，还可以向"圣"的方向努力，只是这样的人毕竟是少数，而成就贤人则可以成为大多数人的人生目标，故将企业追求的境界定位在"贤"，名其企业文化为"贤文化"。

中盐金坛的贤文化首先从"贤"的字义入手诠释他们对于何为"贤"的理解。贤文化之贤，取"德才兼备、德才过人"之义，同时兼具"善、尊重、超过"之意。从具体表现言之，贤者的德才兼具、德才过人是一个什么样的状态呢？中盐金坛的管理者和员工从儒家创始人孔子的论述中得到了启迪。他们认为，贤者应当具备乐道不忧、知人善任、见贤思齐、贤贤易色等品行。

要言之，中盐金坛人心目中的贤者，是德才兼备、德才过人、博学厚德、知行合一的人格典范，是浸润了中国优秀传统文化风骨、同时又兼具现代文明素养的时代精英。正如《贤文化纲要》之《尚贤》所言："知之不易，行之亦艰，惟贤者可通知行。如是则知中有行，行中有知；知则真切笃实，行则明觉精察，知行合一方为贤才。贤者内修其身，博学厚德，达者外建其功，修己安人。"

为建立融行业文化与中华道德文化于一体的企业文化，中盐金坛公司发布了《贤文化纲要》，并正式将公司企业文化定名为"贤文化"。贤文化的核心理念为"敬天尊道，尚贤慧物"，此为中盐金坛人的主流价值观，亦为中盐金坛人对"贤"的现代解读。中盐金坛于2012年出台《贤文化纲要》，提出贤文化核心条目，标志着"贤"文化的初步成型。其核心内容如下：

创业之路，必著艰辛，世代相续，力行无悔。金盐人秉自然之恩泽，承宿沙之精神，习时代之文明，育贤者之气象，水中寻盐，化盐为水，回报社会民众，贡献国家民族。由此立百年基业，成最受尊重之誉。

敬天

世间万物乃天生之，地养之。故人当用仁心助天生物，助地养形。如此，则天地间万物得以畅茂，资用富足，瑞应常现，天下和乐，此为企业者不可不审且详也。盐盆资源为天赐珍物，金盐人深察于资源有限，不敢以私心恣意取利，故怀敬畏感恩之心，构循环发展模式，珍惜资源，爱护万物，保一方碧水蓝天，以不失天地之心，顺四时生，助五行成。

尊道

企业运行，必有其道，尊道而行方能长久。道也者，不可须臾离也，可离非道也。万物乃道生之，德蓄之，尊道贵德为应然之理。尊道之要在于进德，进德之要在于修身。故治企之大者，在尊道贵德，因循相习，自然天成，无为而治，臻于化境。

尚贤

知之不易，行之亦艰，惟贤者可通知行。如是则知中有行，行中有知，知则真切笃实，行则明觉精察，知行合一方为贤才。贤者内修其身，博学厚德；达者外建其功，修己安人。

慧物

水无私心，利万物而不争，谦下而容众，攻坚而无不胜，此为上善。企业亦如是，无私则容，容则公，公则无争，无争则无所不利。故贤者之德若水，和而不同，随方就圆，近者亲而远者悦；贤者慧物，见利思义，重义而兼利，责任为先，富国利民。

贤文化不但在学理层面上传承中国传统文化，而且在实践中也延续着"反求诸己""天人合一""三才相通"等传统文化的思维方式。

（二）多种组织渠道传播贤文化

中盐金坛贤文化的组织传播，主要渠道有培训、行知班、贤文化研究会、宿沙讲坛等。

1.新员工入职培训

中盐金坛每年都要从当年高校毕业生中招聘新员工，从事生产、技术、市场、管理等工作，在上岗之前，必须参加一个月时间的集中培训。新员工入职培训定位为"理解和融入贤文化的人文综合素质培训"，分为两大层次，采取两种方法进行。一个层次是人文素质培训，采用集中时间、系统学习的方法；另一个层次是岗位技能培训，采用师傅带徒弟的方式，由新员工所在班组具体组织进行，不搞集中培训。人文培训的内容主要分为四大板块：综合知识——了解所从事行业和企业的生存发展历史与现状；专业知识——企业所涉及的基本专业理论与知识体系，如安全生产、工艺技术原理、管理体系、市场工程建设等；人文通识——弥补理工科专业的新员工所缺的中国历史文化知识，特别是道德修养与实践智慧；实地参学——践行"读万卷书，行万里路"的精神，结合培训所学，实地考察同行企业、中国历史文化教育基地。

2. 贤文化专题培训

贤文化专题培训的宗旨是，通过培训，提升员工的素质，养成高尚的职业之"德"和精明的干事之"才"，成就一批"贤于内王于外"的企业精英，从容应对复杂经济形势的挑战，开拓企业发展的新空间，在世界范围振兴中国盐业，进而成就受尊重的百年基业；通过培训，开启员工慧性，将贤文化的思想智慧融入事业、家庭、生活之中，使身心和悦，家庭和谐，工作和顺，生活和美，企业和乐，使中盐金坛的事业在"敬天尊道，尚贤慧物"的路上走向更高境界，走得更加久远。要言之即："博学厚德，修心养身，知行合一，成贤合道"。

贤文化专题培训的内容分"贤文化与儒家智慧、道家智慧、佛家智慧、易学智慧、西方文明智慧，先贤王阳明及其心学"六大专题板块，全方位展示贤文化的思想渊源与现实品格，同时辅之以诗、书、礼、乐、艺、茶、养、武之教，修身调心，厚实人文素养。担任培训教学的老师主要为教授、博士，他们从讲解国学经典《大学》《中庸》《老子》《坛经》《周易》《传习录》的思想精华入手，引领学员体悟国学智慧与贤文化之渊源关系；介绍中国古代圣贤修身处世、建功立业的经典案例，开启良知，润养智慧；同时，展示贤文化之礼、乐、艺、茶、养、武的独特魅力，净化身心，澡雪精神，在学习新知识的同时，打开视野，别具慧眼看待工作与人生，修身养性，道术兼通，助益员工的职业境界上一个新层次。培训期间，结合不同阶段学习、研讨主题，组织参访优秀企业和国学圣地，践行古代贤者"读万卷书，行万里路"的参学精神。

3. 行知班

为推进公司学习型组织建设，践行"知行合一"的贤文化精神，使贤文化真正成为员工的价值观、思维方式和生活方式，从2014年起，中盐金坛在全公司开展"行知班"建设活动。

"行知班"建设的提出。以贤文化为指导，实践"知行合一"精神，确保公司生产经营的计划、部署和企业管理的规章制度，在班组和员工层面贯彻落实，加强现场管理，进一步提高工作效率，并造就一支可爱可敬的员工队伍。通过"行知班"建设，在全体员工和管理人员中树立尊重劳动、热爱劳动的职业观念，养成亲力亲为、严谨细致的工作作风，培育发现问题、解决问题的实践能力，形成团结合作、共同进步的职场氛围。同时，通过"行知班"建设，开辟上下沟通的新路径，提高管理效率和执行力。

传播贤文化是行知班的重点。"行知班"建设的重点是员工如何将应知应会的业务知识、岗位技能、管理能力、职业道德等事项逐一落实到行动上，使"行"为真行，"知"为真知。"行知班"建设活动的重点内容为：从寻找存在的具体问题入手，通过研讨性学习提出解决方案并一一落实到行为中，使工作中的短板得以不断改善；发现"知"的不足并在"行"中完善，进而改善"行"的效果，从岗位操作员变成合格的工厂工程师；发现对贤文化"知"与"行"的不足，按照"知行合一"的要求做到"日日新"；在"行知班"建设过程中，结合具体工作、具体问题、具体案例学习、理解贤文化。

"行知班"的活动内容。"行知班"是一种没有先例可循的探索性班组建设措施，如何开展此项活动，活动内容是什么，从《中盐人》等公开报道的案例看，主要有以下方面：一是综合管理部门与生产单位的班组结对子联合开展劳动。二是组织生产单位之间的学习交流，解决生产中的现实问题。三是班组每个月拿出一天休息时间组织集中学习和劳动。四是将 QC 小组活动纳入行知班建设，提高员工发现问题和解决问题的能力，激发员工的主动性和创造性，把班组建成学习型组织。五是将行知班建设与党建活动相结合。

4. 贤文化研究会

2013 年 11 月 12 日，由金坛盐盆经济共同体的四家企业——中盐金坛、江苏盐道物流、金坛金恒基安装公司、金坛金赛物流公司联合发起成立贤文化研究会。这标志着，金坛盐盆经济共同体诞生了自己的人文建设平台，共同体的文化——贤文化建设进入一个新阶段。

贤文化研究会的宗旨。在研究会的成立大会上，中盐金坛领导人把贤文化研究会的宗旨概括为"培育道德资本"，他说："道德是一种无形价值，道德也是企业资本。作为学习、研究中国盐文化和传统文化的人文高地，贤文化研究会要秉承传统文化之独立研究精神，以成就贤德贤才为价值取向，把中国传统文化的义利之辨落实到个人实践中。"

贤文化研究会的传播职能。根据《贤文化研究会章程》，该会的职能是：组织开展主题鲜明的贤文化学习、研讨、参观、考察、调研等活动；邀请专家、学者为会员做学习辅导报告或专题讲座，指导会员学习研究贤文化和中国传统文化；组织会员与高校师生开展学习交流活动，帮助会员获得相关资源和信息；为金坛盐盆经济共同体的企业文化建设提供支持和服务。

贤文化研究会的传播活动。贤文化研究会成立后，即在金坛盐盆经济共同体中开展"贤文杯"有奖征文大赛。首届"贤文杯"活动期间共收到参赛作品50篇（部），这是金坛盐盆经济共同体职工学习研究贤文化成果的一次集中展示和检阅。2015年7月，贤文化研究会组织了"讲述贤的故事"专题活动，深挖员工在生产经营中创造的文化成果，提炼为贤文化建设的素材，并生动地展现蕴藏在员工身边体现贤文化精神的典型事例。

研究会开展贤文化传播的主要活动形式是成立"尚贤读书会"，组织和指导员工阅读经典。读书活动分为平时自主阅读和集体研读两种形式。参加者需平时自主阅读相应经典，养成良好的阅读习惯；集体研读时，由贤文化研究会将相关经典的重点章节印制成单页供集体研读，并设计若干问题以供讨论，贤文化研究会邀请相关学科的博士，以志愿者的方式指导会员阅读和讨论。至今，"尚贤读书会"已组织开展读书活动45场次，在引领企业所在地的读书活动方面产生了重要影响。

5. 宿沙讲坛

2013年1月6日，中盐金坛公司创设"宿沙讲坛"，志在打造一个以"盐与中国文化"为主题、融人文与科技于一体的传播交流平台，以传承和弘扬我国优秀传统文化，传播盐业文明，推动中国盐业的振兴，实现中国人的"盐业强国梦"。宿沙讲坛迄今已开办78讲，听众达数千人。

宿沙氏是传说中炎黄时期的部落首领，生活在今山东半岛胶州湾一带，他是"煮海为盐"的发明者，后世尊其为"盐宗"。宿沙讲坛面向公司全体干部职工和当地市民，先后礼请美国夏威夷大学、清华大学、中科院、南京大学、中国人民大学、中山大学、复旦大学、中南大学、中国盐文化中心、厦门大学、南京中医药大学等高校、科研单位的专家学者开讲"世界经济与中国管理哲学""科技创新与盐穴利用""传统文化的价值观""无为智慧与企业管理""儒家智慧与企业管理""用执行力提升竞争力""道家心理保健智慧""中国盐文化源流""企业形象传播""国学智慧与现代人生修养""中国养生文化"等专题，深受听众欢迎，影响力不断提升。

本着开放与创新精神，中盐金坛公司正与南京大学、厦门大学等百年学府联手打造宿沙讲坛，推动宿沙讲坛走进高校，向高校师生和当地市民开放，提高讲坛的辐射力和品牌效应。未来，宿沙讲坛将成为企校共建的高质量学术文化传播平台，使古老的盐业文明和现代盐业科技创新成果，惠益民生，为创造美好生活贡献盐业人的智慧。

（三）贤文化组织传播的效果

中盐金坛把科技与人文视为企业发展的两大动力，如鸟之双翼，车之两轮，协同用力，共同构筑金盐人的百年基业，实现盐业人的强国梦。正是基于此认识，中盐金坛把贤文化建设摆在极其重要的位置，并且把培育企业贤才、厚实企业道德资本、建立尚贤管理模式作为贤文化组织传播的三个目标层次。

1. 人才培育和道德建设形成"尚贤"共识

首先，培育贤才是贤文化建设的最高目标。"无论是做企业也好，还是做其他方面的工作也好，最为关键的是要正确地理解和实践'以人为本'。"[①]自2003 年从高校引进第一批人才以来，至今中盐金坛已招录 200 多名高校毕业生，学历层次横跨专科、本科、硕士、博士。但高学历并不等同于高能力、高素质，什么样的人才是中盐金坛所需的？换言之，应当把企业员工培养成何种人才？中盐金坛给出的回答是：向贤努力，成为贤才。

公司领导在回答"什么样的员工才称得上是人才"的问题时说："以德为先，德才兼备。"在回答"公司发展迫切需要什么样的人才"时说："企业人才是多方面各层次的组合，我们需要一线技术层面的应用型人才，在转型升级过程中，需要研究型人才，在管理上需要德才兼备的通才型人才。""贤才的最大特点是：无论工作和生活，向贤努力已成为一种思维方式和行为习惯。"[②]因此，培育贤才，是中盐金坛管理的第一要务，文化建设作为管理的重要环节，理所当然地将成就贤才作为最高目标。

其次，正如古人云："为政以德，辟如北辰居其所而众星共之。"（《论语·为政》）中盐金坛把人才定位为德才兼备、以德为先的贤才，可见"德"在贤才培育中具有第一位的高度；公司领导把员工贤德的养成视为企业的道德资本，而贤文化建设担负着培育员工贤德的功能，在厚实企业道德资本方面负有第一责任。正如中盐金坛领导所言："公司建立贤文化，用中国传统文

---

① 万斯琴、麻婷：《中盐金坛：转型改革打造百年老店》，《中国企业报》2014 年 1 月 21 日，第 24 版。

② 《成长成才备受关注，公司领导回应员工"五问"》，《中盐人》2013 年 12 月 30 日，第 3 版。

化来熏陶每一位员工，提升员工的修养。"①

中盐金坛主要领导明确提出，开展贤文化建设是为企业培育道德资本。他说："道德是一种无形价值，道德也是企业资本"，"贤文化研究会以培育贤才、养成贤德为出发点和落脚点，组织会员学习、研究、传播中国盐文化和传统文化，以成就贤德贤才为价取向，把中国传统文化的义利之辨落实到个人的实践中，有了这样的价值追求，就会使我们在立身处世上呈现出不一样的气象。"（《道德经·第八章》）

在中盐金坛，企业的各种行为被视为道德智慧的实践过程，而这种实践体现为追求"义利兼顾，以义为上，与社会相适宜"的总体效果。具体言之，中盐金坛贤文化所指的道德智慧，包含三个方面，一是无私，二是和而不同，三是慧物，若达此三境界，则近者亲而远者悦，企业的生命力将长盛不衰。老子《道德经》曾以"水德"为例来形容："上善若水，水利万物而不争，处众人之所恶，故几于道。"中盐金坛在新员工入职的第一天起，用一个月的时间开展贤文化培训，入职以后，还将接受贤文化专题培训，在班组中也持续不断地开展对贤文化的"行知"培训，这些举措旨在使贤文化进入员工的心灵世界，与员工的生命打成一片，成就如大地般厚实的道德素养，担当起振兴中国盐业的责任，这也就是《周易》乾卦所言的"厚德载物"。

2. 企业管理凸显"尚贤"气象

中盐金坛高度重视贤文化管理模式的探索，公司管理层认为，企业文化如果只停留在口号、标语或理念阶段，它的影响力有限，其独特的凝心聚力、引导启智功能亦难以发挥。如果能把企业文化融入管理思想及其制度设计中，化身为员工和企业的行为准则，使企业的组织原则和管理方法带上独特的文化标识，则企业文化软实力的作用将发挥得更加全面透彻。基于此种思考，中盐金坛提出了探索尚贤管理模式的构想并付诸实践，期望能在管理全盘西化的当今时代，为中国管理学的建立尽一己之力。

公司领导层认为，企业管理的首要职能和职责是教育人、培养人，实施"尚贤"管理，其主要任务是育贤选贤。中盐金坛《贤文化纲要》论述道："治企之道，选贤任能，贤者在位，赏罚有制，见贤思齐。"为此，中盐金坛根据青年员工的性格特点、专业特长、职业取向，将其与企业的业务板块相结合，

---

① 《金坛盐盆经济共同体有了人文建设的高端平台》，《中盐人》2013 年 11 月 15 日，第1 版。

在人力资源管理上推出五条通道选拔贤才，这五条通道是：工厂工程师、技术工程师、市场工程师、专业主管、综合主管。

中盐金坛《贤文化纲要》之"明本"篇说，员工和客户乃企业之本，本立则企业固。中盐金坛"尚贤"管理提出，企业的发展是成就员工的自然结果，因此，企业要关心员工，改善员工工作环境和福利，帮助员工进步和发展；企业要培养人和成就人，给有才能者充分的施展空间（尚贤）。同时，企业要关心供应链上的合作伙伴，尤其是要急客户之所急，从客户立场不断改进产品和服务。中盐金坛很早就提出了"对社会尽责，对客户企业尽责"的经营思想，并一直秉持"为客户企业服务，与客户企业共生共长"的服务理念。

"尚贤"管理强调，企业不仅要自己发展，同时也要带动周边区域经济的发展，增加对周边经济需求的关注，为社区与社会谋福祉。为实现节能减排绿色生产，中盐金坛多次引进国内外先进生产工艺，鼓励内部创新和组织多种员工培训，在提高生产率的同时减少生产过程中的能源消耗和废物排放。另外，公司还积极推动热电厂向社区集中供热，帮助当地服装产业、化工产业等多个传统产业的转型升级。为了缓解长三角地区季节性用气不均的供需矛盾，公司积极推进与中石油、中石化、德国 SOCON 公司等合作，使当地居民的天然气需求得以保障，同时利用采矿后形成的盐穴存储石油和天然气，既为国家的战略储备做出了贡献，也防止了盐穴塌陷可能造成的危害。

中盐金坛"尚贤"管理传承中国传统管理智慧，在思维特征上突出地体现了"反求诸己"和"三才相通"两大特点。

一是"反求诸己"。这一思维方式源自古代大儒孟子。《孟子·公孙丑上》说："仁者如射，射者正己而后发，发而不中，不怨胜己者，反求诸己而已矣。"孟子把成就仁德比作射箭，先端正自己然后把箭射出去；射不中不能怨别人超过自己，而应找自己的不足。"反求诸己"是中国传统文化思维方式的鲜明个性，《中庸》要求"反身而诚"，宋代理学家提倡"居敬穷理"，明代王阳明则倡导"致良知"，这些都是对"反求诸己"的发挥。

"尚贤"管理继承了中国文化这一独特的思维方式，要求做人做事必须先从找出自己的不足入手，而不能反过来先找他人的过错，只有首先发现自己的不足并诚心地改正和完善自己，才能促成问题的圆满解决，概言之即"贤于内，王于外"。个人如此，企业也应当如此。例如，当接到客户的投诉时，按照贤文化"反求诸己"的要求，相关部门单位首先应当认真检查生产、质量、服务等各个环节可能存在的问题，找出导致客户投诉的直接和间接原因，相关的员工也应当"反求诸己"，看看自己在其中应当承担什么责任，有什么差错。问题找出后勇于担当，立即解决，并借此改正和完善生产经营管理中的短板，员工个人也在修正企业短板的同时，完善自己的不足，不断地向"贤者"目标接近。

二是"三才相通"。"三才相通"的思维，亦源自中国传统文化。《周易》提出天道、地道、人道的观念，认为"立天之道曰阴与阳，立地之道曰柔与刚，立人之道曰仁与义"。老子则提出"人法地，地法天，天法道，道法自然"的思想，道教经典《太平经》则提出天地人"三合相通"的理念。不管如何表述，中国传统文化在提倡天地人和谐共存、协调发展的理念上是高度一致的。"尚贤"管理要求在开发利用岩盐资源的同时，认真探索资源的可持续利用途径，思考如何确保企业的经济行为更加人文化，企业如何与居民、环境和谐发展。正是基于这一思考，中盐金坛提出了"有限资源，无限循环"的发展理念，并建构起了"三个一体化"的发展格局，使宝贵的岩盐资源在创造经济财富、造福国人的同时，避免耗竭式开采，最大限度地减少资源的浪费。

"尚贤"管理作为一种传承华夏圣贤文化的企业治理模式，在企业价值观和管理思维方式的转变中贯穿了华夏文明的人文精神，体现了"以人为本"的基点。同时，将管理的第一职能明确为"教化"并积极倡导自我管理，打破了传统意义上管理者和被管理者之间的界限，使企业管理最终通向"无为而治"成可能。此外，"尚贤管理"植根于企业生产经营的实践，从积淀深厚的传统文化中汲取养分，融合了对生命意义、自然与人之关系、企业长久之道等诸多问题的思考，凝聚着对生命、天地的敬畏之心和对社会责任的担当精神，在探索现代企业"立德、立功、立言"的管理之道方面做出了有益的探索。

乡贤文化与闽南地域社会

连晨曦①

（莆田学院，妈祖文化研究院，福建莆田，351100）

摘要：乡贤作为基层社会中的重要群体，是乡村社会治理的重要力量。在古代，乡贤不仅促进了儒学的传播、家风祖训的传承，还弘扬了当地民俗文化。在现代社会，乡贤对家乡建设、推进社会治理体系现代化依然具有举足轻重的作用。

关键词：乡贤；闽南；社会

乡贤是连接政府与基层民众的重要纽带。在中国古代社会，便有"皇权不下县"的说法，乡绅阶层成为表达民众诉求，贯彻政府政策方针，维系基层社会稳定在如火如荼地展开，在新的历史时期，我们更需要培育乡贤文化，为乡村振兴贡献力量。本文以闽南漳、泉地区为例，试分析乡贤对闽南地域社会产生的影响。

一、乡贤与理学南传

闽南地区乡贤的出现与宋元之际北方民众的大规模南迁密切相关。唐元和年间（806—820 年）福建仅有 74467 户，②至南宋嘉定十六年（1223 年）增至 1599214 户，3330578 口。③福建人稠地狭，人口分布不均，民众一面向较高的山地地区寻找耕地，一面纷纷前往海外谋生，形成"下南洋"的浪

---

① 作者简介：连晨曦，（1988—），博士，莆田学院妈祖文化研究院讲师。
② 李吉甫：《四库提要著录丛书元和郡县志》（《史部》第九六册），卷29，江南道5·福建观察使，北京：北京出版社，2010 年，第 260—264 页。
③ 梁方仲：《中国历代户口、田地、地赋统计》，上海：上海人民出版社，1980 年，第 162 页。

潮。当时，福州、兴化等地民众自发向建州、漳州、汀州等地区迁徙。在《白石丁氏古谱》中收录的《归闲二十韵》中便有"漳北遥开郡，泉南久罢屯。归寻初旅寓，喜作旧乡邻。"①的诗句。正是在此背景下，崇宁年间（1102—1106年）杨氏开基漳州华安县丰山镇碧溪乡，而本文所要提及的玉湖陈氏家族始祖陈仁公也于宋庆历元年（1041年）南迁至今日泉州泉港与莆田交界一带。这些南渡民众在闽南地区定居之后，对子孙后代教育有方，崇尚忠孝仁义，重视科举，为当地的教育事业及理学南传奠定基础。

玉湖陈仁公的曾孙陈俊卿于宋高宗绍兴八年（1138年）以榜眼及第登科，累官左丞相兼枢密使，受封赠少师，封魏国公，谥号"正献"。他重视教育，与邑人林光朝、朱熹等人交往密切，时常聚徒讲学，其子守、定、宓、次，孙厚、址均为朱熹的入室弟子。其子陈宓感念恩师朱熹，于宝庆三年（1227年）将朱熹在白湖相府授教之馆辟为"仰止堂"，将朱熹像立于中，又筑沧州草堂与诸生讲学。据黄仲昭《八闽通志》记载："仰止堂，在白湖陈俊卿旧第之东偏，朱文公尝馆焉。堂之前有山曰壶公，峻拔端重，若正人端士翔拱而耸立。俊卿之子宓实从文公讲学于此，思文公而不得见，登其堂，望其山，如见其人焉，因此高山仰止之义，以名之。黄榦为记。其后邑人黄绩，从宓及潘柄学，复与同志十余人集于堂中，旬日一讲。二师既卒，绩遂率同门友筑东湖书堂于县之望仙门外东畔，而请田于官，春秋祀焉，读约聚讲，如二师在时。及绩卒，绩之子仲元推广先志，崇奉尤谨。"②

陈氏在居住地建立起书堂私塾，以族中子弟为基本教学对象，后来扩及同乡子弟。书堂私塾中强调诗书之训为家族根本，故乡族中子弟无论贫富，只要稍有可读，务加训诲，大者关乎忠孝节义，小者培养动止威仪。以此期待族人能持续通过"读书—科举—仕宦"这一进程，达到光耀门楣、庇佑子孙的目的。致仕后的乡人族亲，又以捐钱、捐粮、捐田等公益义举培养后人，成为当地乡村治理中的重要角色，为当地经济发展带来积极效益。

后人纷纷以先祖正献公"地瘦栽松柏，家贫子读书"作为励志上进的座右铭。乡族中的名望之人纷纷为当地贫寒子弟营造良好的学习环境，提供社会阶层上升的可能，成为维持社会秩序的重要保障。教育为当地子弟打开学习、科考的窗户。族学、义学等教育形式的兴起给乡族中的子弟提供了接受

---

① 陈支平：《闽台族谱汇刊（第四十一册）》，桂林：广西师范大学出版社，2009年，第32页。

② （明）黄仲昭：《八闽通志·学校》，福州：福建人民出版社，1990年，第35页。

教育的机会。同时，这些受赈济的子弟通过科举入仕，以回报乡里。他们多能够体察民间疾苦，继续兴办教育，培养乡族后代，让此善行义举得以发扬光大，为维持当地社会稳定、增进民众福祉做出贡献。诚如王定保所说："三百年来，科第之设，草泽望之起家，簪绂望之继世。孤寒失之，其族馁矣；世禄失之，其族绝矣。"[①] 为把子弟造就成登科入仕之材，许多家族不惜花费物力、财力开办族塾。一般的家族，或利用族田、族产收入，或通过族人集资的办法开办族学。少数经济基础好的富家大户则自设塾学，督促子弟发愤苦读。对于那些有望考科入选的子弟，提供各种优裕条件，给予重点扶持或资助，使他们能够在接受族塾教育后，进入更高层次的学校学习，受进一步的教育，进而参加科举，获得功名，步入士绅阶层。

乡族教育极大弥补了官学资源的分配不足，提高了乡里族中子弟的文化素养，在维护社会稳定方面起到不可替代的作用。"学而优则仕"成为乡里子弟既定的人生目标，为有科考能力的贫困子弟们提供了科举及第的机会，促进了当地文化的兴盛繁荣与社会的有序运行。

二、乡贤与祖训家风

800 多年来，玉湖陈氏子孙兴旺，人才辈出，皆因祖上乐善好施、周济怜困，对子孙后代教育有方，崇尚忠孝仁义。为了教育子孙后代，谨遵祖训，耕读诗书传家，规范言行。而陈俊卿立下的家训及陈宓亲自制订的《仰止堂乡约》和《仰止堂规约》更是充分体现了良好的家风祖训。

陈俊卿家训

事亲必孝，待长必敬。兄友弟恭，夫义父顺。

冠婚丧祭，秉礼必慎。学文必功，习武必勤。

治国必忠，治家必严。居功毋骄，见恩必谢。

士农工商，择术必正。

毋听妇言，而伤同气。

毋作非法，而犯典刑。

毋以众而暴寡，毋以富而欺贫。

---

① 王定保：《唐摭言》卷九《好及第恶登科》，上海：上海古籍出版社，1978 年，第97页。

　　毋以赌博而荡产业，毋以淫僻而坠家声。

　　制行唯严于律己，处世当宽以待人。

仰止堂乡约

　　德行相规：谨形信言，入孝出悌。确守廉隅，广施恩惠。闻义必徙，有过必更。导人为善，矜人不能。己长毋夸，人短勿毁。取友必端，毋友匪类。

　　事业相勉：精玩诗书，博览史册，射御书数，闲以琴瑟。教饬子弟，勤课耕织。严供祭祀，礼待宾客。洒扫门庭，葺理庐室。蚤纳官粮，期限无失。

　　过失相规：行不恭逊，言不忠信。挟势恃才，党邪抑正。背义营私，弃礼徇俗。用度不节，鄙吝啬缩。酗搏斗讼，生事妄作。行险侥幸，投献请托。

　　礼俗相接：节朔往来，庆吊馈遗。患难相周，轻财重义。聚会相齿，勿问官职。贫不贵财，老不效力。耕则逊邻，行则逊路。为人息争，与众集事。①

　　由以上祖训乡约可知，陈俊卿及其子陈宓均教育子孙后代立身、学习、行事要端正、不苟且，进而推动当地崇文重教风气的形成，以达成劝善向学之目的。此外，陈宓还制定《仰止堂规约》对学生及后辈子孙提出"辨志，致知，正心，修身，处事"等要求。

辨　志

　　人之为人，必先辨志。毫厘之差，千里之异。

　　儒者二途，小人君子。学有两端，为人为己。

　　君子喻义，小人喻利。为己者诚，为人者伪。

　　轻利重义，物我一视。拔伪存诚，隐显一致。

　　凡我同心，请加审谛。透此二关，方是少憩。

致　知

　　人心有知，在致其极。理本无形，惟物是格。

　　物无精粗，各有其则。近而修身，远而家国。

　　大而天地，微而草木。往古来今，循环代续。

　　心之所感，喜怒欣戚。身之所接，嗅味声色。

　　一家之内，父子主仆。一国之中，刑政礼乐。

　　天高地厚，浑沦磅礴。动植生成，鸢飞鱼跃。

　　考诸往古，治乱因革。揆厥来今，变通酬酢。

---

　　① （宋）陈宓：《复斋先生龙图陈公文集》，卷二十三《拾遗一卷》，《仰止堂规约序》，《续修四库全书》第1319册《集部·别集类》，上海：上海古籍出版社2002年，第568—570页。

一理弗明，不免漏落。一义弗精，立见乘错。
所以穷理，贵乎该博。所以临事，贵乎审度。
方其用功，一一累积。及既融会，一乃贯百。
孰谓格物，惟务扞格，孰谓虑事，不必纤悉。
凡我同志，要当深识。毋贪近功，一蹴至域。

正 心

仁义礼智，天锡至善。根诸吾心，盎背粹面。
宽裕温柔，刚毅奋发。齐庄中正，文理密察。
恻隐羞恶，辞让是非。火燃泉达，其端甚微。
仁戒姑息，义防愤激。礼胜则离，智毋诡谲。
致乐治心，中心和乐。致礼治躬，外貌严格。
直而必温，宽而必栗。刚而无虐，简而无傲。
和顺积中，英华发外。清明在躬，志气如神。

修 身

人之一身，百体皆具。苟失其利，易置冠履。
耳目无加，手足莫措。仪容顺正，筋骸乃固。
头容要直，项颈中峙。视必聚精，听必倾耳。
色欲啐面，声从腹起。口如守瓶，鼻如嗅馨。
固颐垂颔，脊挺肩平。手效抱鼓，足毋箕踞。
立微磬折，坐若泥塑。堂上接武，堂下布武。
周旋中规，折旋中矩。以此律身，外邪敢侮。
体胖心正，貌肃神凝，为学则固，察理必精。
克勤小物，大德以成。凡我同志，勿怠勿轻。

处 事

欲正其义，不当谋利。欲明其道，不必计功。
人无远虑，必有近忧。徒见小利，难成大事。
小善必为，勿谓无益。小过必改，勿谓无伤。
事豫则立，不豫则废。时至则行，未至勿远。
临事不敏，易至失机。处事欲速，必有下达。
疑而勿询，犹正墙面。谋而无断，作舍道旁。
仕止久速，各任清忠。各当其行，以集大成。
富贵贫贱，患难夷狄。素位而行，无不自得。

横逆之来，反己自修。人非我是，飘瓦虚舟。

威武所加，孰不震怵。自反而缩，虽死弗屈。①

以上规约记述了先人之遗志，在当地乡族间广为传颂。当地后学重视继承先人之志，爱亲敬长、尊师重道。冀望子孙推崇忠孝节义、慎独、敬恕、忍让。这不仅表达了当时乡贤们劝谕奖赏乡人求功名、立学业的期望，更是让子孙后代秉持家训，弘扬家风的谆谆教诲。当地民众极为重视祖先遗训，乡约、规约被全文保留并在乡间邻里得到宣扬，成为现今当地乡村振兴文化建设的举措之一。

三、乡贤与当地民俗传承

闽南地区的居民，其先祖多来自中原地区，其民俗文化也继承了中原文化根源性、包容性、开放性等特点。在宗教信仰上具有敬天法祖的思想。佛道融合，通过敬天以神化祖先。闽南地区是民间信仰兴盛之地，各宫庙中供奉着释迦牟尼、观音菩萨、土地公、灶神灶公、灶王爷、玄天上帝、周帝公、东岳大帝等形形色色的神灵，通过祭拜体现着当地民众崇祖敬宗的精神。在传统中国民间社会中，民间文化活动，如信仰仪式、戏剧演出等都会成为民众获取文化知识，形成价值观、人生观的重要途径。民间文化习俗中的信仰仪式、当地宫庙中的对联、壁画等装饰及戏曲演出等都充当着引导信徒遵从行善、尽孝、忠君、爱国等道德规范，相对于世俗的法律强力制约更易为民众所接受。在封建时代，主持当地宫庙的创建与维修者多为当地士绅，由于他们的文化素养较高，在修建维护宫庙的过程中，选择了许多彰显伦理纲常、行为规范的内容，如泉州通天宫便有"精忠取义，贞烈贯日月；矢志成仁，气节参乾坤"等诗句。在久负盛名的泉州关岳庙中，有对联"公平正直，入门不拜无妨；诡诈奸刁，到庙倾诚何益"的对联。强调信徒的品行才是能否得到神明庇佑的关键，带有鲜明的惩恶扬善色彩。而在闽南地区的保生大帝宫庙中，则有介绍保生大帝生前事迹的壁画，以教导民众从良向善。在为酬谢神明所演的戏剧中，也有许多教导民众忠孝仁义的剧目，如《目连救母》《斩白蛇精》等剧目均劝诫忠孝，利用民众对神明的敬畏之心以达到去恶行善

---

① （宋）陈宓：《复斋先生龙图陈公文集》，卷二十三《拾遗一卷》，《仰止堂规约序》，《续修四库全书》第1319册《集部·别集类》，第568—570页。

的目的。以福建影响最大的神明妈祖信仰为例，神明妈祖生前本是女巫，因经常救人于危难而受到民众的拥戴，后来被奉祀为神，并在明清时期得到政府的多次加封。许多妈祖宫庙的管理者都是当地颇有影响力的人物。泉州霞洲妈祖宫庙的董事长蔡景民先生便是一位民营企业家。在管理妈祖宫庙的过程中，到达引导信众学习妈祖生前扶危济困精神的目的。另据记载，泉州西街奉圣宫、漳州市官园威惠庙、安溪县蓬莱镇化龙宫等宫庙在修缮过程中均有企业家捐资助建的身影。这些企业家均在当地有较良好的声望，杨以能、蔡景民等企业家在庙宇修缮后均担任了管委会主任与董事长的职务，为庙务继续出谋划策，赢得了当地民众的信任。① 企业家作为当地的重要力量介入民间信仰的管理、传播后，往往将企业管理的理念运用于宫庙管理之中，使之朝着规范化方向发展。通过宣传弘扬庙宇文化、祠堂文化等民间信俗文化，不仅丰富了基层民众的文化生活，也提升了民众的文明意识。此外，当地民众对修建祠堂与续修族谱之事均极为重视。自 20 世纪 90 年代以来，不少乡村都重建祠堂、续修族谱。有些还专门到祖籍地寻亲访祖，并定时举行祭祀活动，这些活动都离不开当地名望人士的支持。

随着时代发展，这些民俗文化正在潜移默化地影响着人们的社会心理、价值观念、道德标准、审美追求，民俗文化已然成为社会团结的纽带。以妈祖信俗在闽南地区的传承发展为例，自 2007 年起，每年正月初一至十八，泉州天后宫会举行"乞龟"民俗活动。泉州天后宫妈祖殿前广场一只用千余袋"平安米"铸造而成的巨型米龟供市民和游客前来摸龟祈福。② 2010 年之后，泉州霞洲妈祖宫与台湾澎湖开台天后宫合作，决定在每年春节期间联合举办"乞龟"、过平安桥等活动。在举办这一民俗活动的过程中，霞洲妈祖宫不仅与澎湖天后宫取得合作，还与闽台缘博物馆、泉州鲤城区闽台民俗文化艺术交流协会、海峡都市报等单位合作，举办一系列活动。宫庙已经被打造成为弘扬当地传统特色民俗文化的公共空间。这些饱含地域特色的民俗文化中蕴含的崇祖敬宗、忠贞不渝、诚信友爱、尊老爱老的传统美德正在起着教化人心、匡正风气的作用。

当地负有名望的人士介入民俗活动的管理、宣扬等活动后，往往救济当

---

① 范正义：《企业家与民间信仰的标准化——以闽南地区为例》，《世界宗教研究》2016年第 5 期。

② 莆田学院妈祖文化研究院、莆田市湄洲妈祖祖庙董事会编：《妈祖文化年鉴（2013）》，人民出版社 2016 年，第 139—140 页。

地的困难户，通过与媒体、政府的联络，参与地方公益事业。他们利用宫庙在举办活动时获得的捐赠及平时的香火收入，联系福利院、孤儿院和需要救济的群众，在庆典活动之后或重阳、中秋等节日来临之际慰问需要帮助的群众，起到很好的表率作用。

此外，随着当地民俗活动的兴盛与民间文化的复兴，当地乡贤在不同程度上成为联络台胞和海外侨胞的媒介，为福建地区的对台工作和侨务工作做出贡献。每年都有大量的台湾同胞与海外侨胞以宫庙交流为平台，前往大陆谒祖进香。当地的名望人士也利用自身的人际网络承担起更多的社会责任，与政府的职能形成互补，有力地推动了当地的民间交流合作。如 2013 年 5 月，台湾乐成宫辖境的雾峰南天宫、雾峰福天宫、军功寮福顺宫、十九甲奉圣宫等台中市大屯十八庄 24 宫庙 700 信众携 22 尊神像到福建厦门同安南门里银同妈祖庙参香。① 当年 6 月，泉州天后宫妈祖由管委会董事长许晓辉与信众护送，搭乘"小三通"客轮到金门，驻跸金门县天后宫，参加温陵妈祖莅临金门两周年庆典，并绕境金门县金门镇后浦地区祈安。② 此后，北港朝天宫宣布于 2013 年 8 月遵古礼进行祭天拜妈祖请驾仪式，9 月自台中港出发至大陆迎接各地妈祖，回台之后由台中港出发，绕行至北港。其间举办朝天宫妈祖历史文物展及"2013 两岸妈祖会北港暨中秋妈祖祭祀大典、阵头汇演和两岸联欢晚会"等活动。③ 此后台湾鹿耳门圣母庙、无极天玉宫、彰化永安宫、圣母宫等宫庙纷纷前往泉州、厦门等闽南地区进香。大陆的民间团体亦对其作出积极回应，推动两岸交流合作的发展。

近年来，这些富含当地特色的传统民俗信仰、乡规乡约文化逐渐受到重视并予以保护弘扬，通过举办展览、设立展示区域、举办晚会、比赛等方式，让这些文化要素深入人心，推动社会的安定团结。基层社会的一些民间团体，通过自身的努力，成为海峡两岸文化交流的中流砥柱，亦是联系海外侨胞的纽带，为推动交流，实现民心相通做出自己的贡献。

---

① 莆田学院妈祖文化研究院、莆田市湄洲妈祖祖庙董事会编：《妈祖文化年鉴（2013）》，第 150—151 页。

② 莆田学院妈祖文化研究院、莆田市湄洲妈祖祖庙董事会编：《妈祖文化年鉴（2013）》，第 152 页。

③ 莆田学院妈祖文化研究院、莆田市湄洲妈祖祖庙董事会编：《妈祖文化年鉴（2013）》，第 155—156 页。

四、乡贤与侨乡建设

福建地少人多，自古以来便有出海谋生的传统。他们一面在异国他乡奋力拼搏，一面将辛勤赚来的钱积攒下来，邮寄回家乡，在家乡为亲人修建房屋，捐资从事公益活动，为家乡的发展做出积极贡献。据了解，自泉港界山镇东亭村陈亚保先生于1948年兴建第一座木石结构的单层五间张大厝后，第二年东亭村的陈金仳、陈细仳兄弟兴建第二座木石结构单层五间张大厝。20世纪50年代，陈草士先生兴建了第三座单层五间张大厝。陈捷麟先生则兴建了第一座中西合璧的两层五间张大厝，将其命名为"东昇楼"。在接下来的数年间，类似的楼房接二连三地兴建，当地人将这些楼房称为"番仔厝""南洋楼"。这些楼房的兴建凝聚着旅居海外的侨胞乡亲的心血和汗水，也是这些身在异域，仍然心系桑梓的侨胞乡亲爱国爱乡的真实写照。

时至今日，更多的民营企业家和村民们新建了三四层的豪华楼房，街道两旁的高楼也屡见不鲜，室内富丽堂皇、宽敞明亮。当年闻名遐迩的"南洋楼"则显得有些相形见绌，老旧矮小，这是时代变迁、社会进步的必然。这些"南洋楼"已是当地的一张名片，成为社会主义美丽乡村建设的一道亮丽风景。

旅居海外的侨胞乡贤不仅资助自己的亲人，还心系祖国，长期用自己省吃俭用赚来的钱回报桑梓，帮助家乡建设小学、中学，修建、扩建宗祠、庙宇和道路桥梁。为了延续子孙后代对家乡的情感，他们不顾年老体弱，坚持带子孙后代回老家探亲祭祖。1951年，当地旅居马来西亚的侨胞陈亚保、陈宗连、陈金仳、陈捷麟等乡亲看到家乡小孩需要去邻村上小学，便筹资兴建玉湖小学，共兴建了五间教室与一间办公室，最初仅设立小学四年级。1977年，玉湖大队管委会鉴于玉湖小学面积太小，决定选址在东亭龙身地段，对学校迁址扩建。当地侨胞捐资募集60多万侨资，支持学校扩建为完全小学。当地惠华中学兴办前，玉湖小学曾设立初中部。后经民营企业家陈国元和侨亲陈寿奇等多次捐资募集，对学校进行改建扩建，1999年改名为界山镇玉湖中心小学。[①]20世纪80年代，侨亲陈荣基、林玉唐等人发动当地侨胞乡亲捐款，筹建惠安华侨中学，后将玉湖小学也并入其中。[②]此后邱财加先生、陈汉龙先生等侨胞又积极捐资扩建，不断完善办学条件，终于建成占地面积84

---

① 陈金长、陈祖基、陈顺燕、陈支平：《玉湖忠孝家风与"海丝"路上南洋楼》，厦门：厦门大学出版社2018年，第95页。

② 陈金长、陈祖基、陈顺燕、陈支平：《玉湖忠孝家风与"海丝"路上南洋楼》，第97页。

亩、校舍面积 20260 平方米，设备先进、功能齐全，集科技实验楼、教学楼、教师公寓、学生公寓、运动场、实验室、图书馆、多媒体和梯形教室于一体的校园环境。①

另据记载，1963 年，旅居马来西亚的陈宗连、陈金�、陈捷麟、吴来发、林金梅、林文龙等带头捐资，在龙马溪中下游的东张村通往槐山村的交通要道位置兴建一座宽约 5 米、三孔、四桥墩的石拱桥，桥上不仅可以通人，也可通车，极大地便利了当地群众的出行。为纪念侨亲的贡献，乡亲们将这座桥命名为"华侨桥"。此外，当地侨胞们还于 20 世纪 80 年代至 90 年代，积极捐资对村里年久失修的宫庙、祖祠进行修缮维护，以寄托自己饮水思源的爱国爱乡之情。

这些侨胞乡贤虽然远离家乡和祖国，散居于不同的国度，但他们均心系桑梓，通过各种方式为家乡和祖国的公益事业做出贡献。他们反哺家乡的赤子之情和善德之举，既促进了家乡社会经济和教育事业的发展，又弘扬了优良家风与传统美德，是新时代乡贤的典范。

乡贤文化是中华优秀传统文化的重要组成部分，它扎根于乡村，蕴含着巨大的道德榜样力量。它不仅有助于带动乡村文明建设，也有助于推动乡村社会发展。这些乡贤们均是各行各业的精英，在当地备受尊重，他们在促进当地乡村物质文明与精神文明建设中发挥着举足轻重的作用。乡贤文化对于树立社会主义新风尚、凝聚乡村居民共识、实现乡村振兴具有重要意义。近些年来，各地纷纷培育优秀乡土文化，弘扬良好乡村习俗，乡村文化中的孝道、友善、互助等观念是我国社会主义核心价值体系的重要组成部分，应当得到大力弘扬。在新时期，乡贤正发挥着自身在思想、文化、技术等方面的优势，为乡村经济发展与当地居民服务。乡贤文化作为我国民间传统文化的重要组成部分，是美丽乡村建设中的宝贵资源，各地都在开展形式多样的活动对此予以大力弘扬推广，这些举措必将对基层乡村社会产生积极深刻的影响。

---

① 陈金长、陈祖基、陈顺燕、陈支平：《玉湖忠孝家风与"海丝"路上南洋楼》，第 98 页。

贤文化在社会治理中的现实意义研究
——以山东省为例

王荣亮 ①

（内蒙古大学历史文化学院，呼和浩特，010020）

摘要： 贤文化是中国传统文化中内涵最深，包容最广，绵延最长，最有渗透力的文化体系。建设平安中国和法治中国需要创新社会治理方式，维护社会和谐稳定，以确保国家长治久安和人民安居乐业。社会治理良好是美好生活的重要组成部分，在习近平新时代中国特色社会主义思想的指引下，按照党的十九大部署，新时代中国社会治理现代化将稳步向前推进，社会治理体系将进一步完善。山东秉承"千里之行，始于足下"的实干精神，在加强和创新社会治理方面走在了全国前列，经过探索和实践，逐渐摸索出一条成熟的基层社会治理道路，为其他地区提供了可借鉴经验。本文以山东的基层社会治理为例，指出了在法治中国背景下利用贤文化打造基层社会治理新模式的有效对策。

关键词： 贤文化；社会治理；现实意义

贤文化是以经世致用为特征的中华文化的重要组成部分。家和万事兴，百善孝为先，忠孝是中华民族的传统美德。几千年来，忠君爱国、孝敬父母是社会的基本道德观念，也是历代统治者所推崇的道德规范。西周时，统治者就把"敬天、孝祖、敬德、保民"作为其政治主张，要求人们孝敬父母、尊老敬老、尽忠国家、报效天子，形成了贤文化的雏形。春秋时期，儒家创立了完善的贤文化体系，贤文化成为儒家文化的重要内容。自汉武大帝刘彻

---

① 作者简介：王荣亮，男，山东潍坊人，内蒙古大学博士，主要研究领域：中国传统文化。

秉承"罢黜百家，独尊儒术"治国理念开始，儒家文化为历代封建统治者所推崇，对巩固封建帝王统治地位与社会和谐稳定起到了十分重要的作用。党的十九大报告指出：强调坚定道路自信、理论自信、制度自信、文化自信；明确全面深化改革总目标是完善和发展中国特色社会主义制度、推进国家治理体系和治理能力现代化。习近平指出，一个国家选择什么样的治理体系，是由这个国家的历史传承、文化传统、经济社会发展水平决定的。我国今天的国家治理体系，是在历史传承、文化传统、经济社会发展水平的基础上，长期发展、渐进改进、内生性演化的结果。[①] 国家治理的本质在于通过其属性及职能的发挥，协调和缓解社会冲突与矛盾，以维持特定的秩序。贤文化包含着丰富的优秀成分，经过转化提升可以成为推动国家治理现代化的重要资源。"言必行、行必果""民无信无以立"的诚信原则，昭示人们要坚守承诺、言行一致，共同营造现代国家治理所需的良好社会秩序。这些都是贤文化的精髓之所在。在新时代传承与弘扬贤文化，是实现"两个一百年目标"，走向繁荣富强的应有之义和必要之路，对推进国家治理体系现代化具有重要的支撑作用。

一、新时期社会治理出现的新特征

党的十九大提出打造共建共治共享的社会治理格局，以期形成有效的社会治理、良好的社会秩序。[②] 在新的社会转型期，现代社会治理强调"共建、共治、共享"，人民群众广泛民主参与是关键环节。推进国家治理体系和治理能力的现代化，就要求我们必须认真践行习近平新时代中国特色社会主义思想，深入改革治理体制、丰富完善治理体系、提高治理能力，确立人民群众在社会治理中的主体地位，形成党委领导、政府负责、社会协同、公众参与、法治保障的社会管理体制，让人民群众更幸福。社会治理是国家治理的重要方面，良好的社会治理是社会和谐稳定、人民安居乐业的前提和保障。近年来，山东在社会治理方面进行了许多有益探索，充分挖掘当地"贤文化"丰富的人文内涵，立足家庭广泛开展"好家训好家风"培育活动，通过典型示范引领推动形成"敬贤、学贤、齐贤"的文明风尚，弘扬传统美德、凝聚社会正能量，在实践中探索出一条落细落小落实社会主义核心价值观的有效途

---

① 习近平：《习近平谈治国理政》，北京：人民出版社，2017 年版，第 178 页。
② 习近平：党的十九大报告，北京：2017 年 10 月。

径，积累了独特的经验。

（一）弘扬贤文化以推进国家治理现代化

贤文化兴，则家道兴，企业旺，社会富，国家强，世界和。从行为上说，贤文化包含了诸如文明礼貌、尊敬父母、赡养老人、友爱兄弟、家庭和睦等内涵。从内容上来说，贤文化包括了孝、悌、敬、诚、善、恭、礼、谦、宽等传统美德范畴。

1. 实现贤文化的创造性转化与创新性发展

习近平总书记指出，弘扬中华优秀传统文化，要处理好继承和创造性发展的关系，重点做好创造性转化和创新性发展。[①]山东潍坊市树立"以人为本、有机融合、先进取向"的贤文化理念，坚持贤文化的本源在于人，载体在于人，最终落脚点也是为了广大人民群众。所谓有机融合，就是将贤文化的开发巧妙地蕴含于社区治理、民主法治建设、公共精神培育、反腐倡廉、权利保护、民生改善等具体的治理过程。先进取向就是以先进文化的标准对待贤文化，对那些体现中华文明特质、有助于促进国家富强、民族振兴、社会和谐的有积极作用的贤文化加以吸收并有效运用。从实践来看，深入挖掘和系统阐发贤文化，对传统文化进行创造性转化，首先需要处理好传承与创新的关系。传承是基础、是前提，创新是方向、是生命，两者不可偏废。其次要寻找合适的路径，比如将贤文化融入学校教育，发挥学校教育在文化创造性转化中的基础性作用；着眼于满足人民群众的文化需求，通过文化体制改革和公共文化服务体系建设，不断创新弘扬贤文化的方式方法和形式载体。

2. 将贤文化融入社会主义核心价值观的培育过程

社会主义核心价值观是在继承人类文明进步成果的基础上，集中反映中国特色社会主义理想信念，并融汇于现代国家治理实践中的价值追求。对于社会主义核心价值观而言，优秀贤文化是其赖以成长发展的土壤。因此，要在培育和践行社会主义核心价值观中传承贤文化，如发挥传统文化中的修身思想，以引导人们加强自我修养；积极倡导现代仁爱精神，加强舆论宣传和国民教育，让人们以更加理性的方式融入社会主义建设，共同推动国家的繁荣富强。山东将"贤文化"作为践行社会主义核心价值观的文化土壤，在"贤文化"滋养下的山东百姓自立、诚信、友善、和睦、勤俭、孝老、爱亲，凝

---

①　习近平：《习近平谈治国理政》，北京：外文出版社，2017年版，第214页。

聚成一种独特的地方文化基因。山东省委、省政府因势利导，高度重视地方文化建设，不断赋予"贤文化"新的时代内涵，形成了以儒家文化为代表的"贤文化"体系，成为培育和践行社会主义核心价值观的丰厚土壤。

3. 以产业化推动优秀传统文化的开发应用

贤文化产业化在国家治理现代化中具有重要地位，从近年来一些地方的探索实践看，以产业化的眼光来审视优秀传统文化是值得探索的。因而，需要转变思维，以产业化的眼光来对待传统文化资源，通过做实做强文化平台，构建"传统文化＋现代科技""传统文化＋时代创意"的文化产业链条。通过增值传统文化收益，变无形的传统文化为外在的物质效益，同时通过产业发展带动相关经济发展，提高人们保护、继承传统文化的意识和积极性，以进一步激发中华民族传统文化的自豪感。对传统文化的传承是一项复杂的系统工程，必须建设相应的传承体系。传承体系的构建重在领域拓展和策略优化。因而，要努力打造好家庭、学校、社会三个主要阵地，让传统文化在这三大领域齐头并进、百花齐放；努力实现传统文化的生活化、社会化、网络化，让传统文化的浸润作用真正做到潜移默化、润物无声；做好优秀传统文化与现代制度的协同共进，将优秀传统文化与现代国家治理的新要求新形势紧密结合起来。

（二）社会治理的体制机制需要更加完善

党的十九大报告提出，形成有效的社会治理、良好的社会秩序，使人民获得感、幸福感、安全感更加充实。在推进国家治理体系和治理能力现代化的改革总纲下，我们需要运用法治思维和法治方式倡导多元共治。基层治理是社会治理探索的重点，社会组织和村民自治对于基层来说很重要，村民自治组织涉及农村社会方方面面的问题。村民自治的关键在于处理好农村村民自治组织和党支部、经济组织的关系。经验表明：农村治理不仅是选举问题，很多地方都出现了村民委员会、党支部和经济组织并存的问题，这三者关系错综复杂。

1. 在社会治理中需要强化党的领导

党的十九大提出：完善党委领导、政府负责、社会协同、公众参与、法治保障的社会治理体制。在社会治理中，党的领导要确保正确的政治方向，保证社会治理在正确的政治轨道上运行。把加强和创新社会治理纳入各级党委和政府重要议事日程，纳入地方党政领导班子和领导干部政绩考核指标体系。坚持和强化党的领导，调动和依靠其他主体积极参与社会治理，形成"一核多元"的治理格局。山东围绕建立健全党委领导、政府负责、社会协同、公众参与、法治保障的现代乡村治理体制，加强农村基层党建，构建自治、法治、德治相结合的乡村治理体系。山东潍坊市各级党校、行政学院发挥理论和培训阵地优势，围绕培育和践行社会主义核心价值观，将家庭美德纳入干部选拔参考标准，把孝敬父母、教育子女、夫妻恩爱作为干部选拔的硬约束，将干部考察触角延伸到社区生活中的品德表现，推动社会公德、家庭美德、个人品德同步提升，在干部群众中引起广泛反响。

2. 共享与开放共治进一步加强

习近平指出，社会治理要更加注重联动融合、开放共治。联动融合是指体制内不同主体间权责更加清晰、衔接更加顺畅、运转更加高效；开放共治是指体制内力量与体制外力量协调配合、共同治理。梳理和规范党政各部门社会治理职能，加强顶层设计，建立健全社会治理领域权力清单制度和责任追究制度，形成权责明晰的社会治理责任链条。党的十九大提出，深化机构和行政体制改革，统筹考虑各类机构设置，科学配置党政部门及内设机构权力、明确职责，转变政府职能，深化简政放权，这将为社会治理的共享、开放共治创造有利条件。

3. 基层治理是社会治理的重点

十九大报告指出：加强社区治理体系建设，推动社会治理重心向基层下移，发挥社会组织作用，实现政府治理和社会调节、居民自治良性互动。社区组织的原则要考虑社会效益最大化和居民自身利益最大化的有机统一，坚持以人为本、互助互利、民主自治、安居乐业。基层建设和基层治理，就是要努力建设人民生活的共同体，让居民对社区形成归属感、认同感。山东潍坊市探索农村基层治理创新，通过建立村民理事会等让乡村治理融入法治、德治、智治力量。基层党组织已成为乡村振兴和脱贫攻坚中凝聚各方力量的坚强堡垒。山东的基层党组织建设、公共服务、村民自治和农村土地资源、涉农财政资金、涉农服务平台工作经验正被国家运用到基层治理。①

---

① 魏礼群：《社会治理新思想、新实践、新境界》，北京：中国言实出版社，2017年，第157页。

（二）公平正义成为社会治理的核心要义

党的十九大提出，打造共建共治共享的社会治理格局。共享是目的，共建和共治是手段；共建是重点和前提，共治是关键和保障；共建共治共享是以人民为中心思想的具体要求。坚持人民主体地位，坚持立党为公、执政为民，践行全心全意为人民服务的根本宗旨，把党的群众路线贯彻到治国理政全部活动之中。习近平多次强调共产党人的初心与使命担当，坚持以人民为中心就要抓住人民最关心的利益问题，包括教育、就业、收入分配、社会保障等。化解矛盾协调利益时，首先应从大多数人的角度把握尺度，维护公平正义。习近平指出，随着中国经济发展水平和人民生活水平不断提高，人民群众的公平意识、民主意识、权利意识不断增强，对社会不公问题反应越来越强烈。通过制度创新安排，保证人民平等参与、平等发展权利，实现规则公平、机会公平和权利公平。

（三）城乡社区网格成为社会治理重心

党的十八大以来，党中央不断强化互联网治理的顶层设计，成立专门的管理机构、制定专门的政策法律，依法实施网络治理，促进网络社会健康有序发展。习近平指出：社会治理的重心必须落到城乡社区，社区服务和管理能力强了，社会治理的基础就实了。要深入调研治理体制问题，深化拓展网格化管理，尽可能把资源、服务、管理放到基层，使基层有职有权有物，更好为群众提供精准有效的服务和管理。城乡社区处于党同群众联结的关键节点，要把加强基层党的建设、巩固党的执政基础作为贯穿社会治理和基层建设的一条红线，深入拓展区域化党建。为全面提升城乡社区治理法治化，促进城乡社区治理体系和治理能力现代化，2017 年 6 月，中共中央国务院颁布了《关于加强和完善城乡社区治理的意见》。党的十九大提出，加强社区治理体系建设，推动社会治理重心向基层下移，城乡社区网格成为社会治理重心。

二、新时代社会治理面临的新挑战

十九大报告指出，中国特色社会主义进入新时代，我国社会主要矛盾的变化是关系全局的历史性变化，对党和国家工作提出了许多新要求，使我国社会治理面临一系列新问题、新挑战。[①] 随着市场化、工业化、城市化、信息

---

① 习近平：党的十九大报告，北京：2017 年 10 月。

化及全球化的深入发展，城乡基层经济、社会结构以及人们的思想观念、行为方式正发生改变，对基层治理提出挑战。

（一）社会变革对社会治理提出新要求

改革开放以来，我国社会阶层结构和利益格局复杂化，财富和收入差距拉大；社区社会化、家庭小型化，家庭的教化功能有所弱化等。这些社会变化对社会治理体系和治理能力提出新挑战。山东流动人口众多，多种思想交汇，经济活动频繁——这些特点决定了山东社会治理经验的重要价值。党的十九大以来，山东正完善共建共治共享社会治理格局。中共中央、国务院发出《关于开展扫黑除恶专项斗争的通知》后，省委书记刘家义强调要坚决打赢扫黑除恶专项斗争攻坚仗，努力把山东建设成为全国法治环境最好的地区。

（二）社会需求对社会治理提出新要求

当前，人们的民主意识、法治意识、权利意识、社会参与意识都在增强，这也对社会治理提出新挑战。互联网的发展在给人们生活带来无数方便的同时也带来新的社会治理问题和挑战。自媒体话语权使网络社会与现实社会高度互动。这使社会舆论、社会情绪甚至社会行为以新的机制形成，传统的社会管理已难以奏效。网络社会治理成为考验社会治理体系和治理能力的难点问题。当前，食品、医疗和生态环境安全对社会治理提出新问题。独立性、自主性、流动性是现代城市治理中最需要破解的治理难题。山东今后将扩大提供公共服务和便利的范围并提高服务标准，推进实现基本公共服务均等化。目前，山东正进行城市户口迁移政策差别化调整，放开建制镇和小城市落户限制，有序放开部分地级市落户限制，调整部分城市入户政策。①

（三）公共安全在社会治理中占有重要地位

社会治理包括风险治理和应急处置两种类型。公共安全是社会治理的重要内容，涉及自然灾害、生产安全事故、公共卫生事件、社会安全事件等。地震、地质灾害、洪涝、干旱、极端天气、火灾等重特大自然灾害分布地域广、救灾难度大。2017年，全年各类自然灾害共造成全国近1.9亿人次受灾，

---

① 魏礼群：《社会治理新思想、新实践、新境界》，北京：中国言实出版社，2017年，第146页。

1432 人因灾死亡，274 人失踪，直接经济损失 5033 亿元。[①] 随着网络新媒体快速发展，突发事件快速传播加大了处置难度。同时，在推进全面建成小康社会进程中，公众对政府及时处置突发事件、保障公共安全提出了更高要求，政府应对能力与严峻复杂的公共安全形势还不相适应。因此，防灾减灾救灾、安全生产管理、食药安全治理以及紧急医学救援，与社会矛盾化解、社会安全事件处理一样成为社会治理的重要任务。

三、在弘扬贤文化背景下山东打造社会治理格局的对策

十九大报告提出要打造共建共治共享的社会治理格局，到 2035 年现代社会治理格局基本形成，社会充满活力又和谐有序。因此，党的十九大报告清晰指明了社会治理现代化的目标、方向和实现路径，为新时代加强和创新社会治理提供了纲领性指引，共建、共治和共享是新时代社会治理格局的三个关键。山东在营造共建共治共享社会治理格局上走在全国前列，并强调要形成有效的社会治理、良好的社会秩序，促进社会公平正义，让人民群众获得感、幸福感、安全感更加充实。

（一）中华贤文化是社会治理的重要资源

家风、家教历来是中华民族文明传承的重要方式，也是传统美德传承的重要资源。山东省各级党委和政府在推进文化建设实践中发现，培育好家训好家风契合社会主义核心价值观要求、契合"贤文化"的弘扬和传承、契合家庭文明建设和农村精神文明建设工作需求。"家训家风"是"贤文化"在治家育人方面的具体表现，为落细落实落小社会主义核心价值观提供了深厚的历史渊源和思想基础。维护社会和谐稳定，需要构建一种自尊自信、理性平和、诚实守信、宽容务实的社会文化。在这方面可以借助中华优秀传统文化涵养品行，发挥优秀传统文化在社会治理中的积极作用。以社会主义核心价值观引领高尚道德，引导人们做出适当行为，为社会治理开辟更广阔的空间。山东以"贤人贤事"、身边好人、道德模范、平安英雄等系列活动为抓手，丰富活动载体、创新宣传手段，深入挖掘和宣传具有鲜明时代特征和广泛社会影响力的典型人物，各行业涌现出一批"贤人"。同时从社会影响力强的党员领导干部、社会公众人物、成年人抓起，通过成年人带动未成年人，让这些

---

① 洪毅：《中国应急管理报告 2017》，北京：国家行政学院出版社，2017 年，第 12 页。

群体真心践行社会主义核心价值观，让社会公众乐于接受和效仿，在全社会蔚然成风。

（二）社会治理的共治需要以多元创新为依托

在共建共治共享思想的指引下，2018年以来，山东立体化社会治安防控体系加快建立，安全防护网给广大群众提供了全方位安全防护。党的十九大报告提出的加强社区治理体系建设和推动社会治理重心向基层下移，为打造以社区为依托的基层共治格局提供了新方向。从山东社会治理实践来看，法治思维的引领成为各地共识。用法治思维进行社会治理，首先要明确国家和社会、党和社会之间的边界，再用法律法规将其固定下来。因为社会组织发达，山东以社区为基本单元，探索营造共建共治共享社会治理格局，通过把社区成员参与社区建设和治理的积极性调动起来，拓展包括外来人口在内的所有居民融入社区的途径和方式。山东潍坊市将践行社会主义核心价值观纳入文明创建整体框架，将大主题转化为小故事，让身边人讲身边事，让凡人善举直达心灵，实现典型引领常态化、过程化，使"贤人、贤风"交相辉映，使典型效应发展为"群体效应"和"社会效应"。

（三）社会治理的共享需要以公平正义为保障

共建共治共享的社会治理格局，最终落脚点是一切为了人民，一切依靠人民，为了一切人民，为了人民一切以及一切由人民检验。惩治腐败是中国社会治理体系和治理能力现代化的重要制度与组织保障，是最大的社会治理，是确保社会长治久安的根本之举。社会治理的核心是法治的基础是否稳固的问题，是人民群众对法治的认同问题。社会治理需要在人民群众生动的生产生活实践中，融入法律面前人人平等的法治理念。社会公平正义需要人民的人身权、财产权、人格权都能得到保护。好家训好家风活动一开始，山东潍坊市就突出群众参与性，强调"从群众中来，到群众中去"的工作理念，认真做好"全民参与、全员践行"顶层设计，在实际工作中按照试点示范、面上发动、全面推进三大步骤，抓好征集评选、展示推广、成果转化三个环节，抓住责任落实、载体搭建、活动推进三大重点，积极引导广大市民写家训、议家训、谈家训、践家训，扎实推进工作全面开展。多层面开展"传承好家训、培育好家风"、弘扬"贤文化"、共筑"中国梦"，实现资源互联共享，形成了家家户户写家训、晒家训、议家训的浓厚氛围。

党的十九大报告立足于中国特色社会主义的伟大实践，对社会治理做出了更全面更系统的阐释，并对新时代社会治理创新提出了战略方向。在决胜高水平全面建成小康社会的新阶段，在习近平新时代中国特色社会主义思想指引下，山东将基于弘扬贤文化努力打造符合经济社会发展水平共建共治共享的现代社会治理格局。

新"乡贤"的媒介形象研究
——以微信公众号《人民日报》和《潮州日报》报道为例

王福忠①

（赣南师范大学新闻与传播学院，江西赣州，341000）

摘要： 2015 年，中共中央、国务院印发的中央一号文件，引起了社会各界对新"乡贤"与"乡贤文化"的广泛关注，关于乡贤参与乡村建设的媒体报道也逐渐增多。微信公众号目前已成为国内最大的移动流量平台，各种媒介也开始趁着融媒体的东风，开通了微信公众号，使传播更为方便快捷，新"乡贤"的再次出现必然会有各个媒体进行报道，媒体在报道新"乡贤"时，便会开始塑造出新"乡贤"的媒介形象。本文将对中央机关党报《人民日报》和较早报道新"乡贤"的地方性党报《潮州日报》两报微信公众号关于新"乡贤"的报道，采用内容分析法、文本分析法和对比分析法，分析出《人民日报》和《潮州日报》媒体微信公众号对于塑造的中国乡贤的媒介形象的不同点和相同点，探究出目前中国新"乡贤"的媒介形象，总结出两报微信公众号在塑造新"乡贤"的媒介形象时的启示。

关键词： 新"乡贤"；媒介形象；微信公众号；《人民日报》；《潮州日报》

"乡贤"在不同的时期有不同的称呼，但内涵是相似的，均是在一定的地域中有德行、有才能、有声望的贤达的人。在先秦时期，宗族长是最初的"乡贤"群体；春秋战国时期，在乡里制度的体制下，"父老"出现，进行乡村治

---

① 　王福忠（1996—），男，汉族，江西赣州人，赣南师范大学新闻与传播学院硕士研究生。

理；随着东汉时期选官制度的变化，由本地中小地主、科举落地的知识分子、退休返乡的中小官吏及宗族元老等一批在当地基层有影响的人物而形成的"乡绅"群体；到了明朝中后期，"乡绅"群体不断扩大，成了政府和乡民之间的联系的纽带，在乡村治理和乡村经济上有一定的作用；新中国成立前后，传统的古代"乡贤"逐渐退出人们的视野，而进入21世纪以来，现代"乡贤"（又称新"乡贤"）又开始活跃起来。① 现代乡贤（新"乡贤"）活跃起来也是源于现代的乡村需要乡贤，尤其是在经济方面的需求，广东省沿海地区为新"乡贤"活跃起来的先驱，潮汕地区具有较多的海外侨胞，当地政府所实施的"乡贤回归工程"，就是吸引乡贤回乡投资置业而带来经济发展，经济发展到一定程度后，广东省云浮市的"乡贤理事会"再次将乡贤作为参与乡村治理的角色出现在社会中。国家也越来越意识到新"乡贤"和新"乡贤"文化对于当今社会有重要的影响，2015年，"创新乡贤文化"写入了中央一号文件；2016年，将乡贤文化用于建设农村精神文明写入了中共中央一号文件，继此之后，全国多个省份积极探索有关于新"乡贤"的文化和工作。

微信公众号目前已成为国内最大的移动流量平台，各种媒介也开始趁着融媒体的东风，开通了微信公众号，使传播更为方便快捷，新"乡贤"的再次出现必然会有各个媒体进行报道，媒体在报道新"乡贤"时，便会开始塑造出新"乡贤"的媒介形象。媒介形象作为一个词组，在大众传播研究中出现了两个不同的维度：一个维度是"媒介的形象"，即大众传播媒介组织的形象，也称之为传播者媒介形象；另一个维度是人或物"在媒介上的形象"，大众传播媒介组织再现的人或事物的形象，也称之为被传播者的媒介形象。研究新"乡贤"的媒介形象，显然是选择后者这个维度，研究在《人民日报》和《潮州日报》微信公众号中被传播的新"乡贤"的媒介形象。

一、研究对象和研究方法

（一）研究对象

本文以《人民日报》和《潮州日报》两报的微信公众号对新"乡贤"的推送的新闻报道为研究对象，时间范围限定在从两报开通微信公众平台开始

---

① 徐丹：《传统乡贤文化产生的历史背景研究》，《湖南邮电职业技术学院学报》2017年第2期。

到 2019 年 6 月 1 日；内容范围限定于两报微信公众平台所推送的图文消息；不限报道体裁和版面栏目等。

选择这两份报纸的微信公众号是因为：

第一，《人民日报》是中国共产党中央委员会机关报，是中国第一大报，对于新闻报道具有权威性；《潮州日报》是中共潮州市委机关报，属于地方性党报，其从 2005 年便开始大力报道乡贤，是较早报道乡贤的媒体之一，而潮汕地区是新"乡贤"最为活跃的地区。因此，选择两份报纸均具有代表性和典型性。

第二，这两份报纸都为日报，拥有专业的采编团队，在报道新闻的时效性和确保新闻真实性方面有独特优势。

第三，据腾讯公布的 2019 年第一季业绩报告显示：今年首季微信及WeChat 的合并月活跃账户数达 11.12 亿，[①] 微信已成为大众最常使用的工具。微信公众平台在 2012 年 7 月上线，截至 2017 年底微信公众号已超过 2000 万个，公众号已成为用户在微信平台上使用的主要功能之一。[②]《人民日报》微信公众号（rmrbwx）开通于 2013 年 1 月份，功能介绍为"参与、沟通、记录时代"，《潮州日报》（chaozhoudaily）微信公众号开通于 2014 年 5 月份，功能介绍为"本土·权威·影响力 传递最新鲜、最实用、最好玩的资讯！"

所以，选择微信公众号《人民日报》和《潮州日报》的报道来研究新"乡贤"的媒介形象具有权威性和典型性。

（二）研究方法

本文将采用内容分析法，在两报的微信公众号历史消息中搜索"乡贤"，筛选出内容与"乡贤"相关的报道，对中央机关党报《人民日报》微信公众号和地方机关党报《潮州日报》关于"乡贤"的报道，探讨出新"乡贤"的媒介形象。

1. 内容分析法

内容分析是一种揭示社会事实的数据调查方法，在这种方法中，通过对一个现存内容进行分析而认识它所产生的联系、发送者的意图、对接受者或

---

① 2019 年一季度微信用户数量达 11 亿 2019 年即时通信用户规模分析，中商情报网 http://m.askci.com/news/chanye/20190516/1346051146282.shtml，2019 年 6 月 1 日。

② 2018 年中国微信行业、微信公众号以及微信小程序用户规模统计分析，http://www.sohu.com/a/317559036_120113054，2019 年 6 月 1 日。

社会情境的影响。内容分析是可重复地、有效地从数据推论其情境的一种研究方法。① 在两报的微信公众号历史消息中搜索"乡贤",找出内容与"乡贤"相关的报道,从报道总体、报道篇幅、报道来源、报道议题、报道倾向五个方面进行报道的内容分析。

2. 文本分析法

文本是被写出来或者被说出来的语言,比如,一段对话里的单词(或者他们的文字形式)构成了一个文本。文本分析大都是个案研究,虽然它包含多个研究传统,但共同的特点之一都在于选择特定的媒介内容进行深入解读,研究结果高度依赖研究者的能力、素养、判断和解释。对两微信公众号的图文消息中内容分析后得到的文本进行分析,研究"乡贤"在不同媒体中媒介形象的相同点和不同点,探讨出现这些相同点和不同点的原因。

3. 对比分析法

对比分析法又称为比较分析法,通过比较《人民日报》和《潮州日报》两微信公众号关于"乡贤"的报道,得出两报"乡贤"媒介形象对比分析,从而得出两报"乡贤"媒介形象的相同点和不同点。

二、研究样本的分析及结果

(一)报道数量

在微信公众号《人民日报》和《潮州日报》的历史消息中搜索"乡贤",《人民日报》微信公众号在研究时间范围内发布了 6 篇报道,《潮州日报》微信公众号在研究时间范围内发布了 111 篇报道。从报道数量上,《潮州日报》的报道数量明显多于《人民日报》的报道数量。

表 1　两报微信公众号每年报道数量

两报微信公众号每年报道数量		
报道年份	《人民日报》	《潮州日报》
2014 年	0	2
2015 年	0	7
2016 年	3	12

① 陈阳:《大众传播学研究方法导论》,北京:中国人民大学出版社,2007 年,第 194—195 页。

2017 年	1	8
2018 年	1	55
2019 年	1	27
总计（篇）	6	111

从图 1 的统计数据看，《潮州日报》微信公众号开始报道"乡贤"是从 2014 年就已经开始，在 2018 年达到报道数量的最高值，2018 年共报道了 55 篇关于"乡贤"的报道；《人民日报》微信公众号是从 2016 年开始报道"乡贤"的，2016 年报道了 3 篇，2017 年、2018 年和到 2019 年各报道了 1 篇。从两微信公众号报道"乡贤"的年份和数量上来看，《潮州日报》微信公众号报道"乡贤"年份要早于《人民日报》2 年，报道数量上也差距较大。

（二）报道篇幅

在微信公众号图文排版中，报道篇幅既可以体现为文字数量的多少，也可以体现为相关内容所占版面、栏目的多少。按照版面区隔四分法，对《人民日报》和《潮州日报》对"乡贤"的报道篇幅进行了统计，结果如图 2、图 3：

表 2　微信公众号《人民日报》对于新"乡贤"的报道篇幅

《人民日报》对于新"乡贤"的报道篇幅	
报道篇幅	计数（篇）
半版＜报道篇幅≤四分之三	0
报道篇幅≤四分之一版	4
四分之三＜报道篇幅≤整版	0
四分之一＜报道篇幅≤半版	0
整版	2
总计	6

表 3　《潮州日报》对于新"乡贤"的报道篇幅

《潮州日报》对于新"乡贤"的报道篇幅	
报道篇幅	计数（篇）
半版＜报道篇幅≤四分之三	3
报道篇幅≤四分之一版	68

四分之三＜报道篇幅≤整版	2
四分之一＜报道篇幅≤半版	4
整版	34
总计	111

从图 2 和图 3 中可以看出，两报微信公众号在报道"乡贤"时采用较多的是篇幅均是小于四分之一版，其次是整版的报道篇幅，这种报道篇幅属于两极化，要么整篇报道是有关与"乡贤"的，要么只有小于四分之一的报道篇幅，在《人民日报》微信公众号表现得更加明显，《人民日报》微信公众号关于"乡贤"的 6 篇报道中，有 4 篇报道篇幅是小于四分之一的，剩下的两篇均是整版篇幅报道。在数据分析和内容分析的过程中，发现那些关于"乡贤"的报道篇幅小于四分之一般的报道经常混合其他新闻进行一起报道。

（三）报道来源

媒体进行报道时，可以采用本报记者和外报记者的文章，有时也会进行综合报道，也就是综合本报记者和外报记者的文章进行报道，微信公众号推送图文消息也是如此，分为本报记者、外报记者和综合报道。图 4 是《人民日报》和《潮州日报》关于"乡贤"报道的来源：

表 4　两报微信公众号报道来源

两报微信公众号报道来源			
	本报记者	外报记者	综合报道	总计（篇）
《潮州日报》	89	18	4	111
《人民日报》	1	4	1	6

在微信公众号《人民日报》关于乡贤的报道中，本报记者有 1 篇，外报记者报道数量最多，有 4 篇，主要来源于半月谈内部版、央视网、南方网、光明日报，综合报道有新华视点、央广新闻、21 世纪经济报道；微信公众号《潮州日报》关于乡贤的报道中，本报记者报道数量最多，有 89 篇，外报记者报道有 18 篇，主要来自潮州市府办、市委宣传部、市侨办、南方网、南方日报等，综合报道主要来源于南方网。在图 4 中，可以看出，《人民日报》微信公众号报道"乡贤"的文章大都来源于外报报道，这也可以体现《人民日报》在报道"乡贤"是有选择的，也可以传达出"乡贤"媒介形象；而《潮州日报》作为地方性党报，关于"乡贤"的文章主要是来源于本报记者，同

样也传达了"乡贤"的媒介形象。

（四）报道议题

在微信公众号《人民日报》和《潮州日报》关于"乡贤"的报道当中，所涉及的议题有乡村建设、乡村治理、乡村振兴、教育、公益、经济、商贸、投资置业等 21 种议题，这些议题均是表明当代"乡贤"会涉及的领域。图 5、图 6 是两个微信公众号关于新"乡贤"报道议题的具体数量和分布：

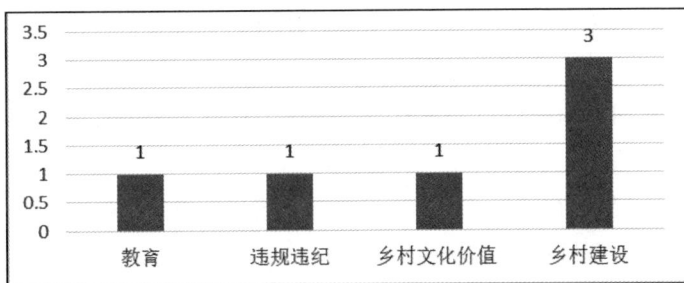

图 1　微信公众号《人民日报》关于新"乡贤"的报道议题

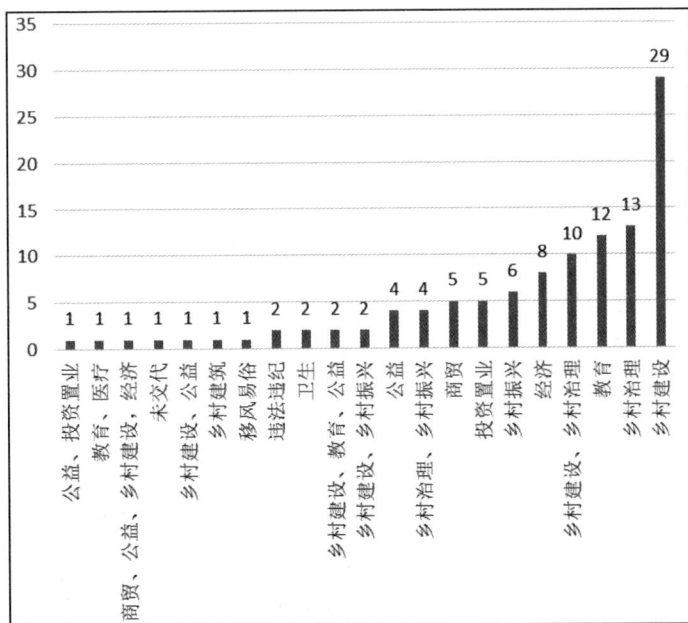

图 2　微信公众号《潮州日报》关于新"乡贤"的报道议题

微信公众号《人民日报》关于新"乡贤"的报道议题主要是在乡村建设

上，乡贤在乡村的道路、环境、建筑、旅游等方面都可以进行建设，而《人民日报》主要报道的乡村建设主要表现在对于乡村不是具体的实物建设上，而是更多关于乡村文化、文明的建设上。

微信公众号《潮州日报》关于新"乡贤"的报道议题主要在乡村建设、乡村治理和教育上，潮州市作为一个乡贤活跃的城市，很多活动场合都有新"乡贤"的身影，新"乡贤"会通过捐资出力的方式帮助家乡的环境、建筑等建设，乡村还设立乡贤咨询委员会，鼓励乡贤加入乡村治理当中，各种乡贤也会设立基金会来帮助教育等公益事业，还有一大批乡贤会带动家乡的经济和商贸。

从图5和图6的统计数据可看出，微信公众号《人民日报》和《潮州日报》均较多地报道了乡贤对于乡村建设的内容，但纵观报道的全部议题，微信公众号《人民日报》的乡村建设相较于《潮州日报》更倾向于乡村文化和文明的非实物的乡村建设，也未涉及经济、商贸等议题。

（五）报道类型

因为乡贤的类型比较丰富，根据所擅长的领域来划分，可划分为"文乡贤""德乡贤""富乡贤"和"官乡贤"；根据乡贤所帮助的方式可划分为"捐资""出力""捐资出力"的乡贤；根据发挥作用是否在场可划分为"在场"和"不在场"的乡贤。在微信公众号《人民日报》和《潮州日报》关于新"乡贤"的报道中，有些关于乡贤类型并未明显交代，同时对于报道的乡贤类型影响不大，图7、图8是两个微信公众号从乡贤擅长的领域来所报道的类型，图9两个微信公众号从乡贤所帮助的方式来所报道的类型，图10是两个微信公众号从乡贤发挥作用时是否在场来所报道的类型：

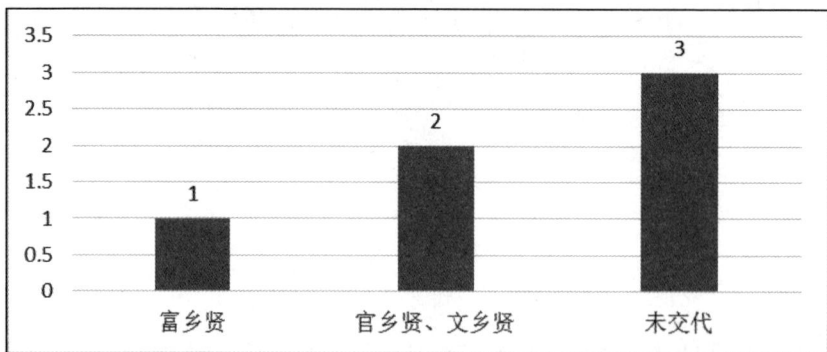

图3　微信公众号《人民日报》从乡贤擅长的领域来报道的乡贤类型

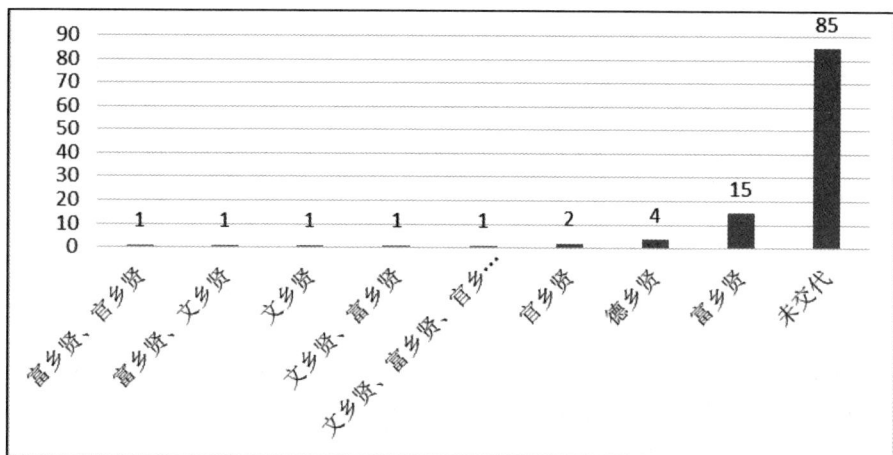

图 4　微信公众号《潮州日报》从乡贤擅长的领域来报道的乡贤类型

在图 7、8 中，主要展现了两报微信公众号从所擅长的领域来报道的乡贤类型，在微信公众号《人民日报》关于新"乡贤"的报道中，报道的乡贤类型有文乡贤、富乡贤和官乡贤，未单独报道德乡贤和官乡贤，综合报道最多的是官乡贤和文乡贤；微信公众号《潮州日报》报道较多的是富乡贤，其次是德乡贤。

从乡贤所帮助的方式来所报道的类型	《人民日报》	《潮州日报》
捐资	1	27
出力	1	9
捐资出力	1	17
未交代	3	58
总计（篇）	6	111

图 9：两报微信公众号从乡贤帮助的方式来报道的乡贤类型

从图 9 可以看出两报微信公众号从所帮助的方式所报道的乡贤类型，微信公众号《人民日报》中所报道的乡贤较为均匀，捐资、出力、捐资出力有平均去报道；微信公众号《潮州日报》中所报道的乡贤更多的是通过仅捐资和捐资出力的方式去进行帮助，而出力的最少。

两报微信公众号从乡贤是否在场来所报道的类型	《人民日报》	《潮州日报》
在场	3	15
不在场	1	36
未交代	2	60
总计（篇）	6	111

图 10：两报微信公众号从乡贤是否在场来报道的乡贤类型

根据图 10 所统计的数据可以看出，微信公众号《人民日报》中对于新"乡贤"的报道中，"在场的乡贤"多于"不在场的乡贤"；而在微信公众号《潮州日报》中，"不在场的乡贤"要多于"在场的乡贤"。（"在场的乡贤"未必会有正面的效益，例如捐资、出力或者未交代，可能还会带来负面影响）

（六）报道倾向

报道倾向，是记者和编辑人员在策划、采写和编辑新闻的过程中，所体现出的情感和态度倾向，主要体现为正面、负面和中性三个维度。此次研究是以两报微信公众号在报道新"乡贤"时，报道中出现的字词和话语，会影响到新"乡贤"的媒介形象，与此同时，新"乡贤"的正面报道是乡贤对乡村在某方面有着积极的影响，负面报道，便是乡贤对乡村在某方面有着消极的影响，而中性报道则是新"乡贤"在乡村没有任何影响的报道。

报道倾向	《人民日报》		《潮州日报》	
	篇数	百分比	篇数	百分比
正面报道	4	66.67%	109	98.20%
负面报道	2	33.33%	2	1.80%
中性报道	0	0	0	0.00%

表 7　两报微信公众号的报道倾向

从表 7 可以看出，微信公众号《人民日报》对于新"乡贤"的报道有 4 篇正面报道，占比 66.67%，有 2 篇负面报道，占比 33.33%；微信公众号《潮州日报》对于新"乡贤"的报道有 109 篇正面报道，占比 98.2%，有 2 篇负面报道，占比 1.8%。两报均无中性报道。微信公众号《潮州日报》的正面报道占比高于微信公众号《人民日报》，负面报道占比低于《人民日报》微信公众号。

在研究时发现，微信公众号《人民日报》和《潮州日报》均各有两篇负面报道，《人民日报》微信公众号 2018 年 3 月 29 日推送的"【关注】富豪捐 2 亿建 258 套别墅赠乡亲，却送不出去！原因令人叹息"中富豪乡贤捐资建别墅赠予乡亲，却因为种种原因送不出去；2019 年 1 月 4 日推送的"【关注】'作死你个鳖孙！'酒后大骂群众，这个书记好大官威"中这位党员干部工作日中午受邀参加该镇王路口行政村乡贤组织的聚餐并饮酒，席间与他人发生口角；饭后在其办公室又与该当事人发生争吵并辱骂，在社会上造成不良影响。

《潮州日报》微信公众号 2017 年 12 月 19 日推送的"黑手伸向困难群众'救命钱'，饶平一村干部被开除党籍移送司法机关"中报道该村干部以乡贤捐助的名义向各改造户收取 5000 元的款项；2018 年 8 月 17 日推送的"饶平县公安局新丰派出所两任所长相继落马，多名民警涉案"中提到违规违纪的人员的腐败利益链中有一部分村干部和乡贤的身影。

三、新"乡贤"的媒介形象

通过对微信公众号《人民日报》和《潮州日报》对于新"乡贤"报道的报道总体、报道篇幅、报道来源、报道议题、报道类型和报道倾向，通过内容分析、文本分析和对比分析之后，大致可以得到两种媒体中各自新"乡贤"的媒介形象，以及两种媒体中新"乡贤"媒介形象的异同点。

（一）不同媒体中新"乡贤"的媒介形象

1. 以微信公众号《人民日报》为代表的中央机关党报媒体中的新"乡贤"媒介特征——在乡村建设中有利有弊的新乡贤

在研究中发现，微信公众号《人民日报》的报道总体、报道篇幅、报道来源、报道议题、报道类型和报道倾向传递出了新"乡贤"的媒介形象，就是新"乡贤"在乡村建设中是有利有弊的，《人民日报》微信公众号对新"乡贤"的报道中有 4 篇正面报道，2 篇负面报道，全部报道中有 2 篇提及了希望官员、知识分子告老还乡成为在场的"官乡贤"和"文乡贤"，有 4 篇提及"新乡贤"，有 2 篇负面报道揭示了"乡贤难做"，即使有乡贤要建设乡村，还是会有村民不领情，还有乡贤也有可能导致乡村政府官员违纪等行为，所以，《人民日报》微信公众号中，新"乡贤"的媒介形象是在乡村建设中有利有弊的新"乡贤"。

2. 以微信公众号《潮州日报》为代表的地方机关党报媒体中的新"乡贤"媒介特征——在乡村建设中起促进作用的乡贤

潮州地区作为新"乡贤"活跃地带，新"乡贤"几乎涵盖了乡村发展的方方面面，从乡村治理，到乡村建设，到乡村公益和教育，再到乡村的经济等方面，都传达出了乡贤对于乡村建设的有重要的促进作用。在《潮州日报》微信公众号关于新"乡贤"的 111 篇报道中，有 109 篇正面报道，2 篇负面报道，在 109 篇正面报道中，均是讲述潮州市各个乡村在发展成果均有乡贤的身影，当地政府也有许多政策来吸引乡贤参与到乡村建设当中，在报道中，不在场的富乡贤通过捐资对乡村建设的比例最大。所以，《潮州日报》微信公众号中，新"乡贤"的媒介形象是在乡村建设中起促进作用的乡贤。

（二）不同媒体中新"乡贤"的媒介形象的相同点

1. 乡贤均是在一定的地域中有德行、有才能、有声望的贤达的人

从两报微信公众号关于新"乡贤"的报道中和当今社会现实生活中，乡贤均是受社会各界尊重和欢迎的，无论是《人民日报》微信公众号还是《潮州日报》微信公众号报道的新"乡贤"均是在一定的地域中有德行、有才能、有声望的贤达的人，《人民日报》微信公众号较多报道有声望的官乡贤和有知识的文乡贤，《潮州日报》微信公众号较多报道的是有财富的富乡贤和有德行的德乡贤，这些报道的新"乡贤"均是贤达之人。

2. 乡贤参与到乡村建设

在研究中发现，对微信公众号《人民日报》和《潮州日报》的报道议题中，两报微信公众号最多的报道议题均是在乡村建设当中，说明这是两报新"乡贤"媒介形象的相同点。

（三）不同媒体中新"乡贤"的媒介形象的不同点

1. 乡贤类型

微信公众号《人民日报》和《潮州日报》关于新"乡贤"的报道中，报道的乡贤类型均是有不同之处：微信公众号《人民日报》报道的乡贤类型主要是在场的通过捐资的官乡贤和文乡贤；微信公众号《潮州日报》报道的乡贤类型主要是不在场的通过捐资的富乡贤。

2. 乡贤在乡村建设时的侧重点

在两报微信公众号关于新"乡贤"的报道中，虽然都报道了乡贤较多的是投入到乡村建设中，但是《人民日报》微信公众号只是模糊地报道了乡贤可以加入乡村发展，但没有《潮州日报》微信公众号对于乡贤加入乡村建设有清晰的范围，比如，捐资给乡村进行环境整治、古建筑修复、建筑建设等方面，所以，乡贤在乡村建设时的侧重点在两报微信公众号中是不同的。

四、新"乡贤"的媒介形象成因分析

（一）不同媒体中新"乡贤"媒介形象相同点成因分析

1. 历史原因

新"乡贤"从先秦时期发展而来，在新中国成立前后，传统的古乡贤逐步退出人们的视野，在 21 世纪以来，新"乡贤"又慢慢活跃起来。新"乡贤"是有历史根据的，无论是在古代的传统乡贤，还是现代的新"乡贤"，在人们的印象中，他们都是有德行、有声望、有才能的贤达之士，而且乡贤是出现于乡村的这么一个群体，新"乡贤"的形象在历史的影响下，是一个褒义词，也就造成了不同媒体在报道乡贤时，均能表现其主要的品质。

2. 乡贤参与乡村建设受到国家与地方政策的影响

2015 年，"创新乡贤文化"写入了中央一号文件；2016 年，将乡贤文化用于建设农村精神文明写入了中共中央一号文件，而国家一直强调要开展新农村建设，实行乡村振兴发展，于是，在一些乡贤活跃的城市中，当地政府为了响应国家政策，将单独的乡村建设与乡贤参与乡村建设联系起来，开启了一系列的措施，比如在潮州市的"乡贤反哺工程""乡贤回归工程"等，所以，在大环境的政策影响下和小环境的号召下，乡贤会参与到乡村建设当中，无论是中央机关党报还是地方性党报，均会这样报道，也就有了乡贤会参与到乡村建设当中这个相同的媒介形象。

（二）不同媒体中新"乡贤"媒介形象不同点成因分析

1. 媒体的非平视效应

最初媒体的非平视效应存在于媒体与受众之间，认为媒体从业人员的收入、学历与社会阅历等方面与受众之间不对等，低于受众的收入、学历与社会阅历将会产生媒体的仰视效应，反之则产生媒体的俯视效应。通过媒体从业人员与受众之间媒体的非平视效应的延伸，大众传播媒介组织与被传播者

媒介形象主体之间也存在着媒体的平视效应。①

在研究人或事物的媒介形象时，一方面可以是媒体自身的媒介形象，又称之为"传播者的媒介形象"；另一方面则是在媒介上的形象，又称之为"被传播者媒介形象"。按照被传播者是否公众人物或强势群体的原则，以及被传播者与大众传播媒介组织之间的关系，可以把被传播者媒介形象划分为主动被传播者媒介形象、部分主动被传播者媒介形象和被动被传播者媒介形象三大类，在大众传播媒介组织和主动被传播者之间，存在着媒体仰视效应；在大众传播媒介组织和部分主动被传播者之间，存在着媒体相对平视效应；在大众传播媒介组织和被动被传播者之间，存在着媒体俯视效应。②

所以，被传播者的媒介形象受到媒体非平视效应的影响，在微信公众号《人民日报》中，新"乡贤"是认定为部分主动被传播者，所以在报道时，是处于媒体相对平视效应，这使得《人民日报》微信公众号对于新"乡贤"的媒介形象塑造较为客观；而在微信公众号《潮州日报》中，有些新"乡贤"已经是属于当地的公众人物，而且多次报道中是和潮州市委书记和副书记等官员同时进行报道，认定为主动被传播者，在报道时，处于媒体仰视效应，使得《潮州日报》微信公众号对于新"乡贤"的媒介形象98.2%均是正面形象。

2. 新"乡贤"具有地域性

新"乡贤"中的"乡"在汉语中具有双重含义，一是乡里之乡，具有地域性；二是"方向"之"向"，新"乡贤"即"向贤"，见贤思齐，崇尚贤达。③因为新"乡贤"具有地域性，所以每个地域的乡贤会有各自乡贤的特点。微信公众号《人民日报》报道的新"乡贤"来自五湖四海，有广东省、湖南省、安徽省、河南省等各个省份；而微信公众号《潮州日报》报道的新"乡贤"大都是潮州籍的。不同地域的乡贤对于乡村建设的方面也不同，这些均会塑造出不同的新"乡贤"的媒介形象。

3. 新"乡贤"位于传承和发展之中

进入21世纪以来，传统乡贤已不再出现在人们的视野，而是新"乡贤"

---

① 宣宝剑：《媒介形象系统论》，博士学位论文，中国传媒大学电视与新闻学院，2008年6月1日，第129页。

② 宣宝剑：《媒介形象系统论》，博士学位论文，中国传媒大学电视与新闻学院，2008年6月1日，第129页。

③ 张俊；张凯：《"乡村振兴战略"背景下的乡贤群体价值开发——以成都市为例》，《西部经济管理论坛》2018年第4期。

的出现,乡贤具有厚重的历史发展过程,而面对新的社会环境,乡贤如何去进行乡村建设和乡村治理,均是在传承过去和创新发展当中,而传承过去哪些乡贤的品质和方法,乡贤如何结合现实社会创新发展,这些均是一些变量,这些不同的变量也会导致不同媒体去报道新"乡贤"时,塑造出不同的新"乡贤"媒介形象。

五、研究结论与启示

(一)研究结论

在本次研究中,以《人民日报》和《潮州日报》微信公众号对于新"乡贤"的报道为研究样本,分别中央机关党报和地方机关党报的典型代表,探究不同媒体塑造的新"乡贤"的媒介形象。

经过对样本的内容分析、文本分析和对比分析,勾勒出了两种不同媒体塑造的新"乡贤"的媒介形象:以微信公众号《人民日报》为代表的中央机关党报媒体中的新"乡贤"媒介特征——在乡村建设中有利有弊的新"乡贤";以微信公众号《潮州日报》为代表的地方机关党报媒体中的新"乡贤"媒介特征——在乡村建设中起促进作用的乡贤。

从两报微信公众号所塑造的新"乡贤"媒介形象可以看出,两报微信公众号报道的新"乡贤"在媒介形象上是有相同点和不同点的,在历史的因素和国家以及地方的政策影响下,新"乡贤"以有德行、有才能、有声望的贤达的人参与到乡村建设中;而在媒体非平视效应、乡贤的地域性和新"乡贤"正处于传承和发展的影响下,不同的乡贤类型参与到不同方面的乡村建设当中,这些新"乡贤"媒介形象的异同点,共同丰富了新"乡贤"的媒介形象。综合来看,新"乡贤"是通过在场或者不在场的形式,以捐资、出力的方式对乡村建设有双重影响的社会个人、组织或群体。

(二)研究启示

1. 媒体微信公众号对于新"乡贤"报道的启示

通过微信公众号《人民日报》和《潮州日报》关于新"乡贤"的报道来研究新"乡贤"媒介形象的过程中,发现中央机关党报《人民日报》的微信公众号在报道新"乡贤"时,乡贤的类型只有官乡贤、文乡贤和富乡贤,而没有德乡贤,建议在报道中,丰富报道"乡贤类型",因为乡贤在起初是具有表现品德、才学、为乡人推崇敬重的人的功能；而地方机关党报《潮州日报》要坚持新闻报道的客观性，以媒体相对平视效应来报道被传播者。此外，在分析两报微信公众号的"报道的乡贤类型"时，有很多报道对于乡贤的类型未交代，乡贤是富乡贤、文乡贤、官乡贤还是德乡贤，乡贤是通过什么方式来参与乡村建设，是捐资出力还是单独捐资和单独出力，乡贤在发挥作用时在场还是不在场，这些在两报的微信公众号中涉及的细节均不清晰。

2. 新"乡贤"的媒介形象反映的社会现实

我国社会主要矛盾已经转化为人民日益增长的美好生活需要和不平衡不充分的发展之间的矛盾，新时代以来，越来越多的乡贤参与到乡村建设当中，为新农村建设和乡村振兴发展贡献自己的力量。研究新"乡贤"所呈现的媒介形象，可以得知新"乡贤"参与乡村建设时优势之处，也可以了解新"乡贤"在乡村建设中所面临的困境，对于新"乡贤"参与到乡村建设中具有启示作用。

二、贤文化与道德培育

行贤不自贤——《庄子》的贤人观研究

王　婕　谢清果①

（厦门大学新闻传播学院，福建厦门，361005）

摘要：本文以《庄子》原文为文本，通过文本分析，勾勒出《庄子》中融通自然的贤人形象，进而描绘出贤人"行贤而去自贤"的精神追求。文本分析发现，孔子是《庄子》中出场最多的人物，庄子对"贤"的论述是基于儒家贤文化观念的基础而展开的。结合儒家"贤"的内涵对比分析庄子对贤人的态度，发现庄子既有"尚贤尊贤""举贤授能"等对贤人的赞同之处，也有对贤人"贼天下"批判和反思。庄子既肯定贤人的社会功能和价值追求，又批判贤能给人带来的名利枷锁以及催生的欺世盗名行为。庄子给出的解决方案是圣贤相一、无用圣贤，即圣贤治世，却不自以为圣贤，不劳累自我，不刻意"尚"贤以免百姓争名，天下无为而达治之至。

关键词：庄子；贤文化；贤人

贤文化的起源及内涵

贤，繁体字写作"賢"，其偏旁部首为"贝"，中国古代使用贝壳作为流通货币，因而"贝"代表着财富，"贤"代表着财富多的人。《庄子·徐无鬼》言："以财分人谓之贤"。"贤"的字源演变历史如图1所示：②

---

①　作者简介：王婕（1997—），女，山西长治人，厦门大学新闻传播学院2019级研究生，研究方向为华夏传播研究；谢清果（1975—），男，福建莆田人，哲学博士，厦门大学新闻传播学院教授，博士生导师，从事华夏文明传播与媒介学研究。

②　钟鼎文，亦称铭文或金文，铸刻在青铜器上的文字。初始于商朝中期，盛于西周；楚系简帛，是迄今所见最早成体系的毛笔书迹，简帛指竹简与帛书，古代中国人书写所用的主要材料，直到六朝时期才完全被纸代替；秦系简牍指古代书写有文字的竹片或木片。竹制的叫竹简，木制的叫木牍，合称简牍；传抄古文字指汉以后历代辗转抄写的先秦文字。

钟鼎文	钟鼎文	楚系简帛	秦系简牍	传抄古文字	繁体字	简体字
西周中期	战国晚期	先秦	秦代	汉代以后	（楷书）	（楷书）

图 1："贤"的字源演变历史

说文解字将"贤"解释为："多才也。从贝臤声。胡田切"①，贤本意为多财，后来被引申为"多"的含义。清代段玉裁注："贤本多财之称。引申之凡多皆曰贤。人称贤能、因习其引申之义而废其本义矣。传曰。贤、劳也。谓事多而劳也。"如《诗·小雅·北山》中"大夫不均，我从事独贤"，即为事务劳烦、劳苦之意。再如《孟子》"我独贤劳也"、《虞初新志·姜贞毅先生传》中"明年，巡抚南直隶朱公大典疏表公贤劳"均为此意。"贤"还有尊重赏识之意，②如《礼记·礼运》"以贤勇智，以功为己"。

"贤"在中国具有特殊的意蕴，占据着重要的社会和政治地位，贤文化的发展贯穿整部中国史。新华字典将"贤"定义为"有道德的，有才能的"③，比如贤明、贤德、贤能、贤良、贤惠、贤淑、贤哲、圣贤等。此外，"贤"还可以表示一种敬称。在《三国演义》中，刘表临死时将儿子托孤给刘备，并说："我子无才，恐不能承父业。我死之后，贤弟可自领荆州。"刘备泣拜曰："备当竭力以辅贤侄。"使用"贤"来表示敬称时，多指行辈较低的人。如《三国演义》吕布投刘备，称刘备为"贤弟"，非但未能使刘备感到被尊重，反而激怒张飞与其约架。

"贤"在中国古代政治中具有特殊的政治含义，与国家的兴旺发达息息相关。如诸葛亮《出师表》言："亲贤臣，远小人，此先汉所以兴隆也；亲小人，远贤臣，此后汉所以倾颓也。""贤"也常常与"圣"连用，表示一种理想人格，与中国古代"修身齐家治国平天下"的人生理想相契合。

① 说文解字，http://www.shuowen.org/view/3927？pinyin=xian，2019 年 6 月 19 日。
② 《古汉语常用字字典》，北京：商务印书馆，2012 年第 8 版，第 414 页。
③ 在线新华字典，http://xh.5156edu.com/html3/10521.html，2019 年 6 月 19 日。

圣贤治世，贤良安邦，推举乡贤则是基层管理的基本方案，选贤任能是维护社会公平、保障民生和阶层流通的重要手段，以经世致用为特征的贤文化则是中华文化的根基之一，早已内化为中国人的潜在性格，在全中国形成了"敬老尊贤""敬贤礼士"的社会风气；"君圣臣贤""贤妻良母""孝子贤孙"的理想人格；"成贤作圣"的价值理念；"求贤若渴""礼贤下士""招贤纳士""推贤让能""任人唯贤""任贤使能"的政治追求以及"贤良方正"等传统美德。

贤人尚志:《庄子》中的贤人形象

说起"贤文化"，人们首先会想到"见贤思齐焉，见不贤而内自省也"（《论语·里仁》）的孔子及其儒家，很少会有人想到主张"清静无为"的道家，尤其是主张"绝圣弃智"的庄子。但事实上，儒道并非背道而驰。儒家的很多观念在《庄子》中也可以找到痕迹。先秦时代百家争鸣，儒、道、墨等各家同扎根于华夏文化，从各自的角度衍生其学说，互补互生。贤圣的修养目标虽由儒家提出，但在历史的发展中得到了儒道两家的认同，成为中华文化价值观的主流。

融通自然：贤人的存在方式

《庄子》中是否包含"贤文化"？如果包含的话，庄子又对其报以何种态度？庄子如何看待贤人？要想回答这些问题，首先要深入《庄子》文本。在《庄子》一书中，"贤"字共出现了39次，包括"尚贤""尊贤""称贤"等多种行为及"贤者""贤人"等概念。庄子对于"贤人"显然是有明确认知的。

本文采用文本分析法，以《庄子》原文为研究文本，以"贤"为关键字，提取相关语句共计39处，整理《庄子》中有关"贤"的论述按先后顺序整理如表1所示：①

表1:《庄子》中有关"贤"的论述汇总

	文本内容	关键词	篇目	人物
1	且苟为悦贤而恶不肖，恶用而求有以异？	悦贤	内·人间世	仲尼
2	久与贤人处，则无过。	贤人	内·德充符	申徒嘉

---

① 本表整理自《庄子》原文。

	文本内容	关键词	篇目	人物
3	死生存亡，穷达贫富，贤与不肖，毁誉、饥渴、寒暑，是事之变，命之行也。	贤	内·德充符	仲尼
4	天时，非贤也；	贤	内·大宗师	原文
5	同则无好也，化则无常也。而果其贤乎！	贤	内·大宗师	仲尼
6	今遂至使民延颈举踵曰"某所有贤者"，赢粮而趣之……则是上好知之过也。	贤者	外·胠箧	原文
7	故贤者伏处大山嵁岩之下，而万乘之君忧栗乎庙堂之上。	贤者	外·在宥	原文
8	至德之世，不尚贤，不使能；	尚贤	外·天地	赤张满稽
9	宗庙尚亲，朝廷尚尊，乡党尚齿，行事尚贤，大道之序也。	尚贤	外·天道	原文
10	赏罚已明而愚知处宜，贵贱履位，仁贤不肖袭情，必分其能，必由其名。	仁贤	外·天道	原文
11	吾闻子北方之贤者也，子亦得道乎？	贤者	外·天运	老聃
12	廉士重名，贤人尚志，圣人贵精。	贤人	外·刻意	庄子
13	贤则谋，不肖则欺。	贤	外·山木	庄子
14	吾敬鬼尊贤，亲而行之，无须臾离居，然不免于患。	尊贤	外·山木	鲁侯
15	君子不为盗，贤人不为窃。	贤人	外·山木	仲尼
16 17	行贤而去自贤之行，安往而不爱哉？	行贤	外·山木	阳子
18	今以畏垒之细民而窃窃欲俎豆予于贤人之间，我其杓之人邪？	贤人	杂·庚桑楚	庚桑子
19	尊贤授能，先善与利，自古尧舜以然。	尊贤授能	杂·庚桑楚	庚桑子弟子
20	举贤则民相轧，任知则民相盗。	举贤	杂·庚桑楚	庚桑子
21 22 23	以德分人谓之圣，以财分人谓之贤。以贤临人，未有得人者也；以贤下人，未有得人者也。	贤	杂·徐无鬼	管仲
24	狗不以善吠为良，人不以善言为贤。	贤	杂·徐无鬼	仲尼
25 26	夫尧知贤人之利天下也，而不知其贼天下也，夫唯外乎贤者知之矣。	贤人	杂·徐无鬼	许由

	文本内容	关键词	篇目	人物
27	尧闻舜之贤，举之童土之地，曰冀得其来之泽。	贤	杂·徐无鬼	原文
28 29	贤人所以骇世，圣人未尝过而问焉；君子所以骇国，贤人未尝过而问焉。	贤人	杂·外物	庄子
30	世之所谓贤士，伯夷、叔齐辞孤竹之君，而饿死于首阳之山，骨肉不葬。	贤士	杂·盗跖	盗跖
31 32	穷美究执，至人之所不得逮，贤人之所不能及，侠人之勇力而不为威强，秉人之知谋以为明察，因人之德以为贤良，非享国而严若君父。	贤人	杂·盗跖	无足
33	此皆就其利，辞其害，而天下称贤焉，则可以有之，彼非以兴名誉也。	称贤	杂·盗跖	知和
34	诸侯之剑，以知勇士为锋，以清廉士为锷，以贤良士为脊，以忠圣士为镡。	贤良士	杂·说剑	庄子
35	遇长不敬，失礼也；见贤不尊，不仁也。	尊贤	杂·渔父	孔子
36	天下大乱，贤圣不明，道德不一，天下多得一察焉以自好。	贤圣	杂·天下	原文
37	谦骢无任，而笑天下之尚贤也	尚贤	杂·天下	原文
38	无用贤圣，夫块不失道。	贤圣	杂·天下	原文
39	然惠施之口谈，自以为最贤	贤	杂·天下	原文

　　为规避断章取义之嫌，此处39处文本并不做深入解释，而是将之放入《庄子》上下文语境之中，进而归类于贤人的功能分析（具体见第三章）中。比如庚桑楚的弟子言："尊贤授能，先善与利，自古尧舜以然"（《庄子·庚桑楚》），此处虽然提出了"尊贤授能"，但结合原文可知，其弟子是作为反面人物出现的，康桑楚（代表庄子）在此处并不认同这一做法。因而这一块内容既可以佐证天下存在"尊贤授能"的传统和风气，同时又是庄子反对"尊贤授能"的例证。

　　由表可知，"贤"在《庄子》中共出现了39次，其中原文论述10处，引用他人之言29处，其中直接引孔子语6次；引庄子5次；引管仲3次；引庚桑子及其弟子3次；引阳子、许由、无足各2次；引知和、申徒嘉、赤张满稽、老聃、鲁侯、盗跖各1次。综上可知，孔子被引用的次数最多。

　　由此可见，贤文化与儒家的渊源颇深。孔子出生于春秋末期，庄子生于战国时代，他们对古老的华夏文明都有所继承和发扬。郭金艳在前辈庄学研究的基础上，通过对《庄子》一书中的孔子形象进行分析，指出孔子的儒家学说深受庄子及道家思想的影响。①鲁迅也认为儒家文化从道家中汲取了很多养分。南怀瑾则指出儒释道三家本相通。

"同则无好也，化则无常也。而果其贤乎！"（《庄子·大宗师》）这是孔子对颜回的评价。颜回达到了"堕肢体，黜聪明，离形去知，同于大通"（《庄子·大宗师》）的"坐忘"境地，孔子对此十分惊喜：与万物混同一体就没有偏爱，与万物一起变化就没有偏执，你果真成为贤人了！南怀瑾认为《大宗师》篇的主旨即为以出世心做入世之事，即内圣外王之旨。②"坐忘"与"吾丧我""心斋"相似，都是庄子主张的忘怀自我的内圣之道。颜回通过坐忘同自然融为一体，被孔子称赞为贤人，庄子也对坐忘成贤加以记录和肯定，可见，庄子眼中的贤人即为融通自然之人。

融通自然并不仅仅等于顺应天时。"故乐通物，非圣人也；有亲，非仁也；天时，非贤也；利害不通，非君子也；行名失己，非士也；亡身不真，非役人也。"（《庄子·大宗师》）有心和外界交往就不是圣人；有亲疏之分就不是仁人；揣度天时，就不是贤人。"圣人""贤""君子""士"，这一系列的否定显然是针对儒家观念而言的。子思言"上律天时"，孟子言"得天时"，都讲求顺应五行阴阳而行事。但揣度天时本身就是一种计较，谋求超越天地甚至主宰天地，心智被外物所诱，再加天时流转本身就存在潜在的变数危险，就不能顺其自然地与天地间万事万物共同生长，便算不上贤者。反向观之，则可证明庄子眼中的贤人即为融通自然之人。

由此可见，庄子对贤文化的论述是基于儒家贤文化观念的基础而展开的，其中既有肯定和采纳之处，也有批判和反思之处。就如同"大盗窃国，圣人之法并窃之"一般，庄子既肯定贤人的社会功能和价值追求，又批判贤能给人带来的名利枷锁以及催生的欺世盗名行为。因而主张圣人不自以为圣、知智谋而不智谋，而贤人也不自以为贤，自以为贤则不是真贤。

行贤而去自贤：贤人的精神追求

庄子眼中的贤人有着怎样的精神追求？又以怎样的社会地位而存在呢？

① 郭金艳：《〈庄子〉中的孔子及其弟子形象研究》，博士学位论文，安徽大学，2014 年。
② 南怀瑾：《庄子讕哗》（下），北京：东方出版社，2017 年，第 96 页。

在行为层面上，"君子不为盗，贤人不为窃"（《庄子·山木》）。贪财盗物必自弃，纵欲放情必自毁，假仁盗信必自欺，欺世盗名必自害。盗窃不仅仅指偷抢财物，还包括名声。孔子认为人很难以拒绝来自别人的利益引诱，而贤人能够保持头脑清醒，明白利禄并非自己所固有，而不过是机遇的附赠罢了，因而不谋求外物之利。

人类的生活总是离不开物质基础，"有心"的偷盗容易被发现，但对客观世界的物质取用则是"不假思索"的"无心"之为。"鸟莫知于鹢鹏，目之所不宜处，不给视，虽落其实，弃之而走。其畏人也，而袭诸人间，社稷存焉尔。"（《庄子·山木》）燕子经过不宜停留的地方，即便嘴中的食物掉落了，也会扔下飞走。[①] 它对人保持警惕却又将鸟巢建在人的房梁上，这就是"袭诸人间"。贤人也是如此，面对世俗的"人益"，既要坚持自己的骨性和本性，又要入世存乎社稷。由此阐明"无受天损易，无受人益难"的现实矛盾，这既是孔子的儒家思想，也符合道家及庄派的观点，可见儒道的互补相通性。

庄子以尧、舜、善卷、许由为"贤人"代表，论述了贤的真正内涵在于不求贤。"尧、舜为帝而雍，非仁天下也，不以美害生也；善卷、许由得帝而不受，非虚辞让也，不以事害己。此皆就其利，辞其害，而天下称贤焉，则可以有之，彼非以兴名誉也。"（《庄子·盗跖》）尧与舜在称帝之前一再推让帝位，并非是故意作秀，而是不希望帝位伤害自己的本性；善卷和许由弃帝位而不受，并非虚假推辞，而是不想让政务劳累自己的身心。他们趋利避害，却被天下所"称贤"。贤人之名，他们当之无愧，但他们并非为了得到贤名才那样做。

在庄子看来，真正的贤者不仅不求贤名，而且对他们而言，"贤"本身就是一个不该被区分的概念，有了区分就会产生偏执，进而引发欺世盗名的行为。"死生存亡，穷达贫富，贤与不肖，毁誉、饥渴、寒暑，是事之变，命之行也。"（《庄子·德充符》）贤人的一举一动自然符合大道，而不自以为贤，不将之命名为贤，只看作自然的本性。

贤与不肖，不过是人们头脑中的偏见。人们固然期待实现圣贤的理想人格，期待形成尚贤、称贤、尊贤的社会风气，但不能因此而将人归类，给人贴上"贤与不肖"的标签，戴着有色眼镜去看待人。因果相随，每个人的行为背后都暗藏着来自其天性、习惯和生存环境的影响，看似随机的、主动的

---

① 孙通海：《庄子》，北京：中华书局，2014年，第231页。

选择却可能是无意识的、身不由己的行为。因而，对外物的了解，需要深入其本质，而不是划分类别，盲目崇拜和歧视。

贤人不自以为贤，放下偏执与万物通融，达到贤人境界，自然而然就会散发人格魅力，进而产生被人尊敬的功效。民心复归淳朴而不觉，一切水到渠成，而无须刻意地尊贤。"弟子记之！行贤而去自贤之行，安往而不爱哉？"（《庄子·山木》）品德美好而能忘掉自己美好品德的人，走到哪里不会受到人们的敬爱呢！这与《韩非子》中"行贤而去自贤之心，焉往而不美？"的观点颇为相近，做贤德之事却不自以为贤，还有什么事情办不好呢？

"才全而德不形"的哀骀它就是贤人的典型代表。《南华通》言："才，自其贱于天者而言；德，自其成于己者而言。浑朴不斫曰全。深藏不露曰不形。"哀骀它"恶骇天下"，相貌丑陋地让天下人震惊。但凡是与他接触的人，无一不受其感化，卫君甚至主动将国家交付于他。这正是因为哀骀它的才智完美无缺，道德不显露在外，这也正是贤人内涵的表现。

劝谏文化在《庄子》中占据着重要地位，贤人概念与中国古代政治生活息息相关。与"恶人"哀骀它以"才全而德不形"感化天下相对比的是，颜回"端虚勉一""内直外曲""成而上比"的劝谏方案、孔子"心斋""听之以气""虚而待物""知其不可奈何而安之若命"的修养方案。

总而言之，贤人之贤正在于其忘怀自我，行贤而不自贤。"众人重利，廉士重名，贤人尚志，圣人贵精。"（《庄子·刻意》）贤人崇尚志向：身处尘世而精神不亏不损，没有什么杂念能够混入心中。纯粹而素朴，则无往而不利，《说剑》篇就是庄子在实现贤人理想人格状态下，将劝谏技巧加以实践的案例。

贤人的功能分析

通过剖析庄子对贤人的认识和态度，进而可以得出庄子对"贤"的认知和态度。《庄子》一书中孔子（仲尼）之名共出现146次，是出场次数最多的人物。孔子是"知其不可奈何而安之若命"的典型代表，明知天下无道，却还是挺身而出，庄子对孔子实际上抱着一种悲叹的欣赏态度。深入剖析《庄子》一文中"贤"的具体内涵，可知庄子眼中的"贤"与孔儒之"贤"内涵有相同之处，都赞同尊贤尚贤是净化社会风气的良策。但庄子对"贤人"抱着审慎批判的态度。既肯定贤人对社会发展的重要性，也警示世人避免"大盗窃国，仁义之法并窃之"的悲剧，告诫人们应当细察"贤人"的本质，"行贤而不自贤",进而实现贤圣相一(个体层面)、无用圣贤(社会层面)的大同状态。

尊贤尚贤:社会风气教化方案

大道之行有其本身存在的秩序,遵循自然之道的秩序就能够得道。圣人对天下的治理就是对天地、四时秩序的象法。"宗庙尚亲,朝廷尚尊,乡党尚齿,行事尚贤,大道之序也。"(《庄子·天道》)宗庙尊重血缘关系亲的,朝廷尊重爵位高的,乡村尊重年龄大的,做事情尊重有才能的人,这些都是自然之道的秩序。而"行事尚贤"就是提倡尊重贤人的社会风气。

尊贤是个人修养的基本内容。"夫遇长不敬,失礼也;见贤不尊,不仁也。"(《庄子·渔父》)遇到长者不恭敬是失礼。遇到贤者不尊重是不仁义。孔子对渔父的尊重引发了弟子的不满,弟子仲由认为捕鱼之人不值得如此尊重,而在孔子眼中,渔父对于大道心有所得,如果不是道德完美的至人,如何能使人谦下呢?他对渔父的尊重并非源于其职业,而是因为渔父是一名贤者。而渔父就是庄子眼中知智谋而不智谋、尚贤而不张扬、求圣而不自我标榜的圣贤人物。

社会养成尊贤尚贤的风气,那么人民就会受到感化。"久与贤人处,则无过。"(《庄子·德充符》)这里的贤人是指"知不可奈何而安之若命"的伯昏无人,长期与贤人相处,个人也会发现并改正自己的错误,这是贤人的社会功效。

庄子还引用了彭蒙、田骈、慎到的例子,回应世人对圣贤的诘难:"謑髁无任,而笑天下之尚贤也,纵脱无行而非天下之大圣。椎拍輐断,与物宛转,舍是与非,苟可以免。不师知虑,不知前后,魏然而已矣。"(《庄子·天下》)慎到、田骈、彭蒙懈怠随缘,不任职事,反而嘲笑人间世"尚贤"的文化氛围;他们放纵洒脱,不修德行,却非难天下的圣人。他们虽然达到了混同是非、明哲保身的避祸境地,却完全地消极避世而无所担当。在庄子看来,他们并非得道之人。可见,庄子本身是肯定"尚贤"风气给社会所带来的教化功能的。

举贤授能:古代政府治理手段

中国自古以来就有圣贤治世的传统。"且夫尊贤授能,先善与利,自古尧、舜以然。"(《庄子·庚桑楚》)尊重贤人,重用能人,赏善施利,自古尧、舜就是这样。在中央层面上，君主圣明、贤良安邦是政府治理的理想状态。在乡村层面上，乡贤文化在中国古代小农经济背景下的社会基层治理中发挥着主导作用，是乡土中国的重要组成部分。

"赏罚已明而愚知处宜，贵贱履位，仁贤不肖袭情，必分其能，必由其名。"（《庄子·天道》）古代明白大道的人，首先要明白自然规律，其次是道德，其次是仁义，其次是职分官守，其次是事物的形体名称，再其次是因材任使，再其次是推究考迁，再其次是分是非，最后才是赏罚。赏罚分明，愚笨的、聪明的、尊贵的、卑贱的、仁义贤能的、不成才的人物都能根据其本性各得其所，各尽其用。如此，按照自然本性侍奉君主、养育百姓、治理国家，就能无为而天下太平了。无论是贤人还是不肖之人，关键在于顺其性而为，最终目的在于实现天下太平。

贤文化的最终目的指向大同社会的构建。彼得斯将希望寄于以商业化资本为命脉的大众传播媒介，希望通过撒播的大众传播媒介建立一套富有活力的社会关系，完成建立共同世界的一系列历史政治任务。[①] 而中国则将政治治理的具体路径落在了选贤任能上。姚锦云指出："无论是作为思想的孔子——荀子'正名'说，还是作为制度的礼乐，以及作为文化的服饰、建筑，都承载着'符号建构政治和伦理秩序'这样的功能。"[②]

比如孔子对颜回的劝说"且苟为悦贤而恶不肖，恶用而求有以异？"（《庄子·人间世》）颜回想要劝谏暴虐昏庸的卫君，孔子劝说：如果卫君真的亲近贤士，疏远厌恶不肖之人，又何必你去说服呢？这从反面验证了"悦贤"的价值取向和贤能对国家治理的政治功能。

国家的兴旺在于是否得贤人辅佐。"以德分人谓之圣，以财分人谓之贤。以贤临人，未有得人者也；以贤下人，未有得人者也。"（《庄子·徐无鬼》）管仲病危，齐桓公问政：应该把国家托付给谁？作为道家的代表人物，管仲答：隰朋还可以。他对上能忘怀权位（能不顾虑权位为君主思考），对下不区分尊卑贵贱，用道德感化人，称得上圣；以钱财分给人，称得上贤。用贤良的态度礼待他人，则能获得人心。如此，贤人得到任用，国家则可安定。由此可见，庄子也肯定贤人在国家事务中的重要作用和举贤授能给国家带来的

①　彼得斯：《对空言说——传播的观念史》，上海：上海译文出版社，2016年，第174页。

②　姚锦云：《用"问题意识"观照"内在理路——评谢清果新作〈华夏文明与传播学本土化研究〉》，载谢清果主编：《华夏传播研究》（第一辑），北京：中国传媒大学出版社，2018年，第270页。

好处。

贤圣相一：感化天下的帝王术

"天下大乱，贤圣不明，道德不一，天下多得一察焉以自好。"（《庄子·天下》）三皇时期人心淳朴，天下太平。从三皇五帝时代开始，君王以仁义礼法治国，埋下了天下大乱的祸根。春秋战国时代，天下大乱，圣贤的学说不再显明于世，道德标准也出现分歧。诸子百家各执己见，虽然各有所适用，却都割裂了天地的和美，离析了万物的常理。"贤圣不明"既是指君主昏昧臣子机巧，也是对世风日下，人心不古的感慨。这直接导致了"内圣外王之道，闇而不明，郁而不发"，古人的道术被世人所割毁。

"内圣外王"是儒家思想的核心，是个人修养和兼济天下的最高追求，但它实际上最先由庄子在《天下》篇提出。在秦汉之前，儒、道所论述的"道"是同一个大道，儒道本相通。庄子并非主张避世归隐，从他对田骈、慎到的批评可见一斑。

圣与贤常常连用，合称圣贤，指品德高尚、才智超凡之人，也可看作圣君贤臣的合称。韩愈《进学解》："方今圣贤相逢，治具毕张。"龚炜《巢林笔谈续编》卷上："圣贤相遭，君臣契合，足令千载下感激欲涕也。"这里的圣贤就是圣君贤臣相合之意，君圣臣贤，则天下可安。

庄子对"贤"的论述，既包括尊贤尚贤的社会风尚，也包括对贤人产生的社会弊端的揭露和批判，进而阐发出圣贤相一的思想。圣贤相一，包括两层含义。

第一，圣贤相配共治天下则国家可安。"诸侯之剑，以知勇士为锋，以清廉士为锷，以贤良士为脊，以忠圣士为镡，以豪杰士为夹。"（《庄子·说剑》）用智勇之士作为剑锋，用清廉之士作为剑刃，用贤良之士作为剑背，用忠诚之士作为剑环，用豪杰之士作为剑把。就能够顺和民意而安定四方。这就是能使四海之内顺服于君主命令的诸侯之剑。

第二，圣贤指一种理想人格。"吾闻子北方之贤者也，子亦得道乎？"（《庄子·天运》）老子称孔子为北方贤者，然而虽为贤者，孔子仍没能领悟大道。在道家看来，孔子是贤者的代表。孔子从制度、礼数、阴阳角度寻求大道而未果，说明大道不可传授。仅仅靠"贤"，是无法领悟大道的。怨恨、恩惠、获取、施与、诤谏、教化、生养、杀戮是端正百姓的八种工具，但只有能够遵循自然变化规律而无所滞塞的贤人，才能运用它。"无用贤圣，夫块不失道。"(《庄子·天下》)这里将贤圣同论,指代同一种理想人格。圣贤相一,却不自我标榜,像天地一般育化万物,才能感化天下。

无用圣贤:治之至的实现路径

"吾敬鬼尊贤,亲而行之,无须臾离居,然不免于患,吾是以忧。"(《庄子·山木》)鲁国之君学习先王的道德,继承大业,敬奉鬼神,尊重贤人,却还是不免于灾祸,并为此而忧愁。尊贤尚贤却还是不免于患,其出路何在呢?市南子给出的解决办法是"虚己以游世"。也可以将之引申为无用圣贤的无为之治。

"夫尧知贤人之利天下也,而不知其贼天下也。"(《庄子·徐无鬼》)无用圣贤的思想看起来与尚贤、尊贤、举贤的主张背道而驰,实则不然。无用圣贤是庄子对儒式"圣贤"的辩证批判和深入思考,其根本目的在于通达大道,以阐明内圣外王之学。

庄子对贤的反思可以体现在个人和社会两个层面上。在个人层面上,贤对人的伤害主要有两点:

第一,帝王作为治理天下的圣贤,需要牺牲自我的自由和身体。"尧闻舜之贤,举之童土之地,曰冀得其来之泽。"(《庄子·徐无鬼》)舜为了治理天下,腰弯背驼,劳苦疲惫。

第二,贤名迷惑人心,使人偏离自然的本性,重名轻死。《朱子家训》言:"读书志在圣贤,非徒科第;为官心存君国,岂计身家?"在中国历史上,不乏舍生取义、死谏之士。他们的骨气固然值得敬佩,但为名而死就是迷失自我本性了。"世之所谓贤士,伯夷、叔齐,伯夷、叔齐辞孤竹之君,而饿死于首阳之山,骨肉不葬。鲍焦饰行非世,抱木而死。申徒狄谏而不听,负石自投于河,为鱼鳖所食。介子推至忠也,自割其股以食文公,文公后背之,子推怒而去,抱木而燔死。尾生与女子期于梁下,女子不来,水至不去,抱梁柱而死。此六子者,无异于磔犬、流豕、操瓢而乞者,皆离名轻死,不念本养寿命者也。"(《庄子·盗跖》)庄子借盗跖之言对儒家孔子的圣贤观念发起批判:伯夷、叔齐、鲍焦、申徒狄、介子推、尾生这六个人都是重名轻死,不顾生命根本的人。他们的死亡完全是可以避免的,但为了贤名,他们固执地选择了死亡。

总而言之,庄子具有浓厚的人文关怀,主张先保养自我的生命,内圣而后再为国出力。这与儒家的"位卑未敢忘忧国"显然是矛盾的,也是儒道"贤文化"观念的分歧所在。

如同庄子主张"绝圣弃智"一般，庄子对贤人的批判同样集中在贤人对社会的反面引导上，贤人给社会带来的负面影响可以总结为两个方面：

一是欺世盗名者风生水起，大盗窃国，仁义之法并窃之。而真正的贤者被隐没，甚至被暗算。"合则离，成则毁，廉则挫，尊则议，有为则亏，贤则谋，不肖则欺，胡可得而必乎哉？"（《庄子·山木》）庄子感慨：有团圆就有分离，有成功就有毁坏，清廉则被压制，尊贵则被非议，有作为则被压损，有贤能则被暗算，没出息则被欺侮。要想免于荣辱祸福的悲喜，则要进入清静无为的大道境界。"故贤者伏处大山嵁岩之下，而万乘之君忧栗乎庙堂之上。"（《庄子·在宥》）世道混乱，满目囚犯，贤者隐遁在高山深岩之下，而君主忧虑于朝廷之上。"夫尧知贤人之利天下也，而不知其贼天下也，夫唯外乎贤者知之矣。"（《庄子·徐无鬼》）啮缺询问许由逃避尧的原因。许由说：真正仁义的人并不多，但利用仁义投机取巧、钻营获利的人却很多。如此，（假仁假义）仁义不仅本身没有诚意，还被贪婪如禽兽的人借为诈骗作恶的工具。尧知道贤人对天下的好处，却不知贤人也会祸害天下，只有忘怀贤圣的人才能够明白这个道理。

二是崇尚智巧，使万民竞争，天下大乱。"今遂至使民延颈举踵曰'某所有贤者'，赢粮而趣之，则内弃其亲而外去其主之事，足迹接乎诸侯之境，车轨结乎千里之外，则是上好知之过也。"（《庄子·胠箧》）当人们听闻某处有贤人之时，对内遗弃双亲，对外抛弃君主，蜂拥着前去投奔贤人，这是君主喜好智巧的过错。天下昏乱，罪过就在于崇尚智巧。"举贤则民相轧，任知则民相盗。"（《庄子·庚桑楚》）推举贤能之人，就会使百姓相互倾轧；任用智能之人，就会使百姓相互欺诈。这些方法，使百姓不再淳厚，转而谋求私利，这才诱发了弑父弑君、抢劫偷盗之事。

从后世的角度出发，笔者以为圣贤思想同样带来了社会教育与价值取向问题。圣贤思想深深扎根于中国的仕宦群体，读书的目标直接导向做官，"立功立德立言"三不朽成为配套的评价标准，在全社会形成了"万般皆下品，唯有读书高"的社会氛围。而秦汉之后的儒士主要的谋生手段就是幕僚及做官。读书直接导向升官的风气影响了中国千年来的文化教育，也滋生了八股文、升官发财的教育导向等一系列社会问题。

面对贤人给个人和社会带来的问题，庄子得出的结论是"至德之世，不尚贤，不使能。"（《庄子·天地》）"不尚贤"针对的是"尚"而非"贤"。在个人层面上，"行贤而去自贤"；在社会层面上，"推贤"而不"尚贤"，方能使百姓行为端正却不知何为道义，相亲相爱却不知何为仁爱，诚实无欺却不自以为忠信，互帮互助出于习性而不觉其为恩惠。就如同知智谋而不智谋一般，无用圣贤意在无为而自圣贤，圣贤而不自以为圣贤，不自我标榜而使百姓争竞，这就是无用圣贤的真正内涵。

结语：中华文化的未来可能

贤文化是建构政治和伦理秩序的符号之一。"要理解中国人的社会互动，就必须理解中国人经常调用的传统思想资源"，通过对庄子"贤"观念的梳理，可以发现儒道相汇相异之处，也可以帮助我们结合历史经验，谋求当代的政治出路，推动社会文化和秩序的完善和发展。

世界四大文明古国中，中国文明是唯一未曾中断过的文明，中华大一统文明是高度可持续文明的典范。[①]而中国的力量正在于融合，而维系融合的力量正在于儒道传统的文化逻辑。贤文化的理念和实践正是维系中国自先秦两千余年来历史发展的精神纽带之一。而古老的东方文化将给世界带来"政治统一与和平的命运"的希望。[②]在当代，中国的肩上担负着时代的历史使命：人类命运共同体的建构将为世界的和平可持续发展带来曙光。而这样的政治实践背后离不开"大一统""礼""贤"等文化逻辑支撑，这也是我们研究传统文化的意义所在。

[①] 毛峰：《诞生与绵延的奥秘——中华文明的传播内核与传播特质》，谢清果主编：《华夏传播研究》（第一辑），北京：中国传媒大学出版社，2018年，第17—18页。

[②] 汤因比：《东西文化议论集》上册，北京：经济日报出版社，1997年，第276—285页。

孔子圣贤观的治道思想发微

奚刘琴[①]

（中盐金坛盐化有限责任公司博士后科研工作站，江苏常州，213200）

摘要： 孔子对"圣贤"进行了明确的界定，体现出"德性至上、匡时济世、言法天下"三大特征。孔子对圣贤的认定，深刻影响了其治道思想，这种影响，具体体现在"为政以德"的治道原则、"重建周制"的治道方法、"教化万方"的治道旨归三方面。孔子建立在其圣贤观基础之上的治道思想，在历史上产生了深远的影响，并具有积极的现代意义。

关键词： 孔子，圣贤观，治道思想，为政以德

"圣贤"一词，作为"圣人"与"贤人"的合称，是道德楷模和超凡才智的象征。在中国历史上，曾产生过许多杰出的圣贤哲人，其作为、其思想、其成就，均对后世产生了重大影响，在以儒学为主体价值的中国古代哲学中，亦被广泛认同。《易传》曰："圣人亨以享上帝，而大亨以养圣贤。"[②]《史记》有言："《诗》三百篇，大底圣贤发愤之所为作也。"[③]《颜氏家训》则有"夫圣贤之书，教人诚孝、慎言、检迹、立身、扬名，亦已备矣"[④]之训示。王阳明言："知而不行，只是未知，圣贤教人知行，正是要复那本体。"[⑤]

---

① 作者简介：奚刘琴（1979—），女，江苏东台人，长期从事儒家哲学现代转化与儒家管理哲学研究，系"中盐金坛盐化有限责任公司博士后科研工作站、厦门大学哲学博士后流动站"博士后，淮阴师范学院副教授。

② 王弼：《周易注》，楼宇烈校释，北京：中华书局，2011年，第270页。

③ 司马迁：《报任少卿书》，严可均编：《全上古三代秦汉三国六朝文》，北京：中华书局，1958年，第545页。

④ 颜之推：《颜氏家训》，严可均编：《全上古三代秦汉三国六朝文》，北京：中华书局，1958年，第8180页。

⑤ 王守仁：《王文成公全书》，北京：中华书局，2015年，第2页。

由此可见，在儒家的王道信仰之中，"圣贤"以其高尚和不凡，既是历朝历代读书人"高山仰止"的对象，也是他们希慕与追求的目标。作为儒家文化与中华民族主体价值创始人之孔子，其对圣贤的认定、对圣贤治道思想的阐发，在历史上产生了深远的影响，并具有了积极的现代意义。

一、德合天地、言法天下：孔子对圣贤的认定

"圣"，在《说文解字》中，被阐释为"聖，通也"，繁体字的"聖"，作倾听之状，旁边有口，意耳聪口捷，洞彻事理，遇事无所不通。《易·乾卦》曰："圣人作而万物睹。"《尚书·洪范》曰："睿作圣。"《礼记·礼运》有言："万人曰杰，倍杰曰圣。"《孟子》则说："大而化之之谓圣。"可见，对于"圣"之词义作解，既是指道德智慧两者皆备的理想人物，又指神通广大、无所不知，教化天下之圣王。

"贤"，繁体字为"賢"，从臤从贝，"臤"本义为"驾驭臣属"，引申为"牢牢掌握"，"贝"指财富。段玉裁《说文解字注》说："贤，本多财之称，引申之凡多皆曰贤。人称贤能，因习其引申之义而废其本义矣。"后来，"贤"之"多财"本义渐渐淡薄，"有贤能有声望"的引申义反而广为人知。因此，德才兼具、德才过人，成为对"贤"一词的普遍理解。

由此可见，"圣贤"一词，作为兼具德性与才智的象征，虽然在世俗生活和日常表达中常被关联使用，不做明确区分，然而"圣"与"贤"在生命境界与道德人格上的差异，还是非常明显的。这一差异，作为儒家创始人的孔子，对此有明确认识，具体体现在孔子与鲁哀公的对话之中。

首先，孔子将人分为"五仪"，即"庸士君圣贤"五个类别，也就是庸人、士人、君子、贤人、圣人五个层次。由下至上，由凡入圣，历历分明。

（哀）公曰："善哉！尽此而矣乎？"

孔子曰："人有五仪，有庸人，有士人，有君子，有贤人，有圣人。审此五者，则治道毕矣。"①

鲁哀公向孔子请教择贤治国之法，孔子建议其如能清楚地区分与对待"庸

---

① 《孔子家语·五仪解第七》，李承贵编：《孔子全景语录》，贵阳：孔学堂书局，2018年，第65页。

士君圣贤"五类人，则治世良方无有遗漏。孔子曾经在不同的场合，对人做过区分，将人划分为"上智、中民与下愚"子曰："唯上智与下愚不移"①；又说："中人以上，可以语上也；中人以下，不可以语上也。"②孔子的这两段话，引起后世较大的争议，认为其将人分为三六九等，是对"以人为本"的违背。然而联想起孔子所言"性相近习相远"之语，我们就会发现，孔子的本意是主张以积极之习去变化人性、培养理想人格，提倡"因材施教"。王阳明对此有非常恰当的评论，他说："圣人的心，忧不得人人都做圣人，只是人的资质不同，施教不可躐等；中人以下的人，便与他说性命，他也不省得，也须漫漫琢磨他起来。"③因此，"上智、中民与下愚"不唯是对智力水平的划分，更重要的是对德性与才智的划分，这与孔子对于"士、小人、斗筲之人"④以及"庸士君圣贤"的划分标准是相同的。

接着，鲁哀公继续向孔子请教"庸士君圣贤"各层次之间如何界定，如何区分，言行举止有何差异。

孔子曰："所谓庸人者，心不存慎终之规，口不吐训格之言，不择贤以托其身，不力行以自定；见小暗大，而不知所务，从物如流，不知其所执；此则庸人也。"

"所谓士人者，心有所定，计有所守，虽不能尽道术之本，必有率也；虽不能备百善之美，必有处也。是故知不务多，必审其所知；言不务多，必审其所谓；行不务多，必审其所由。智既知之，言既道之，行既由之，则若性命之形骸之不可易也。富贵不足以益，贫贱不足以损。此则士人也。"

"所谓君子者，言必忠信而心不怨，仁义在身而色无伐，思虑通明而辞不专；笃行信道，自强不息，油然若将可越而终不可及者。此则君子也。"

"所谓贤人者，德不逾闲，行中规绳，言足以法于天下，而不伤于身，道足以化于百姓，而不伤于本；富则天下无宛财，施则天下不病贫。此则贤者也。"

①《论语·阳货》，杨逢彬：《论语新注新译》，北京：中华书局，2018 年，第 307 页。
②《论语·雍也》，杨逢彬：《论语新注新译》，北京：中华书局，2018 年，第 111 页。
③ 王守仁：《王文成公全书》，北京：中华书局，2015 年，第 112 页。
④《论语·子路》，杨逢彬：《论语新注新译》，北京：北京：中华书局，2018 年，第 237 页。原文如下：子贡问曰："何如斯可谓之士矣？"子曰："行己有耻，使于四方，不辱君命，可谓士矣。"曰："敢问其次？"曰："宗族称孝焉，乡党称弟焉。"曰："敢问其次？"曰："言必信，行必果，硁硁然小人哉！抑亦可以为次矣。"曰："今之从政者何如？"子曰："噫！斗筲之人，何足算也！"

"所谓圣者，德合于天地，变通无方，穷万事之终始，协庶品之自然，敷其大道而遂成情性；明并日月，化行若神，下民不知其德，睹者不识其邻。此谓圣人也。"①

庸人者，终日昏昏，随波逐流；士人者，心有所处，言有所谓，贵贱不移；君子则更进一步，主忠信、怀仁义，自强不息，以为表率；贤人则言法天下、德化百姓，为众人所称道；而道德合于天地，圣明可比日月，才能称得上圣人。孔子对此五者的划分，体现了其圣贤观的三大特征。

第一，"德性至上"的原则。德性与才智，或者说"尊德性"与"道问学"，是中西方两种不同文化的分野所在，东方文化注重道德与感知，西方文化则注重知识与实证。追溯到轴心时代，在中国文化代表人物的孔子这里，孔子对于圣贤的划分，标准始终如一，即"德性至上"的原则，以道德的进阶层次来划分众人的归属。庸人者无所谓德性修养，士君子保有美德，圣贤则懿德彰显，此所谓差距。董仲舒把人性分为上、中、下三等，王充也据禀气的多少把人性分为善、中、恶三种，韩愈明确提出"性情三品"说，把性与情分为上、中、下三品，这些观点，均受到孔子根据"德性至上"原则对"庸士君圣贤"划分的影响。由此，孔子也揭橥了儒家与中国文化"道德理想主义"的趋势。

第二，"匡时济世"的探索。判断道德是否高尚，是否堪为表率，除了内省慎独"穷则独善其身"之外，更重要的是是否为他人和社会奉献一己之力，能否"达则兼济天下"。庸人之所以为庸人，因其"不知其所执"，无追求，无目标，无所事事；士和君子，则注重于修养自己，以使自己有美好的品德、聪慧的才智；圣贤则完全不同，他们不会停留在修养自身的层次，他们以"淑世"的情怀、天下的担当积极匡时济世。救治时弊，知其不可为而为之；教化万民，虽百转千折而不悔。孔子对于"圣贤"之所以倍加肯定，正是由于圣贤们"匡时济世"的抱负和追求。后代学者们通过史书或官方祭祀制度确认的"圣贤人物"，无一不是以天下苍生为己任，先天下之忧而忧后天下之乐而乐之人物。这与孔子对于圣贤特征的界定，是完全一致的。

---

① 《孔子家语·五仪解第七》，李承贵编：《孔子全景语录》，贵阳：孔学堂书局，2018年，第65页。在《大戴礼记·哀公问五义第四十》《荀子·哀公第三十一》中，均有孔子对"庸士君圣贤"的定义，其意大抵相同。

第三，"言法天下"的追求。孔子说："君子疾没世而名不称焉。"[①] 小人"心不存慎终之规，口不吐训格之言"，是"朽木不可雕也，粪土之墙不可圬也"；士、君子言不务多，必守忠信，恰如其分；圣贤者，则把天下当成天下人的天下，把言法天下、德化万民，看成自己的历史使命和价值追求。真正的圣贤。他们的举动必定是天下人的先导、行为必定是天下人的法度、言论必定是天下人的准则。这既是孔子的观点，后来也成了中国历朝历代知识分子毕生的追求。诚如曹丕所言："盖文章经国之大业，不朽之盛事。年寿有时而尽，荣乐止乎其身，二者必至之常期，未若文章之无穷。是以古之作者，寄身于翰墨，见意于篇籍，不假良史之辞，不托飞驰之势，而声自传于后。"[②]

在孔子的心目之中，堪称为"圣贤者"，必然具有"德性至上、匡时济世、言法天下"的三大特征。贤者或遗漏一二，有所长短，圣者必完全具备，无有遗漏。与此三特征相对照，对照一下中国文化中著名的"三不朽"主张："太上有立德，其次有立功，其次有立言，虽久不废，此之谓不朽。"[③] 孔颖达疏曰："立德谓创制垂法，博施济众"，"立功谓拯厄除难，功济于时"，"立言谓言得其要，理足可传"[④]。可见，圣贤者"德性至上"，正是"立德"之体现，"匡时济世"，正是"立功"之要旨，而"言法天下"，正是"立言"之追求。超越个体生命，追求成贤成圣，在此过程之中实现个体精神和人格之不朽，正是孔子圣贤观的核心意涵。尽管在后世，孔子是公认的"至圣先师"，但是他认为，自己远不是"圣贤"，大概只具备"学而不厌、诲人不倦"的长处罢了。子曰："若圣与贤，则吾岂敢？抑为之不厌，诲人不倦，则可谓云尔已矣。"[⑤]

二、孔子圣贤观的治道思想

孔子对圣贤"德合天地、言法天下"特征的认定，深刻影响了其治道思想，并对后世产生了深远影响。这种影响，具体体现在"为政以德"的治道原则、"重建周制"的治道方法、"教化万方"的治道旨归三方面。

---

① 《论语·卫灵公》，杨逢彬：《论语新注新译》，北京：中华书局，2018 年，第 283 页。
② 曹丕：《典论·论文》，严可均编：《全上古三代秦汉三国六朝文》，北京：中华书局，1958 年，第 8180 页。
③ 焦循：《孟子正义》，北京：中华书局，1987 年，第 987 页。
④ 孔颖达：《春秋左传正义》，阮元校刻：《十三经注疏》，北京：中华书局，2009 年，第 4297 页。
⑤ 《论语·述而》，杨逢彬：《论语新注新译》，北京：中华书局，2018 年，第 135 页。

（一）治道原则：为政以德

由圣贤观观之，孔子治道思想的第一要务是道德哲学。唐尧、虞舜、大禹、文、武、周公、伯夷、叔齐、颜回等，无论是圣人，还是先贤，修身必以德先，为政必先以德，

首先，孔子十分推崇古圣王之道，特别是"唐（尧）虞（舜）之治"，他对唐虞之治以及禹之为政展开丰富的设想，认为尧舜禹三代之治的根本原因，就在于古圣王以德治国，所谓圣德立于三代，而惠泽被于无穷世也。

子曰："大哉，尧之为君也。巍巍乎，唯天为大，唯尧则之。荡荡乎，民无能名焉。巍巍乎，其有成功也。焕乎，其有文章。"①

子曰："巍巍乎，舜禹之有天下也，而不与焉。"②

子曰："禹，吾无间然矣。菲饮食而致孝乎鬼神，恶衣服而致美乎黻冕，卑宫室而尽力乎沟洫。禹，吾无间然矣！"③

古圣王之"禅让制"也让孔子十分推崇，禅让制"因德让位、以德选人"，唐尧传位给虞舜，同时传了"允执厥中"四个字；虞舜传位给大禹，以"仁人爱民"为主旨，孔子认为其代表了为政以德的最高典范。

尧曰："咨，尔舜，天之历数在尔躬，允执其中。四海困穷，天禄永终。"舜亦以命禹，曰："予小子履，敢用玄牡，敢昭告于皇皇后帝，有罪不敢赦，帝臣不蔽，简在帝心。朕躬有罪，无以万方，万方有罪，罪在朕躬。周有大赉，善人是富。虽有周亲，不如仁人。百姓有过，在予一人。谨权量，审法度，修废官，四方之政行焉。兴灭国，继绝世，举逸民，天下之民归心焉。所重民，食丧祭。宽则得众，信则民任焉，敏则有功，公则说。"④

上古先王德行昭然，众所敬仰，令孔子亦赞叹不已。不唯圣者德性昭著，为天下表率，贤者亦具备非常崇高的贤良品性。

---

① 《论语·泰伯》，杨逢彬：《论语新注新译》，北京：中华书局，2018 年，第 146 页。
② 同上。
③ 《论语·泰伯》，杨逢彬：《论语新注新译》，北京：中华书局，2018 年，第 149 页。
④ 《论语·尧曰》，杨逢彬：《论语新注新译》，北京：中华书局，2018 年，第 349—353 页。

子曰："贤哉回也！一箪食，一瓢饮，在陋巷，人不堪其忧，回也不改其乐。贤哉回也！"①

（子贡）入曰："伯夷叔齐，何人也？"（孔子）曰："古之贤人也。"曰："怨乎？"曰："求仁而得仁，又何怨？"②

颜回安贫乐道、达观自足的处世态度和精神追求，孔子赞之以"贤"，伯夷叔齐因让国而饿死，以让为仁而不怨，孔子也以"贤"赞之。可见，无论是否为政，圣贤皆以修身为本。君子谋道不谋食、忧道不忧贫，以仁德之心超越日常生活，实现对于更高的精神世界的追求，达到仁者不忧的境界，是圣贤的共同特征。

于是，作为孔子圣贤观的首要原则，孔子将"德性至上"运用于治道，批判春秋时期的礼崩乐坏，春秋之时，天子没落，礼法得不到贯彻，乐教无法实施，孔子对此深恶痛绝，在《论语》中多次批判。

孔子谓季氏："八佾舞于庭。是可忍也，孰不可忍也？"③

三家者以《雍》彻，子曰："'相维辟公，天子穆穆'，奚取于三家之堂？"④

季氏旅于泰山。子谓冉有曰："女弗能救与？"对曰："不能。"子曰："呜呼！曾谓泰山，不如林放乎？"⑤

子曰："臧武仲以防求为后于鲁，虽曰不要君，吾不信也。"⑥

当是时，各诸侯间征战不已，各诸侯、卿大夫僭用礼乐的现象十分普遍，礼乐征伐出自诸侯。针对这种社会道德沦丧，制度崩坏的状况，孔子对为政提出了"施行仁义""以德治国"的主张。

孔子思想的核心内容是"仁"，其特征是对他人的关爱。孔子对"仁"做过多重含义的阐释："克己复礼为仁。一日克己复礼，天下归仁焉。"⑦"夫仁

---

① 《论语·雍也》，杨逢彬：《论语新注新译》，北京：中华书局，2018 年，第 105 页。
② 《论语·述而》，杨逢彬：《论语新注新译》，北京：中华书局，2018 年，第 126 页。
③ 《论语·八佾》，杨逢彬：《论语新注新译》，北京：中华书局，2018 年，第 39 页。
④ 《论语·八佾》，杨逢彬：《论语新注新译》，北京：中华书局，2018 年，第 40 页。
⑤ 《论语·八佾》，杨逢彬：《论语新注新译》，北京：中华书局，2018 年，第 43 页。
⑥ 《论语·宪问》，杨逢彬：《论语新注新译》，北京：中华书局，2018 年，第 254 页。
⑦ 《论语·颜渊》，杨逢彬：《论语新注新译》，北京：中华书局，2018 年，第 209 页。

者，己欲立而立人，己欲达而达人。"① 孔子把"仁"作为最高的道德原则、道德标准和道德境界，形成了以"仁"为核心的伦理思想结构，它包括孝、弟（悌）、礼、义、廉、耻、恭、宽、忠、信、敏、惠等内容。其中"仁"以孝悌为本，再把对于父母兄弟的挚爱之心推延至他人，德性为率，以德治国，从而构建成理想的德治社会，也就是后世所谓的"内圣外王"，也即《大学》所倡导的"修身、齐家、治国、平天下"。

> 子路问君子。子曰："修己以敬。"曰："如斯而已乎？"曰："修己以安人。"曰："如斯而已乎？"曰："修己以安百姓。修己以安百姓，尧舜其犹病诸？"②
> 子曰："苟正其身矣，于从政乎何有？不能正其身，如正人何？"③

孔子认为，修养自己是君子立身处世和管理政事的关键所在，君子要通过"克己复礼"的修养自身，推而广之，使身边人和天下人都得到安乐。所以孔子的为政，就在于通过修身达到齐家、治国、平天下的目标，正所谓"为政以德，譬如北辰，居其所而众星共之"④。

（二）治道方法：重建周制

子曰："无为而治者，其舜也与！夫何为哉？恭己正南面而已矣。"⑤虞舜政事无所干预而天下大治，孔子认为，根本的原因在于舜谦和恭敬，南面莅朝，群贤皆祗仰其德，各尽所能，君臣百姓，各得其位，圣人德盛而民化，不待其有所作为也。

子曰："禹，吾无间然矣。菲饮食，而致孝乎鬼神，恶衣服，而致美乎黻冕；卑宫室，而尽力乎沟洫。禹，吾无间然矣。"⑥大禹薄以自奉，礼以事鬼神，尽力为民。圣贤严于修身，拯恶除难，功济于时，孔子认为，（对大禹）是没有什么好非议的了。

---

① 《论语·雍也》，杨逢彬：《论语新注新译》，北京：中华书局，2018 年，第 116—117 页。
② 《论语·宪问》，杨逢彬：《论语新注新译》，北京：中华书局，2018 年，第 271—272 页。
③ 《论语·子路》，杨逢彬：《论语新注新译》，北京：中华书局，2018 年，第 231 页。
④ 《论语·为政》，杨逢彬：《论语新注新译》，北京：中华书局，2018 年，第 15 页。
⑤ 《论语·卫灵公》，杨逢彬：《论语新注新译》，北京：中华书局，2018 年，第 276 页。
⑥ 《论语·泰伯》，杨逢彬：《论语新注新译》，北京：中华书局，2018 年，第 149 页。

子曰："泰伯其可谓至德也已矣，三以天下让，民无得而称焉。"① 泰伯是周始祖姬亶长子，曾经三让天下给季历（周文王之父）。孔子觉得泰伯的德性亦可以做天下的君王，却仍以天下让于其他贤明之人，这样的贤德之人，老百姓简直不知如何称道，也就不足为奇了。

从这三则材料可以看出，孔子心目中的圣贤能够无为之治、能够无所间然，能够达到至德境界，均在于其能"正己安人"，做到了"其身正，不令而行"。正所谓"政者正也，子帅以正，孰敢不正？"② 从这一点出发，孔子对春秋时期各诸侯国对外征战不断，对内重刑苛法进行了批判。

孔子曰："天下有道，则礼乐征伐自天子出；天下无道，则礼乐征伐自诸侯出。自诸侯出，盖十世希不失矣；自大夫出，五世希不失矣；陪臣执国命，三世希不失矣。"③

（季氏将伐颛臾）孔子曰："丘也，闻有过有家者，不患寡而患不均，不患贫而患不安。盖均无贫，和无寡，安无倾。夫如是，故远人不服，则修文德以来之。既来之，则安之。今由与求也，相夫子，远人不服、而不能来也；邦分崩离析、而不能守也：而谋动干戈于邦内。吾恐季孙之忧，不在颛臾，而在萧墙之内也。"④

孔子泰山之侧，有妇人哭于墓者而哀。夫子轼而听。使子路问之曰："子之哭也，壹似重有忧者。"而曰："然！昔者吾舅死于虎，吾夫又死焉，今吾子又死焉！"夫子曰："何为不去也？"曰："无苛政。"夫子曰："小子识之，苛政猛于虎也。"⑤

政治清明之世，制礼作乐以及出兵征伐的命令都由天子下达，孔子对现在诸侯、大夫、家臣者犯上作乱的世道极其不满，断言不得长久；季氏企图发动战争，攻打小国颛臾，谋求夺取鲁国政权，遭到孔子反对，也反映了鲁国内部卿大夫之间激烈的斗争；孔子去鲁适齐，途遇宁葬虎口也不愿迁入齐地的百姓，原因无它，齐国有苛政也。对内刑法日重，酷税严苛，对外征战

① 《论语·泰伯》，杨逢彬：《论语新注新译》，北京：中华书局，2018 年，第 137 页。
② 《论语·颜渊》，杨逢彬：《论语新注新译》，北京：中华书局，2018 年，第 218 页。
③ 《论语·季氏》，杨逢彬：《论语新注新译》，北京：中华书局，2018 年，第 298 页。
④ 《论语·季氏》，杨逢彬：《论语新注新译》，北京：中华书局，2018 年，第 294 页。
⑤ 《礼记·檀弓下》，阮元校刻：《十三经注疏》，北京：中华书局，2009 年，第 2843 页。

不断，礼崩乐坏。

孔子有"周监于二代。郁郁乎文哉，吾从周"①"殷因与夏礼，所损益，可知也。周因于殷礼，所损益，可知也。其或继周者，虽百世，可知也"②等感慨，周礼继承先王王道思想而来，对夏商有所损益，礼乐皆备、典章优雅，孔子对之十分推崇孔，由此提出了"重建周制"的治道主张。

首先是"正名"的思想。齐景公问政于孔子，孔子对曰："君君、臣臣、父父、子子。"③这就要求君臣父子言行举止符合各自角色要求和规范，遵从应有之道。子曰："名不正则言不顺，言不顺则事不成。事不成，则礼乐不兴；礼乐不兴，则刑罚不中；刑罚不中，则民无所措手足。"④此句正切中当时春秋君臣相争、父子相残之病痛。孔子"正名"的目的，是为了"尊王攘夷"，重新恢复天下秩序。这一点，从他对管仲的评价就可以看出来。

> 子曰："桓公九合诸侯，不以兵车，管仲之力也！如其仁！如其仁！"⑤
> 子曰："管仲相桓公，霸诸侯，一匡天下，民到于今受其赐。微管仲，吾其被发左衽矣！"⑥

子路批评管仲苟且偷生，孔子却称赞他不以武力多次召集诸侯会盟，是符合仁德的行为。孔子认为，管仲辅佐齐桓公，尊王攘夷，成功抵御了当时北方民族对中原地区的侵扰，促进了华夏文明大一统的进程。

其次，君臣有义的思想。《论语》记载，周有八士，即伯达、伯适、仲突、仲忽、叔夜、叔夏、季随、季娲。此八位才德之士，广友贤名，为后世所传颂。《论语》亦提及，舜有臣五人而天下治、周武王亦有善于治理政事的臣子十人。孔子面临的是霸道兴起、王道衰微的春秋时势，冀望君主与贤达之人能够君臣相洽，上下一致。因此，孔子积极将"正名"推而广之到国家的统治阶层。天子或诸侯，上位者谓之君，"夫天生民而立之君，使司牧之，无

---

① 《论语·八佾》，杨逢彬：《论语新注新译》，北京：中华书局，2018年，第50页。
② 《论语·为政》，杨逢彬：《论语新注新译》，北京：中华书局，2018年，第37—38页。
③ 《论语·颜渊》，杨逢彬：《论语新注新译》，北京：中华书局，2018年，第215页。
④ 《论语·子路》，杨逢彬：《论语新注新译》，北京：中华书局，2018年，第225页。
⑤ 《论语·宪问》，杨逢彬：《论语新注新译》，北京：中华书局，2018年，第254页。
⑥ 《论语·宪问》，杨逢彬：《论语新注新译》，北京：中华书局，2018年，第257页。

使失性。良君将赏善而除民患，爱民如子，盖之如天，容之若地"①。孔子要求君主能够赏善除恶，爱民如子，在和臣下的相处上，能够"君使臣以礼"；诸侯或臣下，官吏者谓之臣，孔子要求，臣下能够事君以忠，"事君，能致其身"，"事君，敬其事而后其食"。臣子侍奉君主，鞠躬尽瘁、死而后已，敬事为先而食禄为后。君臣定位分明，"君使臣以礼，臣事君以忠"，通过这样的道德联结，君臣天然具有了各自的道德属性和后天的道德约束。

最后，治民之道，富之教之。首先要"富之"，使百姓有饭可食，有衣可穿。子贡问政？子曰："足食、足兵、民信之矣。"子贡："必不得已而去，于斯三者何先？"曰："去兵。"子贡："必不得已而去，于斯二者何先？"曰："去食。自古皆有死，民无信不立。"②其次要"教之"，以礼乐教化百姓。子适卫，冉有仆。子曰："庶矣哉！"冉有曰："既庶矣，又何加焉？"曰："富之。"曰："既富矣，又何加焉？"曰："教之。"③在这两段对话中，孔子提出了儒家的治民之道，即"庶—富—教"，先富后教，使民足腹，不为生计发愁，而后教之以仁义礼智信。因此，后世荀子有"不富无以养民情，不教无以理民性"④之句。再次，要"使民以时"，所谓"道千乘之国：敬事而信，节用而爱人，使民以时"⑤。仁者爱人，需做到惜用民力、不违农时。因此，君子之道有四："其行己也恭，其事上也敬，其养民也惠，其使民也义。"⑥

从圣人"正己安人"出发，针对"霸道兴，王道微"的春秋形势，孔子从正名正位、君臣有义、富之教之三方面提出了重建周制的主张，实际上是托周之名，为当时礼崩乐坏，不君不臣不父不子的社会开出的药方，以图恢复社会秩序，达到政通人和，教化万方的目标。

（三）治道旨归：教化万方

圣人以德被天下，教化万方，贤者亦以教化百姓为己任。《易传》曰："圣人以神道设教，而天下服矣。"⑦神道可理解为天道，圣人能够体认到天道玄

---

① 杨炯：《为梓州官属祭陆郪县人》，《杨炯集笺注》，北京：中华书局，2016年，第1482页。
② 《论语·颜渊》，杨逢彬：《论语新注新译》，北京：中华书局，2018年，第213页。
③ 《论语·子路》，杨逢彬：《论语新注新译》，北京：中华书局，2018年，第230页。
④ 梁启雄：《荀子简释·大略》，北京：中华书局，1983年版，第372页。
⑤ 《论语·学而》，杨逢彬：《论语新注新译》，北京：中华书局，2018年，第5页。
⑥ 《论语·公冶长》，杨逢彬：《论语新注新译》，北京：中华书局，2018年，第84页。
⑦ 王弼：《周易注》，北京：中华书局，2011年，第109页。

妙的道理，并用道德教化众生，使民众成为有德之人，那么天下人自然拥戴之，服膺之。子贡曰："如有博施于民，而能济众，何如？可谓仁乎？"子曰："何事于仁，必也圣乎！尧舜其犹病诸！"①博施于民，而能济众，这样的人，就不能简单用"仁德"来称赞，而是达到"圣德"境界了，虽尧舜亦不能做到。当然，圣贤将"己欲立而立人，己欲达而达人"的做法推己及人，就有可能实现博施济众的目的。孔子对于圣贤教化众生的解读，可详解为三方面的治道主张。

第一，以孔子为代表，儒家主张人是可以教化的，即以仁义礼智为内容，通过人文道德和精神世界的培养，引导全体社会成员，形成良好的道德风尚和行为规范，并最终实现社会的整体和谐。有一次，孔子路过子路治理的蒲邑之地，孔子未见子路，未听子路言政，便三赞子路。孔子说："吾见其政矣。入其境，田畴尽易，草莱甚辟，沟洫深治，此其恭敬以信，故其民尽力也。入其邑，墙屋完固，树木甚茂，此其忠信以宽，故其民不偷也。至其庭，庭甚清闲，诸下用命，此其言明察以断，故其政不扰也。以此观之，虽三称其善，庸尽其美乎？"②孔子认为，观察蒲地欣欣向荣之景象，不难推断，正是因为子路恭敬宽厚，明察以断，则民尽其力，政宽人和。通过"其身正"的教化而正风俗、治邦国，这一点既与圣贤教化众生不谋而合，又反映了儒家济世的政治追求。

第二，在教化与刑罚的关系上，孔子主张"德主刑辅"，以教化为主要目的，以刑法为辅助手段。孔子曾经对季康子说："子为政，焉用杀？子欲善而民善矣。君子之德风，小人之德草。草上之风，必偃。"③从子张与孔子的一段对话，可以清楚地了解孔子的观点。

子张问于孔子曰："何如斯可以从政矣？"子曰："尊五美，屏四恶，斯可以从政矣。"

子张曰："何谓五美？"子曰："君子惠而不费，劳而不怨，欲而不贪，泰而不骄，威而不猛。"

---

① 《论语·雍也》，杨逢彬：《论语新注新译》，北京：中华书局，2018 年，第 116—117页。

② 《孔子家语·辩证第十四》，李承贵编：《孔子全景语录》，贵阳：孔学堂书局，2018 年，第 84 页。

③ 《论语·阳货》，杨逢彬：《论语新注新译》，北京：中华书局，2018 年，第 219 页。

子张曰："何谓惠而不费？"子曰："因民之所利而利之，斯不亦惠而不费乎！择可劳而劳之，又谁怨？欲仁而得仁，又焉贪？君子无众寡，无大小，无敢慢，斯不亦泰而不骄乎！君子正其衣冠，尊其瞻视，俨然人望而畏之，斯不亦威而不猛乎！"

子张曰："何谓四恶？"子曰："不教而杀谓之虐；不戒视成谓之暴；慢令致期谓之贼；犹之与人也，出纳之吝谓之有司。"①

子张向孔子请教为官从政的要领，孔子向他讲了"尊五美屏四恶"的标准。孔子反对"不教而杀""不戒视成"的暴虐之政，希望"因民之所利而利之、择可劳而劳之"。说到底，孔子还是主张道德教化，以礼乐引导、规范民众，刑罚只是辅助手段，所谓"道之以政，齐之以刑，民免而无耻；道之以德，齐之以礼，有耻且格"②。这句话可集中代表孔子德主刑辅、礼乐教化的观点。用政令、刑罚来治理百姓，百姓只求免于受罚，却无廉耻之心；用道德、礼制教化百姓，百姓明礼守礼，才是根本之道。

第三，教化的内容是礼乐。事实上，礼乐从中国文化诞生之处，就占据了重要的一席之地。《尚书》记载，周公摄政，一年救乱，二年克殷，三年践奄，四年建候卫，五年营成周，六年制礼作乐，七年致政成王。③早在夏商周时期，圣贤制定了颇为完善的礼乐制度，应用在祭祀、祝告、庆贺、占卜等重要场合，并推而广之为道德伦理上的礼乐教化，用以维护社会秩序和人伦和谐，所谓"乐至则无怨，礼至则不争"。孔子十分看中礼乐在教化百姓中的重要作用。

子之武城，闻弦歌之声。夫子莞尔而笑，曰："割鸡焉用牛刀？"子游对曰："昔者偃也闻诸夫子曰：'君子学道则爱人，小人学道则易使也。'"子曰："二三子！偃之言是也。前言戏之耳。"④这是发生在孔子与弟子子游之间的对话，通过子游的礼乐思想，侧面反映出孔子的教化思想。"弦歌之声"就是礼乐教导，"弦歌不辍"就是道统继承，君子习礼乐，则心存仁爱；百姓习礼乐，则潜移默化、安居乐业。可见礼乐教化的重要所在。

孔子曾师从于师襄子学琴，在习《文王操》时，突然神情庄重肃穆得出

① 《论语·尧曰》，杨逢彬：《论语新注新译》，北京：中华书局，2018 年，第 353 页。
② 《论语·为政》，杨逢彬：《论语新注新译》，北京：中华书局，2018 年，第 16 页。
③ 孙星衍撰：《尚书今古文注疏》，北京：中华书局，2004 年，第 459 页。
④ 《论语·阳货》，杨逢彬：《论语新注新译》，北京：中华书局，2018 年，第 307 页。

结论:"丘得其为人,黯然而黑,几然而长,眼如望羊,如王四国,非文王其谁能为此也!"①从乐曲而勾画出文王的形象,得出对周文王德行的敬仰,可见孔子领悟了乐曲的深意。孔子又说:"礼云礼云,玉帛云乎哉?乐云乐云,钟鼓云乎哉?"②礼乐,难道仅仅指的是玉帛和钟鼓吗?非也。礼乐外在美的形式,只是为了表达仁善的内容。形式是次要的,内容才是主要的。在孔子看来,礼乐这种外在的形式,是与主体人的内在的道德修养和行为的忠信仁义相一致的,只有具有道德理性自觉的仁人,其行为才能自觉合乎礼乐制度。从这个意义上说,礼乐制度的本质意蕴是仁,是善,是美好的德行。正如孔子所说:"人而不仁,如礼何?人而不仁,如乐何?"③无怪乎孔子面对"八佾舞于庭"的礼乐崩溃时,发出如此的感叹:"是可忍也,孰不可忍也!"④

三、小结

孔子的圣贤观,通过对"庸士君圣贤"五仪之划分而体现出"德性至上""匡时济世""言法天下"三大特征。遵从圣贤"德性至上"的特征,孔子首先将"为政以德"确定为其治道的根本原则;遵从圣贤"匡时济世"的抱负,孔子从正名正位、君臣有义、先富后教三方面规划出"重建周制"的政治主张;遵从圣贤"言法天下"的追求,孔子认为,治道应以"教化"为重,教化万方、政清人和,是治道的终极旨归。作为道统象征、中华民族道德和文化信仰核心的孔子,其圣贤观所体现出的治道思想,对后世影响巨大,也具有重大价值。

首先,孔子圣贤观所体现的儒家治道思想,是对上古时期圣贤思想的继承和嬗化,也是对儒家管理哲学的建构与创新。孔子在圣贤观与治道思想逐渐形成之中,通过自身立德立功立言的践行,通过与道、法、墨、阴阳、名、兵、农等诸学派的争鸣与交锋,将儒家管理哲学推到了一个新的历史高度,也为后世儒者寻求与俗世王权的对接,提供了理论根基。其次,孔子向往正名,是为了通过"正名"来"正实",实现合理的管理秩序。孔子提倡"礼乐",是为了追寻礼乐的价值本源:仁爱;这些思想的提出,体现了儒家管理

---

①　《孔子家语·辩乐解第三十五》,李承贵编:《孔子全景语录》,贵阳:孔学堂书局,2018年,第121页。

②　《论语·阳货》,杨逢彬:《论语新注新译》,北京:中华书局,2018年,第312页。

③　《论语·八佾》,杨逢彬:《论语新注新译》,北京:中华书局,2018年,第41页。

④　《论语·八佾》,杨逢彬:《论语新注新译》,北京:中华书局,2018年,第39页。

哲学注重对人的精神世界的探索，对管理道德修养方法的探索，以及注重人自己把握自我管理自我的管理哲学主体特征，构建了富有人文关怀的管理哲学体系，凸显管理的独立性和自主性，是人本主义管理学特征最集中的表现；再次，无论是作为国家政治管理价值取向层面的，还是作为社会精英阶层修身养性层面的，或是作为社会大众安身立命层面的，孔子及儒家的管理哲学，都"旨在通过一个更广泛的国家意境和宗法精神，形成由人内在人性认知向外在管理世界衍化、更始、有序的图式"[①]。与一切只能由工具理性主义的技术架构和符号体系来承担的西方工具理性管理学完全相反，儒学由内而外所体现出的柔性、坚韧的管理哲学，完全可以在现时代发挥重要作用。

然而，弊端也是非常显著的。首先，孔子基于对现实政治的失望而悬设唐虞，"祖述尧舜"又"宪章文武"，构造出先王先圣时期天下大同的盛世，主张效法古代圣贤明君的德治，这种理想层次而非现实层次的表述，后来被孟子总结为"法先王"的思想。这种思想在一定程度上体现出来"顺应天意、效法古人"的思想倾向，影响着中国文化朝着保守、封闭的路径前进，而缺少了西方文化中的怀疑精神和开拓进取性。其次，虽然儒家管理哲学在孔子这里，具有了一定的雏形，表现为强烈的人文主义的倾向，然而仍然停留在感官的、经验的层面，具有琐碎的、凌乱的、断裂的倾向，为后世学者不停发挥与揣摩留有了相当大的空间。换言之，就其整体逻辑结构分析，孔子及儒家的管理哲学，仍然只是一种源起学说，不具备对人与管理世界的直接参与和指导功能。再次，"为政以德"是孔子治道思想的出发点与归宿，按照他的设想，内在的道德通过修持和扩充，最终可以贯穿于人与世界之中，对道德理想主义的过分看重，必然会导致对自然科学和工具理性的漠视，并深刻影响到后世的学者，从而为中国管理哲学留下了巨大的学理上的缺陷。

---

① 刘云柏：《中国管理哲学——以儒家为视角》，上海：上海人民出版社，2016年，第2页。

范仲淹"圣贤"品格的哲学启示与传播价值

祝 涛 [①]

（中盐金坛盐化有限责任公司，江苏常州，213200）

摘要： 范仲淹深得历代好评，主要原因在于他继承了古圣先贤的道德品质，使人格理想因修身实践得以发扬光大。从内在来看，修身立德以成圣贤的哲学传统，激发出范仲淹志于良医、良相等"圣贤"追求；而正心修身通贤达圣的实践方略，砥砺出范仲淹先忧后乐等"圣贤"品格。从外在来看，由于社会历史认同与大众传播的交互机制，不断巩固了范仲淹"一世之师"的"圣贤"地位，因而王安石、朱元璋、印光大师、毛泽东等人都对其非常推崇。基于此，本文认为探究范仲淹"圣贤"品格的哲学启示与传播意义，具有明显的理论价值与现实意义。

关键词： 范仲淹；修身；圣贤；传播

中国文化历来倡导人们修身立德、学至圣贤，在正心修身、立德成圣的过程中，身处宋代文化融汇大潮的范仲淹，扬弃继承了儒、释、道等家的道德理念，并通过德行实践逐步砥砺成先忧后乐等"圣贤"品格。从此，其圣贤形象与道德行迹不断引发历代好评。王安石认为范仲淹是"一世之师……名节无疵"[②]。苏轼曾赞曰："出为名相，处为名贤"[③]，朱熹曾评价道："天地间

---

① 作者简介：祝涛（1987—），男，陕西安康人，中盐金坛盐化有限责任公司盐文化研究中心副主任，研究方向：中国哲学、盐文化、贤文化。

② （宋）王安石：《王文公文集》卷81，上海：上海人民出版社，1974年，第873页。

③ （宋）苏轼著；穆成、穆俦标点：《苏轼全集》，上海：上海古籍出版社，2000年，第379页。

气，第一流人物"。① 印光大师曾指出："世守先德，永久勿替者，唯苏州范家，为古今第一。"② 毛泽东主席认为："宋韩范并称，清曾左并称。然韩左办事之人也，范曾办事而兼传教之人也……"③

文化传统之所以能给人们带来先贤圣哲的教益，是因为"文化传统涵载着丰富的范畴和概念知识，同时也充溢着先贤圣哲的人生事迹。"④ "修身对个人来说是立身之本，对一个社会来说是为政之本。"⑤ 自修身立德的文化传统激发了范仲淹的"圣贤"追求后，中国哲学的各派理论启发了他的修身实践，促成其"圣贤"品格。而且，大众传播与社会认同的交互机制，不断巩固了范仲淹的"圣贤"地位。可以说，范仲淹"圣贤"品格的生成模式与其"圣贤"地位的巩固机制，蕴含丰富的哲学启示与传播价值。它能使社会民众认识到，人生只要积极立德修身，就有望养成贤良品行、引发世人好评、逐渐传出千古美名，这对促成世风改善与社会和谐裨益良多。

一、修身立德的哲学传统激发其"圣贤"追求

范仲淹的"圣贤"品格，首先得益于中国哲学的修身传统。"修身，是指通过学习、锻炼，提高和完善人格的全过程。"⑥ "有志于修身者，皆可以通过努力成为君子，甚至朝向圣贤的神圣境界。"⑦ 中国哲学各派提倡修身立德，主要有两方面的原因。一方面，因为人性存在许多缺陷，所以人们必须正心修身；另一方面，由于人是万物之最灵，因此人们应该志于通贤达圣。由于身处文化融汇大潮中的范仲淹，对中华文明的各家各派都曾博学深思过，因而修身成圣的文化传统，激发他自幼就对"圣贤"品格心生追求。

---

① （宋）范仲淹撰；李勇先、王蓉贵校点：《范仲淹全集》，成都：四川大学出版社，2007年，第1353页。

② 释印光著述、张景岗点校：《增广印光法师文钞》，北京：九州出版社，2012年，第208页。

③ 孙宝义、刘春增、郭桂兰：《毛泽东的读书人生》，北京：中央文献出版社，2001年，第111页。

④ 陆建猷：《文化传统的多重价值》，《西安交通大学学报（社会科学版）》2004年第1期。

⑤ 丁然：《传统文化论修身》，《社会科学战线》2017年第10期。

⑥ 栾贵川著：《孔子的修齐治平之道》，北京：社会科学文献出版社，2016年，第2页。

⑦ 顾炯：《儒家视域中的修身之道》，博士学位论文，华东师范大学哲学系，2011年，第114页。

（一）人性存在论视域中的修身缘由

中国文化极其强调"修身"，并且极富"修身"的思想和实践资源。[①] 早在先秦时期，《墨子. 非儒下》曾说到"远用偏施，近以修身……"[②]《老子·五十四章》认为："修之于身，其德乃真。"[③] 孔子曾提倡："修己以安人"[④]（《论语·宪问》），《大学》更是强调"修身为本"[⑤]。中国哲学的各家各派都重视修身的直接原因是，他们普遍认识到，人性存在缺陷。从人性存在论的角度来看，"人生在世，受各种物欲引诱，本来的善性在一天天变恶"[⑥]，于是正心修身很有必要。

如果一个人的人心充满动物性的私欲，其人性的良善良知便会泯灭，从而堕落为恶人，逐渐招致天怒人怨。正因为"人心惟危，道心惟微"[⑦]，所以《易经》主张"以恐惧修省……弥自修身。"[⑧] 周易认为："言行，君子之所以动天地，可不慎乎。"[⑨] 与之类似，《中庸》也倡导"君子戒慎乎其所不睹"[⑩]。这也正如康德的看法——"有两样东西，我们愈经常持久地加以思索，它们就愈使心灵充满日新月异、有加无已的敬畏：在我之上的星空和居我心中的道德法则。"[⑪] 可以说，正因人性存在缺陷，所以古今中外的哲人，都倡导正心修身。

对于人性的弱点，人心的缺陷，佛教曾指出："心之可畏，甚于毒蛇……当急挫之。"[⑫] 与之类似，道家也认为人心的私欲，会引发罪行和祸患。《道德经》指出："祸莫大于不知足，咎莫大于欲得。"[⑬]（《老子·第四十六章》）因为形体易受外界物欲影响，故而不得不修身。[⑭] 对此，范仲淹也曾说道："惧而

---

① 张再林：《中国古代哲学中的身心一体论》，《中州学刊》2011 年第 5 期。

② 吴毓江撰；孙启治点校：《墨子校注》，北京：中华书局，2008 年，第 431 页。

③ 饶尚宽译注：《老子》，北京：中华书局，2009 年，第 130 页。

④ 杨伯峻译注：《论语译注》，北京：中华书局，2012 年，第 156 页。

⑤ 王文锦译注：《大学中庸译注》，北京：中华书局，2008 年，第 2 页。

⑥ 韩星：《论儒家的身体观及其修身之道》，《哲学研究》2013 年第 3 期。

⑦ 陈襄民、葛培岭等注译：《五经四书全译·尚书》，郑州：中州古籍出版社，2000 年，第 311 页。

⑧ 黄寿祺、张善文著：《周易译注：最新增订版》，北京：中华书局，2016 年，第 378 页。

⑨ 黄寿祺、张善文著：《周易译注：最新增订版》，北京：中华书局，2016 年，第 378 页。

⑩ 王文锦译注：《大学中庸译注》，北京：中华书局，2008 年，第 14 页。

⑪ [德] 康德；韩水法译：《实践理性批判》，北京：商务印书馆，1999 年，第 177 页。

⑫ （姚秦）鸠摩罗什译：《佛垂般涅槃略说教诫经》，《大正藏》，第 12 册，经号 0389。

⑬ 饶尚宽译注：《老子》，北京：中华书局，2009 年，第 113 页。

⑭ 周叶君：《老子贵身论及其历史影响的解读》，《社会科学战线》2012 年第 8 期。

修德","圣之心也,盖惕惕而无灾"①。在他看来,既然生而为人这种复杂的动物,必须时刻心存恐惧、保持警惕,通过省察克制等方法,存养人性中的良善,修身立德以近圣贤。

(二)天道本体论视域中的修身依据

修身传统还关系到中国哲学的重要特色:天人合一的整体性思维模式。关于为何要修身立德,中华先民认为,天地养育万物,由于人是万物中最具灵性的存在,因而人们在生命历程中,应努力合于天道、参赞化育,做一个仰俯不愧于天地、言行无愧于心性的有德之人。对此,孔子曾说道:"天生德于予,恒魋其如予何。"②孟子曾指出:君子有三乐,而王天下不与存焉……仰不愧于天,二乐也……"(《孟子·尽心章句上》)③它认为无愧于天地的人生,才是富有乐趣的生存状态。

在儒学看来,立德修身不仅可使人与禽兽区别开来,而且能帮人领悟天道。孟子指出,身为天地间有别于禽兽的万物之灵,人应该自强不息地扩充恻隐心、羞恶心、恭敬心、是非心这些德性的四端,真切践行仁、义、礼、智的精神理念,如此便能知悉人性乃至天道的奥妙,是谓尽心知性以知天。这正如《周易·系辞》所言:"天地之大德曰生,圣人之大宝曰位。何以守位?曰仁。"④

可以说,天道的奥妙就在于天生地载、生生不息,与之相应,人道的奥秘也在于仁民爱物、厚德利生。为了达到此境,实现参赞化育、无愧天地的状态,儒家提倡尽心知性、存心养性的修身实践,佛教鼓励自利利人、福慧俱修的慈悲做法,道学发展出性命双修、与道相契的理论体系。对于中国哲学这种修身养性、安心立命之道,冯友兰曾予以经典评析:"在中国哲学中……最高成就是:个人和宇宙合而为一。"⑤可见,人生在世,有必要努力修身,以便达到"与天地合其德"⑥的境界。

---

① (宋)范仲淹撰;李勇先、王蓉贵校点:《范仲淹全集》,成都:四川大学出版社,2007年,第2页。

② 杨伯峻译注:《论语译注》,北京:中华书局,2012年,第71页。桓魋(音tuí),春秋时期宋国司马。

③ 杨伯峻译注:《孟子译注》,北京:中华书局,2013年,第285页。

④ 黄寿祺、张善文著:《周易译注:最新增订版》,北京:中华书局,2016年,第508页。

⑤ 冯友兰:《中国哲学简史》,北京:中华书局,2017年,第6页。

⑥ 黄寿祺、张善文著:《周易译注:最新增订版》,北京:中华书局,2016年,第19页。

（三）范仲淹对各家内圣思想的整合

可见，从消极的方面来说，由于人性存在缺陷，人们必须要夕惕若厉地正心修身。从积极的方面来看，由于人是万物之灵长，天道将生生不息的仁德赋予了人类，因而人们应该自强不息地修身立德。从人性与天道的视角，考察范仲淹的修身思想及实践可以发现，范仲淹的修身之道，不仅是夕惕若厉、恐惧修省、居安思危等忧患意识的直接体现，而且也是尽心知性、自强不息、厚德载物、参赞化育等奋进理念的鲜明反映。

一方面，范仲淹认识到，人唯有每天保持警惕的态度，坚持反省、修身才能远离祸患避凶趋吉。对此，他曾明确说道："君子之惧于心也……则百志弗违于道；惧于身也……百行弗罹于祸。"① 另一方面，范仲淹认为正心修身、厚德载物进而博施济众、利益世人，是符合天道的做法。对此他明确指出："修德以及民……合于天意。"② 在范仲淹看来，克制私心私欲，进而利益天下民众，是人契合天意、参赞天地化育的重要方式。

由于范仲淹身处三教融汇之世，因而他曾将儒、释、道文化中的修身动机予以汇通，并把儒、释、道文化的内圣理路做过整合。在其修身动机里，志于良医、良相的范仲淹既赞誉佛教："诸佛菩萨施广大慈悲力……使群魔三恶，不起于心"③，又认同道家"惟信道养性，浩然大同，斯为得矣"④。在其内圣理论中，不仅有"以百姓心为心"⑤的道家济世理念和"不以物喜，不以己悲"⑥的佛法无我精神，而且还蕴含有"德泽浃于民庶，仁声播于雅颂"⑦的儒家仁德思想。

---

① （宋）范仲淹撰；李勇先、王蓉贵校点：《范仲淹全集》，成都：四川大学出版社，2007年，第150页。

② （宋）范仲淹撰；李勇先、王蓉贵校点：《范仲淹全集》，成都：四川大学出版社，2007年，第21页。

③ （宋）范仲淹撰；李勇先、王蓉贵校点：《范仲淹全集》，成都：四川大学出版社，2007年，第506页。

④ （宋）范仲淹撰；李勇先、王蓉贵校点：《范仲淹全集》，成都：四川大学出版社，2007年，第699—700页。

⑤ 饶尚宽译注：《老子》，北京：中华书局，2009年，第119页。

⑥ （宋）范仲淹撰；李勇先、王蓉贵校点：《范仲淹全集》，成都：四川大学出版社，2007年，第491页。

⑦ （宋）范仲淹撰；李勇先、王蓉贵校点：《范仲淹全集》，成都：四川大学出版社，2007年，第21页。

二、道德修养的实践范式涵养其"圣贤"品格

儒家认为修身的最终归宿是成就圣贤人格，所以修身的核心问题是如何学为圣贤之道。[①] 由于范仲淹坚信"圣贤可至也"[②]，因而他在修身以成圣贤的活动中，探究过诸多方略。首先，他根据易学的乾健精神，整合了儒、释、道文化中的相关思想，致力于慎防私欲、自强不息。其次，在正心修身的过程中，范仲淹注重涵养坤厚品德。再次，由于实现立德、立功等理想需要有健康的身心，因而他强调形神兼修。正是这套修身范式，令范仲淹逐渐砥砺成先忧后乐等"圣贤"品格。

（一）效法乾健精神

在修身过程中，范仲淹重视从古代经典中学取经验，尤其是对于易经，他具有很高的造诣。《宋史·范仲淹传》曾记载："仲淹泛通《六经》，长于《易》。"[③] 可以说，正因为对易经非常精通，所以范仲淹修身立德的首要方法是：效仿发奋好学、自立自强的乾健之德。

1. 修志好学　自强不息

考察范仲淹的经历可知，在早年他曾树立过"不为良相，便为良医"的远大志向。他曾慷慨语其友曰："吾读书学道，要为宰辅，得时行道，可以活天下之命。时不我与，则当读黄帝书，深究医家奥旨，是亦可以活人也。"[④] 可以说，范仲淹树立远大志向、坚持刻苦求学的做法，高度契合易经乾卦所倡的自强不息精神。儒学认为"修身首在于立志，有了崇高的理想和志愿，才能催人奋进，奋发向上。"[⑤] 由于"志"在《论语》《孟子》《易传》等经典中出现过多次，范仲淹因此深受启发，于是虽然他早年贫苦，但却心生鸿鹄之志。

从佛学的观点来看，这种以良相、良医为志的乾健精神，契合佛教的菩

---

① 韩星：《论儒家的身体观及其修身之道》，《哲学研究》2013 年第 3 期。
② （宋）范公偁撰；张耒校点：《过庭录》新 1 版，北京：中华书局，1985 年，第 5 页。
③ （元）脱脱等撰：《宋史》，北京：中华书局，1977 年，第 10267 页。
④ （宋）范仲淹撰；李勇先、王蓉贵校点：《范仲淹全集》，成都：四川大学出版社，2007 年，第 1429 页。
⑤ 涂健：《孔子"修身"思想探讨》，硕士学位论文，武汉理工大学哲学系，2008 年，第 24 页。

提心、慈悲愿。佛学还认为："有愿力而无智慧，则成愚行。"① 范仲淹本人也深知，为相为医利泽生民的心愿，不能仅托之空言，更需要以渊博的学识和辛勤的实践为依托。于是，为了实现为相为医的乾健志向，范仲淹早年严格要求自己，坚持为学致知，不断提高自身修养，丰富自己的学识智慧。

中国文化认为学习乃修身立德之始，周易第一卦乾卦强调："君子学以聚之，问以辩之。"② 它认为君子通过学习积累知识，通过发问辨别疑难，可使修身活动更有成效。《论语》开篇也是提倡为学，而且道教和佛教的一些宗派，也鼓励人们博学多识，闻、思、修、证。出身官宦世家的范仲淹，深知为书致知对于修身养性的重要价值。为了励志求学专心读书，他于青少年时期，曾寄居继父家乡附近的长白山醴泉寺苦读，以断齑③画粥的清苦生活，磨炼出刻苦奋斗的品格，积淀起日渐渊博的学问。

2. 夕惕若厉 慎防私欲

范仲淹立德修身过程所蕴含的乾健之德，不仅体现在发心修志、好学致知的自强实践中，还彰显于潜心修学、夕惕若厉、慎防私欲的修养里。在范仲淹修学致知以实现远大志向的过程中，他曾远离家人到睢阳应天府南都学舍发愤苦读。于睢阳的五年苦修期间，范仲淹秉承夕惕若厉、慎独慎微等理念，以精进修学、攻苦食淡、防心离过、对治私欲等经历，充分彰显出他修身正心、自强不息的贤良品格。史载："留守有子居学，见公食粥及不出观驾，归告其父，以公厨食馈公……公谢曰'非不感厚意。盖食粥安之已久，今遽享盛馔，后日岂能咽此粥乎？'"④ 可见，早年贫寒的范仲淹深知人心缺陷：放纵心中欲望必会导致贪图享乐，于是他长期攻苦食淡，集中心思修学致知。为此，他谨记"终日乾乾，夕惕若，厉无咎"⑤ 的修身理念，努力保持俭朴习惯，谨防欲望膨胀。当获赠精美食物后，他毫不动心，置之不理，这说明，夕惕若厉、自强不息的范仲淹，融汇了慎独、折伏自心、抱朴寡欲等理念，致力于精进不辍的修身立德。

---

① 释星云著：《星云大师讲演集》第4集，《人间佛教的基本思想》，高雄：佛光文化，1996年，第31页。

② 黄寿祺、张善文著：《周易译注：最新增订版》，北京：中华书局，2016年，第17页。

③ 断齑（音 jī），细碎的腌菜。

④ （宋）范仲淹撰；李勇先、王蓉贵校点：《范仲淹全集》，成都：四川大学出版社，2007年，第868页。

⑤ 黄寿祺、张善文著：《周易译注：最新增订版》，北京：中华书局，2016年，第3页。

（二）涵养坤厚德性

在修身实践中，范仲淹还指出："诚而明之，中而和之，揖让乎圣贤……必大成于心。"① 可见，其立德修身的圣贤品格，不光蕴含有修志好学、夕惕若厉的乾健精神，还体现出见利思义、大成于心的坤厚美德。可以说，"内守朴忠，外修景行。进退惟道遵圣贤"② 的为官经历，充分彰显其见利思义心存厚道，日三省身谦虚低调的贤良风范。方健曾赞道："生活方式等方面，均体现了其儒学正宗的深厚积淀，又有融儒释道于一体的丰富多彩……迥出流辈不同凡响的高雅情操和洁身自好。"③

1. 公而忘私　仁厚朴实

自入仕为官以来，虽然范仲淹的生活条件获得改善，但他坚守朴素、持续修身、公正廉洁、勤政爱民。其为官生涯始终基于"公罪不可无，私罪不可有"④ 的原则行事，即使面对皇亲国戚，他也坚守刚正不阿、公而忘私的风格。就算是宦海风波中三起三落，跌落最深低谷时，他也未曾放弃："先天下之忧而忧，后天下之乐而乐"⑤ 的理念。而且在晚年，范仲淹曾教诫子孙，要他们谨记朴实仁厚、见利思患等道理。为此，他常以言传身教，提醒子孙要在修身过程中，心存朴实仁厚，常怀道义之乐。

> 人苟有道义之乐，形骸可外，况居室哉……吾之所患，在位高而艰退，不患退而无居也。⑥

可见，范仲淹高度推崇道义之乐，不追求自私狭隘的物质享受。《论语》曾指出："君子食无求饱……就有道而正焉。"⑦（《论语·学而》）儒家哲学认为，人在生活方面，可以像大地那样低调朴实，在精神方面，要注重内在德性的

---

① （宋）范仲淹撰；李勇先、王蓉贵校点：《范仲淹全集》，成都：四川大学出版社，2007年，第176页。

② （宋）范仲淹撰；李勇先、王蓉贵校点：《范仲淹全集》，成都：四川大学出版社，2007年，第388—389页。

③ 方健：《范仲淹评传》，南京：南京大学出版社，2001年，第102页。

④ （宋）晁说之撰：《晁氏客语》，长沙：岳麓书社，2005年，第153页。

⑤ （宋）范仲淹撰；李勇先、王蓉贵校点：《范仲淹全集》，成都：四川大学出版社，2007年，第492页。

⑥ （宋）范仲淹撰；李勇先、王蓉贵校点：《范仲淹全集》，成都：四川大学出版社，2007年，第1424页。

⑦ 杨伯峻译注：《论语译注》，北京：中华书局，2012年，第9页。

修养。心怀道义之乐的范仲淹，对此非常认同，他通过努力减少私心物欲，涵养朴实低调的坤厚品德。

2. 尊德乐义　谦恭自省

范仲淹的坤厚德性，还体现在无论穷达都尊德乐义、谦恭自省的生活习惯里。梳理范仲淹的生活经历可知，其厚道品德，早在青少年时期就已养成。在贫苦的求学生涯中，他曾多次面对意外之财，但他并没有起贪念。可以说，其修身功夫在早年就已达到穷不失义的高尚境界，明显的例证就是"窖金捐寺""退银还方"等事迹。而且其见利思义的修身功夫与尊德乐义的仁厚品质，还表现在其他很多方面。例如，每当别人请他撰写序文、碑铭时，他不取分文酬劳。

公为人作铭文，未尝受遗。後作范忠献铭，其子欲以金帛谢，拒之。乃献以所蓄书画，公悉不收，独留《道德经》而还。①

这证明范仲淹非常厚道，具有常人难以企及的高尚品格。孟子提倡："尊德乐义……穷不失义。"②（《孟子·尽心章句上》）结合范仲淹的修身经历来看，他正是用拒斥不义之富等标准指导自己的修身实践。在涵养坤厚品德的修身实践中，尤其值得一提的是，范仲淹不仅借鉴过易学的谨慎、内敛、谦逊等精神，而且重视践行儒学日省三身的理念。史载："公过夜就寝，即自计一日食饮奉养之费及所为之事……"③可见，在正心修身的过程中，范仲淹深知自省、厚德等理念的重要性。

（三）注重形神兼修

范仲淹旨在学为圣贤的修身范式，不光强调涵养心神，还兼顾调理色身。由于"形者神之质，神者形之用"④；因而志于良相、良医的范仲淹，深知立德、立功要有健康的身心。于是，他不光通过参禅、访道、行善、立诚等手段涵养心性品德，还借助操缦抚琴、气功导引等方法提高生命质量。正因综

---

① （宋）范仲淹撰；李勇先、王蓉贵校点：《范仲淹全集》，成都：四川大学出版社，2007年，第1563页。

② 杨伯峻译注：《孟子译注》，北京：中华书局，2013年，第281页。

③ （宋）范仲淹撰；李勇先、王蓉贵校点：《范仲淹全集》，成都：四川大学出版社，2007年，第1563页。

④ 王国轩编著：《范缜》，北京：中华书局，1984年，第216页。

合运用多种修身方法，所以其通贤达圣的修身活动获得形神兼顾、内外齐修的显著成效。

1. 积善成德　修心养性

在修身活动中，范仲淹非常重视对善心的涵养，因为他发觉儒、释、易、道各家，都倡导人们保持善良品性。孔子曾说："见善如不及，见不善如探汤。"①（《论语·季氏》）即使是坚称人性本恶的荀子，也认为："积善成德，而神明自得，圣心备焉。"②（《荀子·劝学》）此外，道家与佛学，也倡导人们以善修心。《老子》认为："善者，吾善之；不善者，吾亦善之。德善。"③佛教主张"诸恶不做，众善奉行"。

在中国哲学崇善思想的熏陶中，范仲淹的一生是不断以善念滋养心性的一生。一方面，于求学过程中，他继承孔孟思想，坚信保持善心的人，必定有美好前途，如其所言："清名善最即前途。"④另一方面，在日常生活里，他经常与儒、释、道各界的有德之士过从甚密。可以说，在以善修心的过程中，范仲淹不仅通过博学、慎思等环节来涵养善心，而且结合访贤、参禅、问道等活动来护持长养善念。

除了涵养善心外，范仲淹还践履善行。因为他深知光有善心还不足以确保修身有成，还必须将善心付诸行善实践中，使内在德性转化为外在德行。由于他坚信"君子之为善也，必享其吉"⑤，因而在日常生活中，范仲淹努力行善积德，多次扶危济困。可以说，范仲淹在修身实践中，不光经由博学明辨涵养善心，还结合访贤问道护持善念，并通过布施积德实践善行，以致形成高尚品行，受到古今称誉。

2. 借琴养生　学道养命

在调养身心的实践中，值得注意的是，范仲淹还喜欢通过操缦抚琴的方式，实现正心修身、养生悦神的功效。从其年谱可知，早在他16岁的景德元年（1004年），经由继父朱文翰的引荐，范仲淹曾拜著名琴师崔遵度为古琴蒙师，此后，范仲淹对古琴越来越喜爱。因为在他看来，操缦抚琴不仅可以

---

① 杨伯峻译注：《论语译注》，北京：中华书局，2012年，第175页。

② 北京大学《荀子》注释组注：《荀子新注》，北京：中华书局，1979年，第5页。

③ 饶尚宽译注：《老子》，北京：中华书局，2009年，第119页。

④ （宋）范仲淹撰；李勇先、王蓉贵校点：《范仲淹全集》，成都：四川大学出版社，2007年，第176页。

⑤ （宋）范仲淹撰；李勇先、王蓉贵校点：《范仲淹全集》，成都：四川大学出版社，2007年，第176页。

养德悦心，而且能养生悦神。① 关于学琴的经历，以及对琴道功能的理解，范仲淹曾说道："琴之道，大乎哉……清厉而弗静，其失也躁；和润而弗远，其失也佞。弗躁弗佞，然后君子，其中和之道欤！"②

可见，范仲淹认为古琴蕴含有大道，适宜君子用作修养身心的工具。孔子曾指出："立于礼，成于乐"。正如谢清果教授所分析的："礼乐协同运作……达到对人的教化，塑造一个具有德性的人格。"③ "乐可以改变人的性情和品行，从而促使个体从心灵深处培养其道德修养。"④ 他坚信蕴含儒家中和理念的琴乐，可以发挥出调心修身、怡情安神等养生功用。重视养生的范仲淹，除了借助琴道正心修身外，他还对道家的医学和导引术颇厚兴趣。他曾感慨："看《素问》一遍，则知人之生可贵也，气须甚平也，和自养也。"⑤ 在研究医学祛病修身的过程中，其医术不断进步，经常指导家人调养身体。

三、道德楷模的传播机制促成其"圣贤"地位

"由于生命的短暂、无常、脆弱，人们有一种追求永恒的精神需要。"⑥ 因为身处文化融汇大潮、学贯易儒道释的范仲淹，综合运用各种修身之道而砥砺成"圣贤"品格，所以，他不光体悟到孔子、颜回等人圣贤境界的大乐，还成为引发社会反响、广受民众传扬的贤良榜样。而社会认同与大众传播的交互作用，又使范仲淹的"圣贤"地位日益获得巩固。

1. 体悟圣贤大乐

儒学认为努力修身立德，每个人都可成长为圣贤。由于范仲淹"信古人之书，师古人之行"⑦，因此他高度重视正心修身，并逐渐体悟到孔子、颜回等圣贤境界的内圣之乐。早在少年时期，范仲淹的行为气象就与儒家圣贤"孔

---

① 祝涛：《古琴的养生哲学及其传播之道刍议》，《中华文化与传播研究》2018 年第 1 期。

② （宋）范仲淹撰；李勇先、王蓉贵校点：《范仲淹全集》，成都：四川大学出版社，2007 年，第 176 页。

③ 谢清果、林凯：《礼乐协同：华夏文明传播的范式及其功能展演》，《新闻与传播评论》2018 年第 6 期。

④ 余泳芳：《儒家"以乐修身"思想探微——解读〈礼记·乐记〉》，《船山学刊》2011 年第 3 期，第 91 页。

⑤ （宋）范仲淹撰；李勇先、王蓉贵校点：《范仲淹全集》，成都：四川大学出版社，2007 年，第 176 页。

⑥ 傅小凡：《重建家族与鬼神信仰——论朱熹的"理学鬼神观"及其实践意义》，《朱子学刊》2016 年第 2 期。

⑦ （宋）范仲淹撰；李勇先、王蓉贵校点：《范仲淹全集》，成都：四川大学出版社，2007 年，第 176 页。

颜之乐"的内圣境界相当契合。由于早年家境困窘,他为了励志求学,曾寄居长白山醴泉寺专心读书,并以清苦的生活磨炼意志。对此《东轩笔录》曾有记叙:

> 公与刘某同在长白山醴泉寺僧舍读书,日作粥一器,分为四块,早暮取二块,断齑数茎,入少盐以啖之,如此者三年。[①]

范仲淹这段经历,与颜回箪食瓢饮、怡然自得的境况非常相近。由于他深受儒学影响,并对"孔颜之乐"有切实的体悟,因而即使过着"断齑划粥"的清寒生活,他也毫不觉苦反而乐在其中。随后,范仲淹对内圣之乐的体悟逐渐深入,特别是于睢阳苦修期间,他在"瓢思颜子心还乐"[②]的诗文中,对颜回朴素的生活作风,表达出高度的欣赏。正因为对"孔颜之乐"有着深入的理解与真切的效仿,所以他能够以之为精神支柱,在艰苦环境中不断积累学问,并获得科举的成功。

2. 赢得千古贤名

在精勤修身的过程中,范仲淹不仅逐步体悟到孔颜内圣大乐,而且日渐成长为德行兼备的贤良榜样,这使他在生前收获大量的赞誉,在身后更是赢得流芳百世的美名。考察范仲淹的修身过程可以发现,他之所以能赢得千古美名,内在原因是:志于修身立德、济世利民的范仲淹,非常重视对声誉、名望的保护,并呼吁世人关注名节。在他看来,只有鼓励世人重视声名,才能引导世人正心修身,才能促进社会道德的提升。为了倡导世人修身,以获得贤名,其《近名论》说道:

> 我先王以名为教,使天下自勉……是圣贤之流无不涉乎名也…是圣人敦奖名教,以激劝天下。如取道家之言,不使近名,则岂复有忠臣烈士为国家之用哉![③]

《近名论》认为:如果一个人不爱惜名望声誉,那么他很可能会顺从自身

---

① (宋)范仲淹撰;李勇先、王蓉贵校点:《范仲淹全集》,成都:四川大学出版社,2007年,第870页。

② (宋)范仲淹撰;李勇先、王蓉贵校点:《范仲淹全集》,成都:四川大学出版社,2007年,第66页。

③ (宋)范仲淹撰;李勇先、王蓉贵校点:《范仲淹全集》,成都:四川大学出版社,2007年,第155页。

的私心私欲，疏于修身立德，以致无所顾忌地做出危害社会的事情。考察历史可知，范仲淹的《近名论》在宋代引发巨大的社会反响，而且他修身立德的成就，也使他成为当时的道德榜样。可以说，由于范仲淹以身作则，努力修身立德，逐渐带动社会风气的改观，因而社会舆论的认同，使他获得"圣贤"地位，大众传播的效果，更使他的"圣贤"地位得到不断的巩固。

结　语

综上可知，由于范仲淹在整合易、释、道、儒等家修身思想后形成高明的理论指导，因而他的修身实践卓有成效。对乾健理念、坤厚品德的领悟，令他成功以自强不息、厚德载物的精神担当了天地所要求的大任。[①] 其形神兼顾的修养范式，更为世人修身立德的实践，提供了优秀的示范。对于范仲淹，王安石赞其为"一世之师……名节无疵"[②]。毛泽东曾高度褒扬他为少有的"办事兼传教之人"[③]，可见范仲淹的修身成就极为殊胜，以致很多人将其评为难得的楷模式人物。身为享誉千古的历史名人，范仲淹可谓后人修身的榜样，特别是在当今时代，他的思想事迹对人们正心修身的实践，具有极大的指导作用。

由于在伦理社会中，道德修养具有比法律更根本、更重要的作用，是社会稳定和谐的基础。[④] 因而可以肯定的是，中国"修身"文化哲学，在改善现代人的生存境遇，提升现代人的境界方面具有积极作用。[⑤] 近年来，"以习近平同志为核心的党中央十分重视修身，把修身看作党员个人修养和治国理政的根本，为此决定在县处级以上领导干部中开展'三严三实'专题教育……首先是'严以修身'"[⑥]。很显然，在当前探究范仲淹修身之道的哲学启示，传播范仲淹"圣贤"品格的示范意义，不仅便于人们效法古圣先贤的内圣理念和道德行迹，而且有助于加速当前社会的道德文明建设。正如陆建猷先生所言："人类先辈所创造的文化之对后辈而言是传统文化，而人类后辈是在浸润

---

① 汤一介：《儒学的现代意义》，《江汉论坛》2007 年第 1 期。

② （宋）王安石：《王文公文集》，上海：上海人民出版社，1974 年，第 873 页。

③ 孙宝义、刘春增、郭桂兰：《毛泽东的读书人生》，中央文献出版社，2001，第 111 页。

④ 勾利军：《略论中国古代知识阶层的"修身"》，《河南师范大学学报（哲学社会科学版）》，1998 年第 6 期。

⑤ 牟丽平：《中国修身文化哲学的当代论域》，《求索》2013 年第 10 期。

⑥ 丁然：《传统文化论修身》，《社会科学战线》2017 年第 10 期。

先辈所创既有文化过程中实现自我教养的……理性地选择和发扬传统文化，克服自我时代局限而少留未来历史遗憾，才是现代人的真正高明之处。”①

①　陆建猷：《中华经典对现代人文理性培养的教益价值》，《西安交通大学学报（社会科学版）》2006 年第 6 期。

崇德尚才：儒家"人观"与王充的传播主体论

吉 峰①

（莆田学院文化与传播学院，福建莆田，351100）

摘要： 透过儒家传统上对于人的整体性认知，来理解王充传播主体人格层次以及传播主体素养境界。王充对传播主体人格层次的看法，实际上是承袭了儒家的思想，也与两汉的经学家们在此问题的认知上保持了一致。"立德"是"立功"与"立言"的基础，从孔孟到王充，都延续着这一量才标准。此外，王充主要从两个方面来规约传播主体的基本素养，其一为"德"，其二为"才"。他要求一个作家在"德"的方面，要以成德修身，建构人格的境界为目标。而对于"才"，他则认为传播主体要做到"博达疏通"，取诸家所长而成其才的境界。要能够在"博通"各类知识的基础之上做到"能用"，具体实践上就是要著书立说。这种思想其实也是先秦儒学家们就一直推崇的。

关键词： 儒家；王充；传播主体；人格；素养

引言

传播行为与人类一起产生和发展，传播意识也是自古就有。王充作为"后汉三贤"②之一，穷尽30年心血撰写《论衡》。他笔耕不辍、崇尚真理、不慕富贵、失位不恨、得官不欣。他身上那种不滞于物、不凝于心、恬静旷达、萧然意远的姿态，身体力行地诠释了一个传播主体应有的贤者形象。士是中

---

① 作者简介：吉峰（1980—），男，汉族，吉林人，博士，莆田学院文化与传播学院广告系主任，副教授，硕士研究生导师。研究方向：中国传统文化与文学传播研究。

② 东汉时期，王充与王符、仲长统三人并称"后汉三贤"，分别以《论衡》《潜夫论》与《昌言》流名于世。他们对东汉各个时期的文化、社会风气、经济、政治、学术等都有诸多批判与传播。

国古代文化和思想的主要传播主体，体现着社会良心与责任。

王充为士人确立了一种作为文化思想传播主体的使命感。其一，著书立说以去弊澄明，廓清社会风气；其二，发议政之风以匡时济俗，针砭时弊；其三，文以载道，宣扬施政治国之方略。王充《论衡》中对"德"与"才"有着独到的见解，对于"贤人"，也有着不流于俗的判定标准。他直接将传播主体"德行"的要求，又推上了一个更高的层次。在王充的观念中，"成德修身"是传播主体人格层次，"博达疏通"是传播主体人素养境界。王充在对如何完善传播主体方面，有着独特的认知。他崇德尚才的传播主体观念，是基于两汉经学的语境中所萌生，吸纳并发扬了儒家"人观"的思想。

"人观"一词多用于人类学科或是社会学科领域，主要强调对于人的整体性认知。简言之，就是"关于'人是什么'的观念及其相应的行为模式。不同文化不同视角得出的结论千差万别，人都只能从自己所在的视域出发来认识人，……不同时代观念塑造着不同的'人'之存在类型"[①]。透过儒家传统上对于人的整体性认知，来理解王充对传播主体人格层次与素养境界的规约。

一、"成德修身"的传播主体人格层次

传播主体的人格层次，指的是一个传播主体的内心思想以及外在的行为所呈现出来的一种状态，展示的是一个人的品质、待人接物的态度等综合素质。儒家自先秦时期开始，就十分重视对于传播主体个人修养的提升与塑造。儒家所秉持的基本"人观"，其外在的表现就是要求每个人都能够成为"君子"。"君子是儒家的道德典范，是五行和谐状态的外在表现，既有内在化的道德意识，又有外在具体的道德行为。君子之道就是人道、天道，从君子是人的角度来说，君子体现的是人道，但君子是人中的典范，是'五行和'的理想状态，所以，君子之道就是天道，是人们追求的最高道德目标。"[②]

儒者企慕自身能够以圣人的标准去修身、践行，无论是孔子所提倡的"仁"、"义"、"礼"，还是孟子所信守的"仁心"，抑或荀子在性恶论基础之上所强调的学习和后天教育的重要性。各家说法或许有所侧重，但在基本内容上都是在对个人德行修养的一种关照。备道而美身，成为儒者强烈的生命意

---

① 唐启翠：《儒家"人观"的当代启示——以〈礼记〉为中心的考察》，《社会科学家》，2011 年第 7 期，第 19 页。

② 唐启翠：《儒家"人观"的当代启示——以〈礼记〉为中心的考察》，《社会科学家》，2011 年第 7 期，第 33 页。

向。儒家一方面要劝导弟子修身养德,这也一直是儒家的一种自我神圣化的策略之一。"儒家是在继承西周文化的基础上来建构自己的学说的,商人尊鬼神,周人重德行,所以他们就抓住了一个'德'字来为自己的立法者角色确立合法性。"①儒家观念中,对于做人尚且制定了如此标准,那么对于传播主体而言,又当如何?王充所处的经学时代下,自上而下对于人的主体人格有着怎样的规约?

从东汉初年开始,汉光武帝就下令选拔人才入仕的标准为"四科"②。《后汉书·孝和孝殇帝记》中记载:"诏曰:'选举良才,为政之本。科别行能,必由乡曲。'"③从汉光武帝至和帝都强调的是四个衡量人才的标准。首先,是"德行";其次,是"才华";再次,是对于"法令"的熟知;最后,是侧重一个人的办事能力。东汉期间,官方以这几种尺度去评判一个人是否有机会得到任用。这种政治见识自然会影响到当时文人们的观念,因为"四科"辟士的前两条为"德"与"才",这也正是一个优秀的传播主体应当具备的基本素质。中国历代大多数的知识分子都会将仕途的成功与否,视为自身生命价值是否实现的一个重要标志。于是,自然就格外看重对于自身"德"与"才"两个方面素质的提升。之所以在经学时代对人才有这样的要求,归因于下述两点:

其一,从政治环境方面来看,汉代官方认同人对于"德行"的完善。从当时社会政治文化生活的角度而言,汉代政府选拔官吏的途径有很多渠道。除了"任子"这条途径是由祖上荫蔽和担保,其他的选官的主体如察举④、课试、征辟则都带有对于德行和个人才华的全面考量。

其二,从学术环境方面来看,儒家普遍认同文章创作和传播的前提是"修

---

① 李壮鹰、李青春:《中国古代文论教程》,北京:高等教育出版社,2005年版,第43页。

② 关于"四科"的官方记载是:"汉官仪曰:'建初八年十二月己未,诏书辟士四科:一曰德行高妙,志节清白;二曰经明行修,能任博士;三曰明晓法律,足以决疑,能案章覆问,文任御史;四曰刚毅多略,遭事不惑,明足照奸,勇足决断,才认三辅令。皆存孝悌清公之行。自今已后,审四科辟召,及刺史、二千石察举茂才尤异孝廉吏,务实校试以职。有非其人,不习曹事,正举者故不以实法。'"(范晔撰,李贤等注:《后汉书》,北京:中华书局,2005年版,第120页。)

③ 范晔撰,李贤等注:《后汉书》,北京:中华书局,2005年版,第120页。

④ 察举,其中包括了"茂才"(原作秀才,因避讳光武帝刘秀的名字而改称"茂才")、"孝廉"、"贤方正"以及"贤良文学"。"秀才"与"孝廉"并列而谈,成了东汉时期遴选人才的标准,足见当时对于一个人的"才"与"德"的重视程度。

德"。《易传·文言》曰："君主进德修业；忠信所以进德也；修辞立其诚，所以居业也；……将叛者其辞惭，中心疑者其辞枝，吉人之辞寡，躁人之辞多，诬善之人其辞游，失其守者其辞屈。"①孔子言明人的品性、人格对其文章言辞的深层次影响。人的心中一旦呈现背叛、疑惑、吉利、浮躁、诬陷、失节之情，反映在其言辞、文辞之中就会出现惭愧、支支吾吾、少言、话少抑或是话多，或是言辞游移，或是语气软弱而不强硬的现象。推及这些东西表现在文章上的情状，应该也是极为明显的。

传播主体的心态、德行等修养，足以使其创作和传播出的信息呈现出不同层次和境界。而透过一个人的文本，读者很容易大致判断出作者的素质。孔子对于立言提出："有德者必有言。"（《论语·宪问》）②在孔子心中，立"言"的前提是要立"德"。"德"是儒家所信奉的人格理想要素，是儒门中历代学者向弟子们所传授的基本内容之一，其内涵大致可概括为"仁""义""礼""智""孝""悌""忠""信"。当然还包括如："宽""敏""恭"等儒家代表性思想，这些都可以被视为儒家基本的"人观"。譬如《论语》一书中，仅"仁"字就出现了106次、"恭"出现13次、"敏"字出现9次、"宽"出现过4次。"君子"一词，出现了107次。《周易》《尚书》中多次出现"君子"一词，可见，一个人的道德建设是儒家传统文化的制高点与聚焦点。做好人，是儒家安身立命的根基，自然也是传播主体的首要条件。

《论语·泰伯》曰："兴于《诗》，立于礼，成于乐。"③孔子谈及做人的道德修养问题时强调个体向善求仁，立足于经书文本，再以"礼"实现人格的自立，在文艺的熏陶之下，从感性认知层面深化至理性认知层面，最后达到完善最高人格的目的。《论语·卫灵公》又言："君子义以为质，礼以行之，孙以出之，信以成之。君子哉！"④行事要求符合道义，实行起来要根据儒家的礼节，言辞上要显得谨慎谦虚，做事做人要讲求诚信。如此一来，方可称为"君子"。这些皆是围绕着塑造一个人的德行修养而开展的。当然，其中也能体味出儒家对于传播主体人格层次的要求，企望塑造出德行出众的作家。足见，儒家对于成德修身的重视。

---

① 张少康、卢永璘：《先秦两汉文论选》，北京：人民文学出版社，1999年版，第158、169页。

② 杨伯峻译注：《论语译注》，北京：中华书局，2006年版，第164页。

③ 杨伯峻译注：《论语译注》，北京：中华书局，2006年版，第93页。

④ 杨伯峻译注：《论语译注》，北京：中华书局，2006年版，第187页。

　　儒家自孔子开始，就将君子的最低标准定位为有"德"之人，也就是说，先要做一个好人，这是成为传播主体的基本前提。在这个基础之上，再勤学苦练，传承先圣的文化，如此，才算得是一个真正意义上的儒家君子，也才算得上是合格的传播主体。经书、经传中随处可见相关的言论，足以用于佐证其观点，譬如《乐记》中也有不少修身以养德的言论。① 在儒家看来，一切舞乐辞歌，皆是传播主体自我修身的绝佳手段。传播主体个体的意志可以通过诗歌的刺激来感发，使得自身求仁向善的本质得到自觉的升华。在音乐的熏陶之下，实现传播主体对于人格的完善，促成最高人格的顺利养成。孔子在教导其子孔鲤时又言："女为《周南》、《召南》矣乎？人而不为《周南》、《召南》，其犹正墙面而立也与？"② 作为《诗经》中开篇的两部篇名，孔子凸显了经书文本对人品性修养的作用，以"面墙而立"来巧妙地比喻其对于个人成长的重要性。

　　两汉的经学家们继续承袭了儒家的这种传播主体论，譬如经学家陆贾以儒家"仁""礼"之说作为其理论的主体，建构了一套"治道"的思想作为自己的学说基础。在《新语·怀虑》中，陆贾提倡作家要学经书以存仁义之道，敬圣贤，以尊先王之法。此外，在《新语》一书中，还有《慎微》《道基》《本行》《术事》四篇文章也特意提到了对于个人德行修养的论述。陆贾有言："夫谋事不并仁义者后必败，殖不固本而立高基者后必崩。故圣人防乱以经艺，工正曲以准绳。德盛者威广，力盛者骄众。"（《新语·道基》）又言："事以类相从，声以音相应，道唱而德和，仁立而义兴。"（《新语·术事》）③ 陆贾的这些表述都对一个人的修养给予了评价。那么，作为一个人而言，如何在世上安身立命，被世人认可呢？陆贾在《新语·本行》中强调一条认知标准，那就是："治以道德为上，行以仁义为本。故尊于位而无德者绌，富于财而无义者刑，贱而好德者尊，贫而有义者荣。"④ 在《新语·慎微》中，陆贾再

————————

　　① 《乐记·乐本》曰："乐者，音之所由生也；其本在人心之感于物也。是故其哀心感者，其声噍以杀；其乐心感者，其声啴以缓；其喜心感者，其声发以散；其怒心感者，其声粗以厉；其敬心感者，其声直以廉；其爱心感者，其声和以柔：六者非性也，感于物而后动。是故先王慎所以感之者。故礼以道其志，乐以和其声，政以一其行，刑以防其奸：礼、乐、政、刑，其极一也，所以同民心而出治道也。"（详见张少康、卢永璘：《先秦两汉文论选》，北京：人民文学出版社，1999年，第260页。）

　　② 杨伯峻译注：《论语译注》，北京：中华书局，2006年版，第208、209页。

　　③ 张少康、卢永璘：《先秦两汉文论选》，北京：人民文学出版社，1999年版，第290—292页。

　　④ 张少康、卢永璘：《先秦两汉文论选》，北京：人民文学出版社，1999年版，第294页。

次强调修德对于作家的重要性。①

又如著名今文经学家韩婴在《韩诗外传》中也提及了传播主体的修养问题。他说："就仁去不仁，则民之心悦矣；三者存乎心，虽不在位，谓之素行。故中心好善，而日新之，则独居乐德，德充而形。"②此处的"仁""善""德"都是个人修养素质的重要品质。贾谊在承袭儒家思想的同时，继而提出了"德"化的思想。③就连黄老思想集成的《淮南子》一书，在经学文化的影响下，也常常站在儒学的立场上，以儒家的价值观去思考问题。"④可见，儒家的仁义之学对两汉文人的影响之大。

综上，两汉文人们普遍认同个人修养问题。王充注意到了传播主体的人格层次与传播内容之间的相辅相成。他在关于传播主体文德方面的论述，主要锁定在《书解篇》《定贤篇》两篇文章之中。《论衡·非韩篇》中还涉及儒生在世对于礼仪的重视，也可以被视为对于儒家修身养德方面的关注。"礼义至重，不可失也；故礼义在身，身未必肥；而礼义去身，身未必瘠而化衰；以谓有益，礼义不如饮食。"⑤王充在这段话中凸显了儒家礼义对于一个人的重要程度，强调须臾不能离开。在对人进德修身的重要性加以肯定之后，又对传播主体的人格塑造进行了阐述。《论衡·书解篇》言："夫文德，世服也；空书为文，实行为德，著之于衣为服；故曰：德弥盛者人（文）弥缛，德弥

---

① "是以君子居乱世，则合道德，采微善，绝纤恶，修父子之礼，以及君臣之序，乃天地之信道，圣人之所不失也。故隐之则为道，布之则为文，诗在心为志，出口为辞，矫以雅僻，砥砺钝才，雕琢文彩，抑定狐疑，通塞理顺，分别然否，而情得以利，而性得以治，绵绵漠漠，以道制之，察之无兆，遁之恢恢，不见其行，不睹其仁，湛然未悟，久之乃殊，论思天地，动应枢机，俯仰进退，与道为依，藏之于身，优游待时。故道无废而不兴，器无毁而不治。孔子曰：'有至德要道以顺天下。'言德行而其下顺之矣。"（张少康、卢永璘：《先秦两汉文论选》，北京：人民文学出版社，1999 年版，第 294 页。）

② 张少康、卢永璘：《先秦两汉文论选》，北京：人民文学出版社，1999 年版，第 335、336 页。

③ 贾谊认为："德有六理，何谓六理？道、德、性、神、明、命，此六者德之理也；六理无不生也，已生而六理存乎所生之内；是以阴阳、天地、人尽以六理为内度，内度成业，故谓之六法；六法藏内，变流而外遂，外遂六术，故谓之六行；是以阴阳各有六月之节，而天地有六合之事，人有仁义礼智信之行；行和则乐兴，乐兴则六，此之谓六行。阴阳天地之动也，不失六行，故能合六法；人谨修六行，则亦可以合六法矣。"（贾谊：《新书校注》，北京：中华书局，2000 年版，第 316 页。）

④ 《淮南子·泰族训》曰："故仁义者，治之本也。今不止事修其本，而务治其末，是释其根而灌其枝也。且法之生也，以辅仁义。今重法而弃义，是贵其冠履而忘其头足也。故仁义者为厚基者也。不益其厚而张其广者毁，不广其基而增其高者履。"（陈广忠译注：《淮南子》，北京：中华书局，2012 年版，第 1227 页。）

⑤ 黄晖：《论衡校释》，北京：中华书局，1990 年版，第 432 页。

彰者人弥明；大人德扩其文炳；小人德炽其文斑，官尊而文繁，德高而文积。"① 这段话直接言明一个传播主体的德行修养对于其传播内容的创作有着举足轻重的作用，德行愈加高尚，对其传播内容的品位和内涵的提升与丰富就会大有裨益。《论衡·定贤篇》中，"贤"字出现了83处之多，王充对传播主体的操守德行是极为重视的，所划定的层次更是有着较高的标准。

　　王充传播主体论形成的理论基础也自然是建立在儒家相关问题的基本认知上的。他与同时代的文人们一样，都受这种观点的影响。不同之处在于，王充将此观点进一步深化，甚至提出了他自己眼中"贤人"的标准。可以说，王充将传播主体"德行"的要求，又推上了一个更高的层次。他重视传播主体的内心因素，在《论衡·定贤篇》中，他列举了二十条世人眼中的"贤人"之标准，然后逐一反驳。如下表：②

表1　关于"贤人"标准

世人与王充眼中的"贤人"标准	具体内容
世人眼中的"贤人"	1. 官高身富；2. 事君寡过；3. 得朝廷选拔；4. 善人称，恶人毁；5. 宾客云集；6. 得民心，被歌颂；7. 任职有成效；8. 孝其父，敬其兄；9. 免遭伤害与杀戮刑罚；10. 舍大位，弃富贵；11. 远俗避世；12. 不欲仕宦；13. 不废礼节 14. 聚徒讲经；15. 通览古今传记；16. 有御众、将兵、使诈之才；17. 善辩；18. 口才棒，文笔佳；19. 擅写赋颂；20. 志高身洁。
王充眼中的"贤人"	"若此，何时可知乎？然而必欲知之，观善心也；夫贤者，才能未必高也而心明，智力未必多而举是；何以观心？必以言；有善心，则有善言；以言而察行，有善言则有善行矣；言行无非，治家亲戚有伦，治国则尊卑有序；无善心者，白黑不分，善恶同伦，政治错乱，法度失平；故心善，无不善也；心不善，无能善；心善则能辩然否；然否之义定，心善之效明，虽贫贱困穷，功不成而效不立，犹为贤矣。"①

　　《论衡·定贤篇》中王充提出"观善心"，精心著文之人在王充看来是理想的文人，通过其文，来考察其心善与否。可见，王充对传播主体人格境界

---

①　黄晖：《论衡校释》，北京：中华书局，1990年版，第1149页。
②　黄晖：《论衡校释》，北京：中华书局，1990年版，第1119、1120页。

的要求非常高。

二、"博达疏通"的传播主体素养境界

王充对于传播主体素养境界的要求，是否也是基于儒家传统而提出的呢？纵观两汉其他经学家、文论家，他们是否也有此追求呢？王充又在经学视野之中，提出了怎样独特的观点呢？带着这些问题去思考，才能更清楚地了解王充的传播主体修养思想。此处兼有两个层含义：第一，肯定传播主体的"才力"；第二，鼓励文人要做到"博通能用"，要以"知"为力并体现在能够著书立说上。

其一，是对于传播主体的"才力"①的肯定。在王充看来，一个传播主体的才情天赋是直接影响其成功与否的重要因素。才情不充足之人，即便是勉强为之也是徒劳。力不足，则事不成。才不足，则文不兴。《论衡·程材篇》曰："材不自能则须助，须助则待劲；官之立佐，为力不足也；吏之取能，为材不及也；日之照幽，不须灯烛；贲、育当敌，不待辅佐。使将相知力，若日之照幽，贲、育之难敌，则文吏之能无所用也；病作而医用，祸起而巫使；如自能案方和药，入室求祟，则医不售而巫不进矣；桥梁之设也，足不能越沟也；车马之用也，走不能追远也；足能越沟，走能追远，则桥梁不设，车马不用矣；天地事物，人所重敬，皆力劣知极，须仰以给足者也。"②《论衡·效力篇》又言："夫壮士力多者，扛鼎揭旗；儒生力多者，博达疏通；故博达疏通，儒生之力也；举重拔坚，壮士之力也。"③这是从文吏与儒生的角度，去谈一个人才情的重要性。才华出众者，就像体力充沛身体健硕的壮士一样，自然能够担负起更多的负重。

王充认为谷子云、唐子高、孔子等人就属于这样才力充沛，文采斐然的文人。"谷子云、唐子高章奏百上，笔有余力，极言不讳，文不折乏，非夫才知之人不能为也；孔子，周世多力之人也，作《春秋》，删五经，秘书微文，无所不定；山大者云多，泰山不崇朝辨（辨）雨天下；夫然则贤者有云雨之

---

①　1986年，学者王举忠撰文《"人有知学则有力矣"——王充论"知识就是力量"》。1994年，更有学者直接提出《"知识就是力量"是王充提出来的》。再如王芹《试论王充与培根的科学精神》（2003）；余双人《王充、培根和"知识就是力量"》（2008）。不过，笔者认为王充强调的"才力"还是偏重指天赋的层面。传播主体在具备一定天赋的基础之上，广泛地拓展知识面才有意义。否则，空有零碎的知识，也没有能力去灵活地运用也是枉然。

②　黄晖：《论衡校释》，北京：中华书局，1990年版，第535页。

③　黄晖：《论衡校释》，北京：中华书局，1990年版，第579页。

知，故其吐文万牒以上，可谓多力矣。"（《论衡·效力篇》）①王充本人就是在尊儒的基础之上，极为博通的。他以儒家的经书文本作为立足点，却又并不局限于儒学内部，还广泛吸纳了儒家之外其他学派的学说和知识。在博采众长的基础之上，形成了自己独具特色的学术概貌。邓红说："王充的思想相当杂乱，古来才被人称之为'杂家'（四库提要），也可以称之为'全才'。之所以叫'杂家'，是因为他的思想非常杂乱；说'全才'，是说他的思想非常全面。"②

若是出现传播主体才力不足的情况，不仅仅其文不兴，勉强创作甚至对于传播主体自身也是不利的。《论衡·效力篇》径言："世称力者，常褒乌获，然则董仲舒、扬子云，文之乌获也；秦武王与孟说举鼎不任，绝脉而死；少文之人，与董仲舒等涌胸中之思，必将不任，有绝脉之变；王莽之时，省五经章句，皆为二十万，博士弟子郭路（略）夜定旧说，死于烛下，精思不任，绝脉（脉绝）气灭也；颜氏之子，已曾驰过孔子于涂矣，劣倦罢极，发白齿落；夫以庶几之材，犹有仆顿之祸，孔子力优，颜渊不任也；才力不相如，则其知思（惠）不相及也；勉自什伯，鬲中呕血，失魂狂乱，遂至气绝；书五行之牍，书十奏之记，其才劣者，笔墨之力尤难，况乃连句结章，篇至十百哉！力独多矣！"③足见，对于一个传播主体而言，"才力"充沛是非常必要的。胸中有才华，才有可能具备余力去传播更多的东西。

《汉书》中《古今人表》是专论人才的。在班固看来，人的才性是具有品级划分的，大致可分为九品。品级愈高，则能力愈强。此处虽是侧重论用人的方面，但也可以推知班固对作家才性的认识。连今文经学家董仲舒也有"性三品"之说，将人分为三品，认为人有"圣人之性""中民之性"以及"斗筲之性"。董仲舒虽未言明"才力"问题，然而实际上却是将人按照才力略做了区分。正因为如此，王充才直言："智能满胸之人，宜在王阙，须三寸之舌，一尺之笔，然后自动，不能自进，进之又不能自安，须人能动，待人能安。"（《论衡·效力篇》）④《论衡·书解篇》又言："嚚顽之人有幽室之思，虽无忧，不能著一字。盖人才有能，无有不暇。有无材而不能思，无有知而不能著；

---

① 黄晖：《论衡校释》，北京：中华书局，1990年版，第582页。
② 邓红：《王充新八论续编》，北京：中国社会科学出版社，2007年版，264页。
③ 黄晖：《论衡校释》，北京：中华书局，1990年版，第582、583页。
④ 黄晖：《论衡校释》，北京：中华书局，1990年版，第584、585页。

有鸿材欲作而无起，细知以问而能记。"① 以王充来看，缺乏才华之人，纵然是无忧无虑地置身于幽静之处，对于其文学创作而言也是枉然，不会起到太大的帮助。才华之事，与是否空闲，环境是否幽静都没有多大的关系，主要仍是强调一个"才力"的问题。文章由才力催动出来。才力不足，其文难成。

王充言："阳成子长作《乐经》，杨子云作《太玄经》，造于助思，极眇冥之深，非庶几之才，不能成也。孔子作《春秋》，二子作两经，所谓卓尔蹈孔子之迹，鸿茂参贰圣之才者也。"（《论衡·超奇篇》）② 像是曾补了《史记》并作《乐经》的阳成子长，还有撰写体裁类似《周易》的《太玄经》作者扬雄，这种人就是王充眼中那种才华横溢天赋异禀的传播主体。否则，是绝不会有能力写出如此穷尽真知灼见的作品的。正所谓："书疏文义，夺于肝心，非徒博览者所能造，习熟者所能为也。"（《论衡·超奇篇》）③ 通览群书腹藏锦绣之人，内心才会涌动出真知灼见，写出触动人心的文学作品。王充所推崇的这类人，恰似暗合了董仲舒将人文分类中所言的具备"圣人之性"的那一部分人。极具"才力"，鸿茂高蹈之作家。具备了一定的"才力"之后还要注意什么呢？

其二，即是讲要鼓励作家博通能用。儒家鼓励弟子广泛地求知，滋养自身的才情，用以丰腴笔端。"人是社会的人，人的社会性决定后人必须继承借鉴前人积累的物质财富和精神财富，才能继往开来，发展前进。"④ 王充将目光投向了儒学之士。"道达广博者，孔子之徒也。"（《论衡·别通篇》）⑤ 统观两汉时期，不乏饱学之士。尤其在东汉年间，博学之人被世人羡慕和推崇。以通为贵，学贯古今之士在东汉的文人中并非稀罕。仅粗略梳理《后汉书》，便可发觉东汉文人由"博"而"通"的治学痕迹。略举几例，详见下表：

表 2　东汉文人的"博""通"程度

大儒、经学家	博通的程度
桓谭	五经烂熟于心，兼通诸子，擅长文学，精通音乐。
刘昆	精通仪礼，多才艺。善音律，能弹琴。

① 黄晖：《论衡校释》，北京：中华书局，1990 年版，第 1154 页。
② 黄晖：《论衡校释》，北京：中华书局，1990 年版，第 608 页。
③ 黄晖：《论衡校释》，北京：中华书局，1990 年版，第 612 页。
④ 刘霄：《王充学习心理思想》，《南都学刊》2007 年第 5 期，第 18 页。
⑤ 黄晖：《论衡校释》，北京：中华书局，1990 年版，第 596 页。

续表

大儒、经学家	博通的程度
杜林	后世誉为"小学之宗"，通儒。精通古文尚书。多闻强识。
袁闳	饱览群书，通六艺。
尹敏	博通经记，精通毛诗、左氏春秋等。
董钧	博通古今，世人称其为"通儒"
程曾	通五经，著书百多篇。
张玄	兼通数家，精通经书。
胡广	通晓古今各种术艺，五经皆通。
李育	堪称通儒，观览群书，对古学多有涉猎，曾经以《公羊》义难贾逵。
贾逵	通《谷梁》之学，擅长古学，撰写百万余言。
颖容	博学通达，擅长《春秋左传》。
张衡	六艺贯明，通晓五经。
刘宽少	通儒，擅长算历、风角、星官等，特别是对《韩诗外传》《京氏易》《欧阳尚书》等典籍颇有钻研。
许慎	通晓经籍。
蔡玄	学贯五经。
崔骃	通晓古今的百家之言，擅于撰写文章。
蔡琰	辩才出众，博学多通，擅长音律。
班固	敢于突破家法师法，并不囿于古今文之争的学术壁垒。九流百家，无一不涉猎贯通。清代学者范家相就曾发现班固在撰写《白虎通》时，对齐诗、鲁诗、韩诗、毛诗这四家诗均有引述，可见其涉猎之广博。

此外，周举、蔡襄、刘丕等人皆在范晔的《后汉书》中被褒其博学，并且皆有传世之作。饱学之风在整个两汉时期都是普遍现象。[①] 概想可见，"博学通达"在经学昌盛的东汉时代，是备受学界推崇的一种基本素质。王充在此基础之上，进一步提倡传播主体应当广博地吸收诸家之所长，最大范围的

---

① 侯文学教授曾做如下阐发："务求博览与对学力素养和知识储备要求较高的散体赋的创作有相通之处；汉代散体赋尚奇、尚博，博览经书无疑可以满足传播主体此一方面的兴趣；即以汉代作家常引的《诗经》为例，据《毛诗类释》统计，其中出现谷物 24 种，蔬菜 38 种，药物 17 种，草类 37 种，花果 15 种，树木 43 种，鸟类 43 种，兽类 40 种，马的异名 27 种，虫类 37 种，鱼类 16 种；如果我们从文学天性的角度考察，便会明白两汉传播主体何以往往表现出经学博通的特征了。"（侯文学：《对汉代作家教育情况的考察——以探讨汉代经学与文学的关系为目的》，《贵州社会科学》，2010 年第 7 期，第 121 页。）

搜集并积累丰富的写作素材。博览古今之事，精通圣贤之言。

王充自己也是这样磨炼出来的。年轻时期的王充在太学读书期间接受了系统的儒学高等教育，充分浸润在经学之中。他有机会得以观百家、访名士，观摩各种儒家礼仪，充分浸润于经学的氛围之中，助其见识日益广博。而身在京都洛阳，王充也自然有机会接触到大量的文献典籍。他游走于洛阳市肆，遍览百家学术之精要。凭借过目不忘的超强记忆力，他渐渐把自己打造成一个学殖渊茂的青年学者，融贯诸子之学问。正是因为王充从不局限知识的吸纳范围，于是，才有了能俯览天下学问的气度和实力。他在《论衡》中对百家九流的思想都有自己独到的审视和论断，以求实博大的学术风范去理解世间百态。在太学求知的这段日子里，他接触到了很多前辈学者以及当世学者的学问。

这对于传播主体而言，是极为重要的素质培养。什么样的人是具有广博见识的呢？《论衡·量知篇》曰：“夫人之不学，犹谷未成粟，米未为饭也；知心乱少，犹食腥谷，气伤人也；学士简练于学，成熟于师，身之有益，犹谷成饭，食之生肌腴也；铜锡未采，在众石之间，工师凿掘，炉橐铸铄，乃成器。”[1]传播主体的眼光要上下通达，留意古今。无论是治世的方法，抑或庸常的言论，传播主体都应该甜咸杂进，广泛地汲取，积累丰富的写作素材。“圣人之言，贤者之语，上自黄帝，下至秦、汉，治国肥家之术，刺世讥俗之言，备矣。使人通明博见，其为可荣，非徒缣布丝绵也。萧何入秦，收拾文书，汉所以能制九州者，文书之力也。”（《论衡·别通篇》）[2]灵感的触及不能仅仅把自己限制于小范围的求知，要处处留心，最广泛领域的去接触不同层面的知识，如此，灵感才会在潜意识之中积极地工作。恰如朱光潜所言：“凡是艺术家都不宜只在本行小范围之内用工夫，须处处留心玩索，才有深厚的修养。”[3]

王充继而又提出，传播主体在吸纳了各种知识和才艺之后，还要将这些内化进头脑中的东西再外化出来，具体表现在以“知”为力并体现在能够著书立说上。《论衡·超奇篇》曰：“杼其义旨，损益其文句，而以上书奏记，或兴论立说，结连篇章者，文人、鸿儒也。好学勤力，博闻强识，世间多有；著书表文，论说古今，万不耐一。然则著书表文，博能所能用之者也。入山

---

[1] 黄晖：《论衡校释》，北京：中华书局，1990年版，第551页。
[2] 黄晖：《论衡校释》，北京：中华书局，1990年版，第591页。
[3] 朱光潜：《谈美》，北京：新星出版社，2015年版，第124页。

见木，长短无所不知；入野见草，大小无所不识。然而不能伐木以作室屋，采草以和方药，此知草木所不能用也。"① 在《论衡·超奇篇》中，王充将学者分成了四类，即"儒生""通人""文人"以及"鸿儒"。② 在他的概念里，能对一经精熟的就可以称之为儒生。儒生之力在于能够解说一经，至少在王充眼中，这并不是很难于做到的，就自然没有太大稀罕。"书亦为本，经亦为末，末失事实，本得道质，折累二者，孰为玉屑？知屋漏者在宇下，知政失者在草野，知经误者在诸子。诸子尺书，文明实是。说章句者，终不求解扣明，师师相传，初为章句者，非通览之人也。"（《论衡·书解篇》）③ 如果是不求甚解地解读并传播古人的思想，那便更是不足以取。

倘若能够做到博古通今的人，便是"通人"了。"文章炫耀，黼黻华虫，山龙日月；学士有文章之学，犹丝帛之有五色之巧也；本质不能相过，学业积聚，超逾多矣。"（《论衡·量知篇》）④ 其实，学者若能做到了"通人"的境地已然难得。《论衡·别通篇》曰："夫经艺传书，人当览之，犹社当通气于天地也；故人之不通览者，薄社之类也。是故气不通者，强壮之人死，荣华之物枯。"⑤ 王充对通人也是十分赞赏的。《论衡·别通篇》再言："学士之才，农夫之力，一也；能多种谷，谓之上农，能博学问，（不）谓之上儒，是称牛之服重，不誉马速也；誉手毁足，孰谓之慧矣？"⑥ 但是，仅仅做到通晓广泛的知识也绝非最佳。因为一个足够勤奋的人若是想做到博学通达是有希望的，绝非常人无法企及的事情。《论衡·定贤篇》中便言："才高好事，勤学不舍，若专成之苗裔，有世祖遗文，得成其篇业，观览讽诵。若典官文书，若太史公及刘子政之徒，有主领书记之职，则有博览通达之名矣。"⑦ 王充认为只要在身边文献充足的条件下，个人再做到勤奋求学，观览不辍，便足以实现其学识上"通"的境界。

当然，在王充的眼中，优秀的传播主体成为一个"通人"仍未达极致。王充进一步以"功用"的角度为学者们提出了更高的追求目标，即要做到"能

---

① 黄晖：《论衡校释》，北京：中华书局，1990 年版，第 606 页。
② 王充是从创作的角度在儒学弟子内部进行重新划分，这是为了适应新的社会变化而做出的反应。荀子也曾经为了适应社会政治体制的变化，在儒家内部做了一个划分。《荀子·儒效篇》将儒家分成了"雅儒""俗儒""大儒""贱儒"。
③ 黄晖：《论衡校释》，北京：中华书局，1990 年版，第 1160 页。
④ 黄晖：《论衡校释》，北京：中华书局，1990 年版，第 550 页。
⑤ 黄晖：《论衡校释》，北京：中华书局，1990 年版，第 594 页。
⑥ 黄晖：《论衡校释》，北京：中华书局，1990 年版，第 594、595 页。
⑦ 黄晖：《论衡校释》，北京：中华书局，1990 年版，第 1115 页。

用"。能够上书奏记，陈说施政得失者，堪当"文人"的称呼。而最高级别的便是"鸿儒"，所谓"鸿儒"即是那些极少数能做到对事物精思熟虑，把自己的思想系统地付诸笔端，形成篇章并传于后世之人。"文有深指巨略，君臣治术，身不得行，口不能绁（泄），表著情心，以明己之必能为之也；孔子作《春秋》，以示王意；然则孔子之《春秋》，素王之业也；诸子之传书，素相之事也；观《春秋》以见王意，读诸子以睹相指；故曰：陈平割肉，丞相之端见；叔孙敖决期思，令君（尹）之兆著；观读传书之文，治道政务，非徒割肉决水之占也；足不强则迹不远，锋不铦则割不深。连结篇章，必大才智鸿懿之俊也。"[①]（《论衡·超奇篇》）王充多次提及的周长生，便是王充眼中的"鸿儒"之士。周长生其学识之广博，其思想之堂奥难以全窥，能够通过其文解政事方面之忧，足堪称博学能用之典范。《论衡·超奇篇》曰："长生死后，州郡遭忧，无举奏之吏，以故事结不解，征诣相属，文轨不尊，笔疏不续也；岂无忧上之吏哉？乃其中文笔不足类也。"[②]

在《论衡·书解篇》中，王充还将儒士划分为"文儒"与"世儒"。"文儒"即为那些能博通各方面知识，并有文采去著书立传的人。他们虽然没有显赫的地位，但是其书内容奇伟，终将传世后代，获得万古芳名。而"世儒"则是一般人眼中的风光者，世俗的眼中里，所谓："文儒不若世儒。世儒说圣人之经，解贤者之传，义理广博，无不实见，故在官常位；位最尊者为博士，门徒聚众，招会千里，身虽死亡，学传于后。"[③]而在王充的心里，则对于世俗之人的这般论说不以为然。他认为文儒远胜过世儒，其原因主要体现在其著书立说方面。《论衡·书解篇》言："文儒之业，卓绝不循，人寡其书，业虽不讲，门虽无人，书文奇伟，世人亦传……案古俊乂著作辞说，自用其业，自明于世；世儒当时虽尊，不遭文儒之书，其迹不传；周公制礼乐，名垂而不灭；孔子作《春秋》，闻传而不绝；周公、孔子，难以论言；汉世文章之徒，陆贾、司马迁、刘子政、杨子云，其材能若奇，其称不由人；世传《诗》家鲁申公，《书》家千乘欧阳、公孙，不遭太史公，世人不闻。"[④]在王充心中，桓谭绝对算是这种博通能用之人。统观桓谭所著的《新论》一书，既有论及为政之道的《言体》《王霸》《求辅》；也有详述乐器音乐的《琴道》；还有专

---

① 黄晖：《论衡校释》，北京：中华书局，1990年版，第609、610页。
② 黄晖：《论衡校释》，北京：中华书局，1990年版，第613页。
③ 黄晖：《论衡校释》，北京：中华书局，1990年版，第1151页。
④ 黄晖：《论衡校释》，北京：中华书局，1990年版，第1151页。

门针对俗世百态的迷惑和认知偏弊而做出的专论，如《辨惑》《正经》《识通》《启寤》《祛弊》等。所论范畴颇为广泛，阐述极具深度，体现了其博通百家后"能用"的优势。

　　事实上，王充自己就是一个"博通能用"的传播主体。纵观其作品，不难看出其涉猎的广博程度。倘若将《论衡》全书内容进行一个较大范畴的归类，除去《论衡·自纪篇》《论衡·对作篇》和缺失的《论衡·招致篇》，可以将全书大致分成以下四个大的方向：

表 3　《论衡》的篇目主旨与数量

篇目主旨的方向	具体篇目数量
第一个方向是谈"人生"	共计 14 篇专论
第二个方向是谈"虚实"	共计 24 篇专论
第三个方向是谈"讥俗"	共计 16 篇专论
第四个方向是谈"政务"	共计 29 篇专论

　　综括以上，对于传播主体而言，个人修养、学识、才能都是不可或缺的。王充十分重视对于修养方面的塑造，认为一个人的修养能够直接地体现于其创作的文字之中。相关的主要观点见于《量知篇》《定贤篇》《程材篇》《别通篇》《超奇篇》《书解篇》《效力篇》之中。王充主要从两个方面来规约传播主体的基本修养，其一为"德"，其二为"才"。他要求一个传播主体在"德"的方面，要以成德修身，建构人格的境界为目标。而对于"才"，他则认为传播主体要做到"博达疏通"，取诸家所长而成其才的境界。并且，一个传播主体要能够在"博通"各类知识的基础之上做到"能用"，具体实践上就是要著书立说。这种思想其实也是先秦儒学家们就一直推崇的。

三、贤文化与历史传承

中庸与圣贤——传播考古学视角下的考察

杜恺健[①]

（中国人民大学新闻传播学院，北京，100872）

摘要：本文试图从传播考古学的角度入手来考察"中庸"以及《中庸》与圣贤之间的关系，我们认为"中庸"作为一种显圣物，实际上已经确立了一种神圣的边界。"中庸"二字的含义本身就是一个事物向自身之外的别的事物开放，并通过与他者的对话返回自身的过程，因此"中庸"二字本身就具有媒介的意涵。这种作为媒介的特性使得《中庸》及其所蕴含的观念能够使不同的主体与其他主体或者与环境在沟通与交流的过程之中产生关系。正是这种作为显圣物的区分，使得人们得以理解圣贤，正是因为如此当我们提及圣贤时，"中和"以及"中庸"才能够成为一种可以描述圣贤特质的词汇。

关键词：中庸；媒介；显圣物

要想理解《中庸》作为媒介的进程，我们就有必要对《中庸》在历史进程中的起源、发展、衍化有一个初步的了解。许慎在其《说文解字》言："中，内也，从口、丨，上下通。"[②] 在这里，"中"本身就具有了沟通上下、连接内外之意义，"庸"字同样也具有类似证明的过程。如此一来"中庸"二字本身就具有了某种媒介的意涵，但如果仅仅只依据这样的观点，随时都有可能会有反例来对此观点进行驳斥。我们就将其确立为一种媒介肯定是远远不够的，我们还是要从本体论上确立《中庸》之为媒介的存在。因此在这里的我们的考察应是从传播考古学的角度出发来对"中庸"以及《中庸》的考察，这样

---

① 作者简介：杜恺健，中国人民大学新闻学院博士后，主要研究领域为华夏传播，中国新闻史。

② 许慎：《说文解字》，北京：中华书局，1963年，第14页。

我们才可以对"中庸"以及《中庸》作为媒介或是交流形式进行正本清源式的考察，我们才可以从遥远的过去获得"中庸"以及《中庸》作为媒介存在的合法性依据。

我们对于《中庸》的理解大致可以划分为三个部分。首先，是对《中庸》之中"中"与"庸"的理解，它涉及词义上的解释以及当他们各自分开时的哲学含义，这些词本身就承载着一定的内容，要想理解《中庸》作为媒介，我们就有必要弄清楚它们的这些含义，正是这些内容构造了《中庸》神圣的内涵；其次，对于《中庸》的理解我们也可以看作对"中庸"的理解，纵观《中庸》文本自身起起伏伏的发展，其实质就是对于"中庸"理解的发展，这样的发展关乎学者如何理解《中庸》的书名，这也意味着"中庸"在发展进程中的历史地位。① 自儒家诞生以来，中庸被视为"道统"中的关键所在，同时《中庸》与"道统"这二者都是政治权力与文化权威的主要象征概念。要想正确理解《中庸》文本在"道统"中的地位，其关键即在于对"中庸"一词在儒学中的地位。当然，任何对于思想的解释都脱离不了具体的情境与它所处的媒介环境，正如德布雷所说："真理的绝对必要性只涉及技术性的关系，一个主体和他的物质客体或理想的客体之间的关系，我们应当关注那些能使观念蔓延和变成物质力量的实体和工具。"② 任何思想的传递都逃离不开它所处的时代环境与它的传播形式。正因为如此，我们在最后所要考察的就是加上了书名号的《中庸》，我们需要考察《中庸》流变的历史，这一段历史是《中庸》自身发生变化的过程，同时也是《中庸》神圣化的过程，这一神圣化的过程实际上正是《中庸》的媒介逻辑向外延伸，施加影响的过程。在这一变化之中，我们需要考察它所经历过的版本变化，也就是学术意义上所讲的文献学的考察。

但这还不够，现有的文献学其本身关注点在于文本自身，即文本是否有纰漏，文本的真伪等。我们所要考察的则更在这之上，即《中庸》自身的媒介形式的变化以及外部环境的变化，我们试图描述的是《中庸》在文献学意义上的变化与外部环境之间的关系，这些内容我们也会在接下来的论述中陆续展开。而这也正是德布雷所关注的媒介形式与技术、社会之间的互动，诸如纸质、流通渠道、流通方式以及在这本后的社会动力因素。这里关注的是

---

① 苏费翔、田浩：《文化权力与政治文化》，北京：中华书局，2018 年，第 23 页。
② 雷吉斯·德布雷、赵汀阳：《两面之词——关于革命问题的通信》，北京：中信出版社，2014 年，第 122 页。

比起造纸、印刷更远古的媒介技术：文字。正如叶舒宪在考察古代天人沟通的媒介时指出的那样，人作为为观念动物，其生活的现实早已不是纯粹自然客观的现实，而是"社会建构的现实"。从物质到精神，从精神到物质，神话无所不在①。而在《中庸》的背后，文字同样也隐藏着这种"神话"也就是社会构建的现实因素。正是这背后所隐藏的关键性维度，往往才是导致其文本或是意义发生根本性变化的关键所在。

一、显圣物的承载——"中"与"庸"的解释

（一）"中"的解释

正如戴东原所说"经之至者，道也；所以明道者，其词也；所以成词者，字也。由字通其词，由词以通其道，必有渐"②，体察中国文字的根源，往往就是为了"明道"。溯本追源，我们有必要来探究下"中"与"庸"这二字的含义，了解它们各自产生的历史，从本源上了解其作为媒介的存在。

观察"中"字的历史，它的含义颇为复杂，而这也成了后世对"中庸"一词诸多理解的根源。

中之一字，虽看似简单，但它的来源却颇为复杂。许慎在他的《说文解字》中对它的解释为"中，内也，从口、丨，上下通。"③但《说文解字》不同版本对其的解释也各不相同，早期的版本有作"中，而也"的，④朱俊声的《说文通训定声》则将中解释为"中，和也"⑤，这也是后来与"中庸"意思相近的另外一词"中和"的主要发源地。将"中"与"内"串联在一起并做出解释的人首推段玉裁，他在其《说文解字注》中认为："中者，别与外之辞也。作'内'，则此字平声、去声之义无不赅矣。许以'和'为唱和字，龢和为谐龢字。龢，和皆非'中'之训。"⑥段玉裁认为解释中应从后面半句的"从口、丨，上下通"这一句话来理解，所谓"上下通"，段玉裁认为是"中直或

---

① 叶舒宪：《中华文明探源的神话学研究》，北京：社会科学文献出版社，2015年，第33—34页。
② 戴震：《戴震文集》，北京：中华书局，1980年，第140页。
③ 许慎：《说文解字》，北京：中华书局，1963年，第14页。
④ 萧兵：《一个字的思想史——中庸的文化省察》，湖北：湖北人民出版社，1997年，第4页。
⑤ 周法高：《金文诂林（第一册）》，香港：香港中文大学，1974年，第319页。
⑥ 段玉裁：《说文解字注》，上海：上海古籍出版社，1981年，第56页。

引而上或引而下，皆入其内也"。在这里，"中"指的既是沟通内外，又是通达上下。从内外来看，"中者，别于外之辞也"呈现的是自我与他者的共存。这种共存的状态用《中庸》中的话语来表述就是："射有似乎君子，失诸正鹄，反求诸其身。"①这句话的意思是我们人在立身处世之中，在自我在与他者的交往之中，应当更多从自我出发去寻找原因，而不苛责于人，这也演变成了后来所谓的"执中"与"守中"。②从上下来看，"中"所追求的是上下通达，王筠在《文字蒙求》中解释为："中，以口象四方，以丨界其中央"③，所谓的"中"，它既是上通下达的具现，又是上下通达的一种价值取向，有学者认为"中"蕴含了一种因力而中的价值取向，"中"意味着一切行为必须依附的标准所在，④也就是一切事物能够相互勾连的普遍性。总而言之，自古时候起，"中"就是一种用来表述主客的中间状态或是主体间性之状态的话语，这一话语必须涉及交流或是传播，也就是斯蒂格勒所说的"不可传播的总体知识之真谛就是各类知识切实的传播"。⑤

　　"中"除了可以解释为"内也"，我们还有将中解释为"正"。有学者认为"正"的说法起源于之前所说的"以口象四方，以丨界其中央"。⑥这里我们要从它的起源来讲。"中"在朱定生的《说文通训定声》中被定为"以失著正"之义，⑦也就是箭矢中的之意，其根据是甲骨文中的象形字"中"。郭沫若对提出了"一竖象矢，一圈示的"的像射箭命中之说。⑧姜亮夫也赞同朱定生的观点，他进一步推演认为："盖〇象侯鹄，而丨则象矢。矢贯的曰'中'，斯为此字朔义矣。《仪礼·大射仪》：'中离维纲'《礼记·射义》'持弓矢审固，然后可以言中。'皆谓射为'中'。射中为中，故射的亦曰'中'。……《宾筵篇》：'发彼有的''的'亦声变也。引申之，则射候当中之处曰'鹄'。'鹄'

　　① 朱熹：《四书章句集注》，北京：中华书局，2015年，第26页。

　　② 谢清果：《共生交往观的阐扬——作为传播观念的"中国"》，《西南师范大学学报》。2019年第3期，第6页。

　　③ 王筠：《文字蒙求》，北京：中华书局，1962年，第39页。

　　④ 张立文《中华伦理范畴：中庸》，北京：中国社会科学出版社，2012年，第37页。

　　⑤ 贝尔纳·斯蒂格勒：《技术与时间：迷失方向》，南京：译林出版社，2016年，第155页。

　　⑥ 萧兵：《一个字的思想史——中庸的文化省察》，武汉：湖北人民出版社，1997年，第6页。

　　⑦ 周法高：《金文诂林（第一册）》，香港：香港中文大学，1974年，第319页。

　　⑧ 郭沫若：《两周金文辞大系考释》，北京：科学出版社，1958年，第167页。

之中曰'正'……正与中一声之转。"①

由以上观点，我们可以推论中的观念源于射，而只有射正我们才可以称它为"中"，这也是后来程颐在给《中庸》标题下定义所说的"不偏之谓中"的来源②。这说明"中"本身就来源于古代社会中的日常生活，有学者认为"中"在当时意味着一种必须依附听从的权威和统治，具有政治、军事、文化思想上的统帅作用。③既是作为一种标准，"中"就成了一种观照的对象，一种原初的知识，只有通过传播，"中"才可以成为"中"。④

中在甲骨文中也有写作♣的，是旌旗竖立的样子。唐兰在他的《殷墟文字说》中认为这是"本旃旗之类"，是"氏族社会之徽帜"⑤。对此持类似意见的还有罗振玉、刘节、商承祚等人。⑥在这里，"中"之所以会被认为是旗帜，是因为古时建旗以立中，这里继承了之前所述的"中"具有"中正"之义。吴大澂认为："中，正也，两旗之中，立必正也。"，刘节也提出："'中'中间那丨，《说文》谓'引而上行读若囟'，原是象形字，丨像木柱，〇是指示在中央的意思。"⑦在这之中，最具说服力的观点，当属唐兰从人类学以及考古学出发所做的解释，而这也是我们可以将"中"认定为中介或是媒介的基础。在他的《殷墟文字记》中，他写道：

中者最初为氏族社会之徽帜，《周礼·司常》所谓"皆画其象焉，官府各象其事，州里各象其名，家各象其号"，显为皇古图腾制度之孑遗。

古时用以集众，《周礼》大司马教大阅，建旗以致民，民至，仆之，诛后至者，亦古之遗制也。盖古者有大事，聚众于旷地，先建中焉，群众望见而趋附，群众来自四方，则建中之地为中央矣。列众为陈，建中之酋长或贵族，恒居中央，而群众左之右之望见之所在，即知为中央矣。然则中本徽帜，而所立之地，

① 姜亮夫：《"中"字形体分析及语衍演变之研究——汉字形体语音辩证的发展》，《杭州大学学报》第14卷特刊，第22页。
② 朱熹：《四书章句集注》，北京：中华书局，2015年，第19页。
③ 张立文《中华伦理范畴：中庸》，北京：中国社会科学出版社，2012年，第37页。
④ 贝尔纳·斯蒂格勒：《技术与时间：迷失方向》，南京：译林出版社，2016年，第155页。
⑤ 唐兰：《殷墟文字记》，北京：中华书局，1981年，第51、52页。
⑥ 相关文献可参考罗振玉：《增订殷墟书契考释》，日本：文求堂，1914年，第14页。商承祚：《说文中之古文考》，上海：上海古籍出版社，1983年，第8页。刘节：《中国史学史稿》，中州：中州书画社，1982年，第12—13页。
⑦ 刘节：《中国史学史稿》，中州：中州书画社，1982年，第12页。

递引为中央之义，因更引申为一切之中。①

　　罗祖基对此的解释是："立中作为军事联盟指挥中心之理由，而且还被推论出被引申为一切事物之中心的衍义，他就为后来的王道要求执中提供了认识依据，即从具体的中央概念抽象为公平正直的王道。"②罗祖基的看法看似颇为中肯，但还是有一定的缺陷，他还没有为这种转化提供一个可靠的依据，也就是为何旌旗立中就可以转化为后来儒家的所谓"执中"。笔者对此的看法是如果要将旌旗立中转向"执中"，就必须在这之中再加上一道工序，即将"中"转换为中介之中介。田树生曾认为✛除了可以解释为旗杆以外，还可以解释为建鼓。"中"字的"○"部分象征着鼓的正名，他认为旌旗、建鼓兼用，都设于集众的中心，于是可引申为正中之义。③在中国古代，战争中的指挥者都坐镇中军，他们指挥的手段都以起鼓为主。杨伯峻先生曾注说："旜音栴，大将所用军旗，执以为号令者也。通用一降帛，无画饰。"④《孙子·军争》中也曾记载："军政曰：言不相闻，故为之金鼓；视不相见，故为之旌旗。夫金鼓旌旗者，所以一人之耳目也。"⑤建鼓之为"中"，是因为鼓在古代是一种传递信息的媒介，如果说旌旗是古代聚众议事的视觉信号的话，那么建鼓就可以视为聚众议事的听觉信号。田树生认为："古代人传递时间信号的手段是鼓而非旗帜，具有斿的建鼓恰好既可以用来表明地点，又可以跨越空间传递信息、时间等听觉信号。"⑥建鼓本身就代表了一种信息的空间延伸，而这一延伸无疑是具有集中化的力量，时间的延续性就意味着传统的延续性。⑦

　　必须进一步阐释的是，"鼓"与"旗"并不能够简单地解释为乐器，或是行军打仗中的媒介，而应该看作某种类型的神圣物。萧兵就发现了所谓的旗杆也确实有悬鼓以便祭祀的情况，他举了《后汉书·东夷传》中"建大木以悬铃鼓，事鬼神"为例，认为神杆之上的"铃鼓"具有"事鬼神"的作用，

---

　　①　唐兰：《殷墟文字记》，北京：中华书局，1981 年，第 53—54 页。

　　②　罗祖基：《论中和的形成及其发展为中庸的过程》，《南京大学学报》，1995 年第 3 期，第 79 页。

　　③　田树中：《释中》，《殷都学刊》1991 年第 2 期，第 2、3 页。

　　④　杨伯峻：《春秋左传注》，北京：中华书局，1981 年，第 106 页。

　　⑤　郭化若：《孙子译注》，上海：上海古籍出版社，1984 年，第 150 页。

　　⑥　田树中：《释中》，《殷都学刊》1991 年第 2 期，第 2、3 页。

　　⑦　哈罗德·伊尼斯：《传播的偏向》，北京：中国人民大学出版社，2009 年，第 51—76 页。

这就是一种人神或人鬼之间的中介物①。萧兵的这一看法源于祝建华对于"建鼓"研究，祝建华认为鼓至迟在战国时期，就已经升格为一种礼器，这种礼器起着沟通人神的重要作用。②正所谓"日食用牲于社用鼓，时灾用鼓，大水用鼓，敬神、敬鬼皆用鼓"，鼓是"介于人神之间的瑞祥"，从而交通神鬼，表达人意，沟通天人。③

循着这样的理路，"中"之一字就具有了沟通天人，联系天地的职能。而一旦"中"成了表征交通人神的字词，"中"就成了某种具有神圣性的存在。笔者在此将引入伊利亚德的"显圣物"的概念，用以讨论"中"作为一种中介之中介所具有的神圣性。正如伊利亚德所说，正因为神圣能自我表征，展示自己与世俗的完全不同之处，人类才可以感受到神圣的存在。④显圣物的意思是神圣的东西向我们展现它自己。当神圣以任何显圣物表征自己的神圣的时候，这不仅是空间均质性的中断，更是一种绝对实在的展示，也展示了它与其所属的这个世界的非实在性的对立。伊利亚德以教堂作为例子来阐述自己的观点。他认为教堂与它所处的城市分别属于不同性质的空间，而通往教堂内部的门就成了一种代表着空间连续性的中断，而门槛就是世俗和宗教的两种存在方式的界线，区分出了两个相对应的世界的分界线。与此同时，两个世界得以沟通，也正是因为这个门槛，它是世俗世界走向神圣世界的通道。⑤如果说在之前的解释我们已经确定了"中"字所具有了神圣性，那么它同样也成了沟通神圣与世俗的"显圣物"，即是神人之间的媒介，相对应地，"中"建构了世界，设定了它的疆界，并确定了它的秩序。⑥当神圣化开启之时，也正是"中"交通神鬼，表达人意，沟通天人的媒介逻辑向外扩散之时，所谓的神圣性，在本质之上就是它的媒介性，必须通过一物，不论是门槛也好，"中"字也罢，生活在现实世界之中的人才可以完完全全地体会到这看不见也摸不着的神圣，这一切都需要一种作为媒介的存在才能够显现。因此笔者认为所谓的神圣化的历程我们就可以将它理解为媒介化的历程，因为正是

① 萧兵：《一个字的思想史——中庸的文化省察》，湖北：湖北人民出版社，1997年，第73页。

② 祝建华：《楚俗探秘——鹿角立鹤悬鼓、鹿鼓、虎座鸟架鼓考》，《江汉考古》1991年第4期，第95、96页。

③ 祝建华：《楚俗探秘——鹿角立鹤悬鼓、鹿鼓、虎座鸟架鼓考》，《江汉考古》1991年第4期，第95、96页。

④ 米尔恰·伊利亚德：《神圣与世俗》，北京：华夏出版社，2003年，序言第2页。

⑤ 米尔恰·伊利亚德：《神圣与世俗》，北京：华夏出版社，2003年，第4页。

⑥ 米尔恰·伊利亚德：《神圣与世俗》，北京：华夏出版社，2003年，第7页。

在这种神圣化的过程之中,"中"开始作为主体,建构了一套属于它自己的媒介逻辑。

综上所述,"中"之所以能够作为一种媒介,不仅仅只是因而它能够标记一个中心,或是形成一套为人处世的价值标准,乃至一种集中化的力量,"中"也因为其来源的神圣性,真真实实地转化为了一种"显圣物"。这种"显圣物"就是一种媒介,一种转换器,用以区分世俗与神圣。但这种"显圣物"的状态却一直被遮蔽,正如斯蒂格勒所说,只是要想被传播,必须原本就存在,已经存在。这也意味着各类知识本质上的不可传播性,作为一种基础知识,它是不可传递的,事实上各种不可传播的总体知识已经是各类知识切实的传播,只有通过传播,知识才成其为知识[①]。在古代的"中"因为日常生活之中的各种仪式与神圣活动,成了一种"日用而不知"的知识,这样的知识恰恰就是这样一种不可传递的基础知识,但是它确实切切实实地随着各种各样对于"中"的理解被传递出去,也就是历史上各种各样对于"中"的理解的知识,包括对"中"的释义、注疏、阐释等等。但在这各种理解的背后,却将"中"最重要的意义隐藏了,这正是"中"作为"显圣物"的媒介属性。

一旦"中"作为一种"显圣物"的媒介属性凸显出来,"中"才能被召显成过往以至现在对于"中"各种各样的阐释。正因为如此,具备了神圣转换器的"中"在进入夏商之后逐渐成了"王道"的代名词,或者说只有通过具备神圣性的"中",才能够召唤"王道"。因此"中"也逐渐成了现实与理想之间的中介,用以讨论现实如何才能到达理想。《尚书·洪范》中所说"建用皇极",孔颖达即解释成了"凡立事当用大中之道"[②]。所谓"皇极居中者,总包上下",其中"上下"也就是世俗与神圣的区别,王室之所以能为王室,主要原因在于他们"王者所行皆是,无得过与不及,常用大中之道也",并且"大立有其中,谓行九畴之义也"[③]。这里的"中"既是指一种"大道",它同时也暗示了如何达到这种大道的方法,即"九畴"。这种"显圣物"的状态,正如黑格尔所说"具备一种介乎物质和思想之间的中间地位,处于直接的感性和纯粹的思想的中间"[④]。它既是精神的,也是肉体的。要想理解它,我们

---

① 贝尔纳·斯蒂格勒:《技术与时间:迷失方向》,南京:译林出版社,2016年,第154—155页。

② 李学勤主编:《十三经注疏·尚书正义》,北京:北京大学出版社,1999年,第299页。

③ 李学勤主编:《十三经注疏·尚书正义》,北京:北京大学出版社,1999年,第300页。

④ 雷吉斯·德布雷:《图像的生与死——西方观图史》,上海:华东师范大学出版社,2014年,第67页。

既不能只通过精神，同样也不能只通过物质。因而"中"才具有了上下通达的能力。所以，《诗》云"莫匪尔极"、《周礼》的"以民为极"，乃至《尚书·大禹谟》中的"人心惟危，道心惟微，允执厥中"，再到《尚书·酒诰》中的"尔克永观省，作稽中德；尔尚克羞馈祀，尔乃自介用逸"①，虽然从不同的方面都解释了"中"的意义，但却也将"中"摆在了一个中间的位置。因此"中"既是"执中"，也是"德中"；既是现实，也是理想；既是政治的，又是道德的；既是德行规范，也是思想方法。它与德布雷所论述的耶稣实在是有了太多相似的地方，它们在"身兼二职方面，既是人又是神，既是圣言，也是肉身。是神化了的肉体，又是升华的物质"②。总而言之，我们有必要从媒介的观点来看"中"，并重新思考"中"在中国古代思想传播中的地位。

理解了"中"，我们再来看看，在"中庸"里面的"中"，我们到底要将它做何理解。

《中庸》里的原话是："喜怒哀乐之未发，谓之中；发而皆中节，谓之和。中也者，天下之本也；和也者，天下之达道也。致中和，天地位焉，万物育焉。"我们可以发现《中庸》里的叙述很奇特，它并没有对"庸"做出具体的解释，但对于"中"，它的解释相当明确，即"中和"。郑玄注《中庸》认为"名曰《中庸》，以其记中和之用也"，似乎"中"指的就是中和，而"中庸"就是"中和"的运用。《春秋繁露》中所讲的"能以中和理天下者，其德大盛；能以中和养其身者，其寿极命"③，说的似乎也是这个道理。韩愈的《原道》中也认为"德莫大于和，而道莫正于中"，这里的中和却一反之前所呈现出的"中和"，将中偏向于实践运用层面来理解。罗祖基通过考证，他认为"和"在中庸哲学中代表的是阴与阳的协调以及天地的正位，"中和"一词为古代中国各民族融合的产物，执中以致和，既是道德人伦上的极致，也是治国理政的根本，这是一种具有普遍意义的存在④。萧兵也认为中和训和，庸可生和，"中/和""中/庸""庸/和"三者互训互通。笔者认为这里的"中"不单单是一种道德原则，或是一种实践方法，它既是体，也是用，用它自己的方式来解释它似乎更为可行，那就是"执其两端而用其中"。从媒介的方

---

① 李学勤主编：《十三经注疏·尚书正义》，北京：北京大学出版社，1999年，第376页。
② 雷吉斯·德布雷：《图像的生与死——西方观图史》，上海：华东师范大学出版社，2014年，第66页。
③ 董仲舒：《春秋繁露》，北京：中华书局，1975年，第565页。
④ 罗祖基：《论中和的形成及其发展为中庸的过程》，《南京大学学报》，1995年第3期，第79—85页。

法来理解"中庸"中的"中",它就既可以是道德的理想,又是实践的准则,"中"上下而通之。

正如萧兵所说,中国哲学的本体论与方法论、认识论难解难分,美学理想与政治理想熔为一炉①。既然如此,我们不妨就将这些理想与实践融为一体,以媒介的眼光来审视"中"的发展。"媒体就成了信息,不是身在之处,上帝就在那里受敬爱,而是凡可到之处,都要传播上帝。"②德布雷对媒介的处理方式提醒了我们也可以用同样的方式来处理"中",因为它如同媒介一样成了信息,成了理解自身的重要一环。

(二)"庸"的解释

相较于"中"来源的纷繁琐碎,古人对于"庸"的解释可就简单得多了。在《说文解字》中:"庸,用也,从用庚,庚,更事也。"许慎认为凡是与用字有关的字形,皆从"用"的意思。③"用"字许慎解释为"可施行也",也就是日常生活之中的时间,因此"庸"本身也是实践的一种。段玉裁指出解释用的关键在于如何"用",即对"从用庚"的解释。《说文解字》引用《易经》的"先庚三日"的解释来解释"庸"。所谓"庚",指的是"先事而后图更也",所以"庸"指的是一种追求变化的实践,所以《尚书·大禹谟》也说"无稽之言勿听,佛询之谋勿庸"说的也正是这种道理。逐渐地,这种追求变化的"用"就成了可以表现的"功"。《周礼·地官·大司徒》记载"以庸制禄,则民兴功",郑玄就将其解释为"庸,功也,爵以显贤,禄以赏功"④。《尚书·益稷》中也记载:"明庶以功,车服以庸,庸与功对言。"⑤这种功用在古代就是劳动,《尔雅·释诂》就寻"庸"为劳动,"庸"也就是代表着一种对日常生活的实践。逐渐地,"庸"就衍生除了它的另外一层意思——恒常。郑玄注《中庸》时说:"庸,常也,用中以为常道也。"⑥何晏在《论语集注》中也认为庸是寻常的意思,他认为"庸"是"中和可常行之德",这里的说法

---

① 萧兵:《一个字的思想史——中庸的文化省察》,武汉:湖北人民出版社,1997年,第1145页。

② 雷吉斯·德布雷:《图像的生与死——西方观图史》,上海:华东师范大学出版社,2014年,第75页。

③ 段玉裁:《说文解字注》,上海:上海古籍出版社,1981年,第250页。

④ 林尹:《周礼今注今译》,北京:书目文献出版社,1985年,第98—110页。

⑤ 李学勤主编:《十三经注疏·尚书正义》,北京:北京大学出版社,1999年,第122页。

⑥ 李学勤主编:《十三经注疏·礼记正义》,北京:北京大学出版社,1999年,第1422页。

实际上出自《尔雅·释诂》的"典、彝、法、则、刑、范、矩、庸、恒、律、职、秩，常也"[1]。它被视为国家统治中与法律规范一样亘古不变的法则之一，也就是常理、常道。张立文认为："庸是陈列于宗庙或帝王墓室的常器，象征着帝王的权威，也是国家宗庙祭祀之礼的一个方面，并且铭刻帝王的功德、铭刻法律条文。"[2]因此庸可以被解释为经常、平常的意思，而这种平凡一旦时间久了，就变为了恒常，也就是程颐所说的"庸者，天下之定理也"[3]。

追寻这些看法的源头，我们还是要来看看"庸"字的起源。一种说法认为"庸"指的就是平常人，所以才会是平常、寻常的意思。例如扬雄所说的"圣人无益于庸也"，在这里他就把"庸"与"圣"对立开来，这里的"庸"就是凡人的意思。于省吾则认为在古代这些"庸人"即是被奴役之人。他认为："庸训为劳、为役、为厮贱之人，均是被奴役之人。"[4]这些人都是古代的奴隶。郭沫若对此也持相同的看法，他指出在金文《召伯虎簋》中，"仆庸土田"中"庸"与"佣"相同，所谓的"仆庸"就是耕作的奴隶[5]。裘锡圭则更根据上述文献做了一个比较详细的论述，他认为"佣"一般指从事比较重的劳作的、社会地位较低的劳动者，这是庸劳之"庸"的一个引申义，所以见于金文、《诗经》的称作"庸"的那种人，都是劳动生产方面受统治阶级沉重剥削的一种被奴役者。[6]

如果"庸"仅仅只是用的话，那么一种"寻常"很难转化为一种"恒常"。李树青就认为"庸"不仅仅是"用"，还是经久可用的"用"，"庸"是依次循环，永恒不变。[7]笔者认为这种恒常的观点主要与"庸"的另外一项起源有关，即前文《尔雅·释诂》中所提到"常也"的解释。在这里"庸"与"典""法"等物件一样，象征着永恒不变的经典。这里更加突出的，是它们作为经典权威的神圣性，只有具备这种神圣性，我们才可以将它理解为恒常。笔者认为"庸"的神圣性源于它的另一种解释，也就是一种大钟。《诗经》载"庸鼓有斁，万舞有奕"，这里对"庸"的解释就是"大钟曰庸"。《诗

---

① 管锡华译注：《尔雅》，北京：中华书局，2014年，第21页。

② 张立文《中华伦理范畴：中庸》，北京：中国社会科学出版社，2012年，第47页。

③ 朱熹：《四书章句集注》，北京：中华书局，2015年，第19页。

④ 于省吾：《甲骨文字释林·释庸》，北京：中华书局，1978年，第317—318页。

⑤ 郭沫若：《文史论集》，北京：人民出版社，1961年，第311页。

⑥ 裘锡圭：《古代文史研究新探·说"仆庸"》，南京：江苏古籍出版社，1992年，第370页。

⑦ 李树青：《儒家思想的社会背景》，载周阳山主编：《中国文化的危机与展望——当代研究与趋向》，台北：联经出版公司，1984年，第46页。

经》中还有另外一句提到"庸"的诗句为"贲鼓维镛",《毛诗》对此的解释就是："镛,大钟也。"① 因此朱俊声在其《说文通讯定声》就认为"庸者,镛之古文。"《说文解字》中也将"镛"解释为："镛,大钟谓之镛。从金,庸声。"② 这里可以说明,庸原来是"镛"应该没有什么,而"镛"的实际意思就是大钟。

钟这一事物,自古以来就具有了某种的神圣性。阿兰·科尔班认为："钟声表明了人与世界、与神圣的另一种关系,表明了人存在于时空中并感受时空的另一种方式。解读周围的音响环境也进入了个人和集体身份构建的过程。"③ 在中国同样也是如此,钟在三代时期一直都是用于祭祀以及礼仪的礼器。《周礼·春官·大司乐》记载："乃分乐而序之,以祭,以享,与祀。乃奏黄钟,歌大吕,舞《云门》,以祀天神;乃奏大簇,歌应钟,舞《咸池》,以祭地示;乃奏姑洗,歌南吕,舞《大韶》,以祀四望;乃奏蕤宾,歌函钟,舞大夏,以祭山川;乃奏夷则,歌小吕,舞《大濩》,以享先妣;乃奏无射,歌夹钟,舞《大武》,以享先祖。"④ 我们可以发现,在古代的仪式之中,钟的地位是十分重要的,几乎在所有的仪式之上,都要用到钟。钟与前文解释"中"所提到的"旌旗"一样,都可以被视作一种与上天交流的神圣物。殷玮璋对过考古发现,"镛"所指的还不是一般的钟,他指的是那种有柄的大型甬钟,主要是悬挂并通过敲击发声⑤。这种大型钟往往都要单独悬挂,并且它的声音比较沉稳、雍容,由此可见"镛"在一众乐器之中的显贵地位。这种庄严的钟声往往就意味着一种时间与空间的神圣化,钟也就由此成了神圣的一种参照物⑥。《周礼》中所记载的"以乐德教国子;中,和,祗,庸,孝,友"说的就是这个意思,"庸"在这里逐渐由一种器物的神圣转向了一种精神的神圣。出于与天交流而呈现出来的神圣性,就因此逐渐演变成了一种向下散发的神圣性,"庸"也逐渐与"中""和"等词一同变成了一种道德规劝以及为人处世的话语。高亨所言正中之言乃庸言,正中之行乃庸行即出于此⑦。李泽

---

① 李学勤主编:《十三经注疏·毛诗正义》,北京:北京大学出版社,1999 年,第 1043、1433 页。

② 段玉裁:《说文解字注》,上海:上海古籍出版社,1981 年,第 1241 页。

③ 阿兰·科尔班:《大地的钟声》,桂林:广西师范大学出版社,2003 年,第 6 页。

④ 林尹:《周礼今注今译》,北京:书目文献出版社,1985 年,第 231 页。

⑤ 殷玮璋:《从青铜乐器的类型谈中国南方青铜文化的相关问题》,《南方民族考古》第二辑,1989 年,第 42 页。

⑥ 阿兰·科尔班:《大地的钟声》,桂林:广西师范大学出版社,2003 年,第 3 页。

⑦ 高亨:《周易大传今注》,济南:齐鲁书社,1979 年,第 63 页。

厚认为中国文化实质就是一种"乐感文化"[①],"庸"字之义源于乐器,而古代的音乐大部分以崇尚和谐为美,即使有所对抗乃至冲突,也大多希望以和来解决。正因为如此,"庸"字也继承了乐器的这种特性,强调"中和",所以后来的"庸言""庸行"也大多转换为了恒常之义。

综上所述,从功用再到劳动之人,从镛钟再到神圣时空,"庸"字的起源与发展其实质同样也是一种媒介发展的历史。虽然"庸"字并没有"中"字复杂,不过"庸"在这里与"中"一样,完成了它上连天意,下通平民的职责。各种各样的意义都需要通过"中庸"才能解释,这种"显圣物"意义的浮现,使得"中庸"二字在后来的解释之中能够衍生出如此纷繁多变、绮丽绚烂的面向。以至宋代程子只能够以"不偏之谓中,不易之谓庸"[②]来解释"中庸"之义。其根源也在于要在如此驳杂的含义之中寻找到一个能够正确解释并涵盖众多面向的解释实在太难。媒介学的比较倾向于 transmission(传达),当然这个词中最关键的词是 trans("越""超")这个词根,或称为真正的迁移动力,等于说,到别处看看吧,事情不在此地发生[③]。德布雷似乎给我们对于"中庸"的研究指出了一条明路,"中庸"一词试图传达给我们的信息实在太多太多,而它很多的意思也都是由其他的词汇迁移过来的,例如旌旗、镛钟等等。反过来推论,如果我们要去追问当下"中庸"所代表的含义,我们只能够通过追寻远古时代其遥远的根源,再到"中庸"二字,并重新再回到当下之中。事物本身就是向自身之外的别的事物开放,但自身要想追寻自身的话就要让他者返向自身并进行对话,这本身也是符号存在的意义。仔细追寻,"中"与"庸"既可以代表远在天边的神圣理想,也能够成为立足当下的实践准则,然而在它们如此庞杂的解释面前,他们始终是一种符号,一种"显圣物",一种媒介。这也是本篇论文最初,也是最原始的出发点。

二、三位一体的确立——"中庸"的解释

"中"与"庸"二字虽然出现的时间很早,但将这二字合并在一起使用,也是到了春秋战国时期。孔子将"中"与"庸"连用,并以"中庸"为一种

---

① 李泽厚:《中国古代思想史论》,北京:人民出版社,1985年,第312页。
② 朱熹:《四书章句集注》,北京:中华书局,2015年,第19页。
③ 雷吉斯·德布雷:《图像的生与死——西方观图史》,上海:华东师范大学出版社,2014年,第42—43页。

至高的品德,即"中庸之为至德矣,其至矣乎! 民鲜能久矣"①。"中庸"在孔子的眼中,是一种道德规范,用以规范人们的日常生活,以使个人修养达到至善至圣的境界。子曰:"君子道者三,我无能焉:智者不惑,仁者不忧,勇者不惧。"②廖建平认为中庸乃是智仁勇三者之统一③。张立文则根据《论语》认为"中庸"作为一种至德应当包括过而不及的中行思想、和而不同的人生态度以及以和为贵的最高境界三个层面④。遗憾的是,孔子虽然提出了"中庸"是至德的观点,但实际在记录孔子言行的著作《论语》中却再也没有见到相关于中庸的描述。

当然,这一类对《论语》中"中庸"解释的起源我们可以追溯到三代之时,它并非孔子以及后来学者的创造。《尚书·酒诰》所载的"作稽中德"、《尚书·盘庚》的"各设中于乃心"⑤、《尚书》所讲的"中德"实质上就是"中庸"所代表的至德。萧兵认为孔子的这种说法是一种古旧的传统,跟儒家复古、宗古的理想一致,因此在《论语》里的"中庸"还是一个认识和实践的准则⑥。

孔子虽然没有对"中庸"做出具体的解释,但将"中庸"与"中德"挂钩,无疑为"中庸"后来的发展奠定了基础,正如李泽厚所说,孔子虽然在当时政治事业中失败了,但在建立或塑造这样一种民族的文化——心理结构上,孔子却成功了。他的思想起了其他任何思想学说所难以匹敌的巨大作用⑦。笔者认为,孔子将"中庸"与"至德"挂钩,将"中庸"与"中德"画上等号,实际上正是将原先在"中"与"庸"之中所具有的神圣性置入中庸的过程。前文已经叙述"中"在古代作为一种区分神圣与世俗的媒介,而"中德"恰是三代时体现"中"神圣性的一种方式,正如《白虎通义》之中所说:"道无所不通,明无所不照,闻声知情,与天地合德,日月合明,四时合序,鬼神合吉凶。"所谓的"中德"在上古时期本就是作为一种沟通天地的方式。

---

① 《论语·庸也》,载朱熹:《四书章句集注》,北京:中华书局,2015 年,第 88 页。

② 《论语·宪问》,载朱熹:《四书章句集注》,北京:中华书局,2015 年,第 146 页。

③ 廖建平:《中庸:儒家君子人格的最高境界》,《衡阳师专学报》,1995 年第 3 期,第 78 页。

④ 张立文:《中华伦理范畴·中》,中国社会科学出版社,2014 年,第 50—72 页。

⑤ 李学勤主编:《十三经注疏·尚书正义》,北京:北京大学出版社,1999 年,第 241、376 页。

⑥ 萧兵:《一个字的思想史——中庸的文化省察》,武汉:湖北人民出版社,1997 年,第 830 页。

⑦ 李泽厚:《中国古代思想史论》,北京:人民出版社,1985 年,第 33 页。

如此一来"中庸"自然也具备作为一种"显圣物"的条件，再加上孔子对它并未做过多的诠释，这种语义上的模棱两可也成了后人讨论的核心议题，因此"中庸"给后人留下了足够的想象空间。从另外一个方面看，随着社会的发展与知识的生产，人类也在自己的身上发现了他在宇宙中认识到的同样的神圣性的存在①，这种神圣需要通过一种新的语言，或者至少是一些秘密词汇来使自己与世俗区分开来，同时也与过去已经具有神圣性的词汇，也就是"中德"区分开来。缺少了权威诠释的"中庸"恰是作为这种区分的最佳用词。

孔子之后，由于缺少相对应的文献支撑，我们对"中庸"的讨论只能从郑玄之后开始谈论，这也是目前学界所认可的做法②。郑玄对于"中庸"一词的解释是："名曰中庸者，以其记中和之为庸也。庸，用也。孔子之孙子思伋作之，以昭明圣祖之德也。"③这里郑玄直接将"中"解释为中和，而"庸"则解释为用。将"中"解释为"中和"，是一种当时常见的解释，前文已有述及，苏费翔则认为这里的中可能有"中""和"以及"中和"三层语意，是一个兼表全部和部分的用语④。"庸"字也同样如此，后来郑玄在解释"君子中庸，小人反中庸"一句时将"庸"定义为"常也，用中为常道也"⑤。"庸"同样也成了一个兼表全部和部分的用语，一方面他可能只是"中和"的实践，即所谓用，但同时，它也成了恒常之"用"，被赋予了一种神圣的状态。苏费翔认为这种"用"与"恒常"的解释同时并用乃是由郑玄所创，由此"中庸"才有了后来的"经常用"的意思⑥。

苏费翔虽然提出了一个特别有意思的见解，但他并没有追问郑玄如此令人费解的注解的原因。笔者对此需要做一个解释，纵读《中庸》全篇，我们可以发现实际上《中庸》一文中出现"用"的情况是非常少的，仅有两处，分别是第五章的"执其两端，用其中于民"⑦，以及第十九章的"子庶民则百姓劝，来百工则财用足，柔远人则四方归之，怀诸侯则天下畏之"⑧两处。这

---

① 米尔恰·伊利亚德：《神圣与世俗》，北京：华夏出版社，2003年，第94页。

② 苏费翔、田浩：《文化权力与政治文化》，北京：中华书局，2018年，第24页。

③ 李学勤主编：《十三经注疏·礼记正义》，北京：北京大学出版社，1999年，第1422页。

④ 苏费翔、田浩：《文化权力与政治文化》，北京：中华书局，2018年，第25页。

⑤ 李学勤主编：《十三经注疏·礼记正义》，北京：北京大学出版社，1999年，第1424页。

⑥ 苏费翔、田浩：《文化权力与政治文化》，北京：中华书局，2018年，第25、26页。

⑦ 朱熹：《四书章句集注》，北京：中华书局，2015年，第22页。

⑧ 朱熹：《四书章句集注》，北京：中华书局，2015年，第31页。

里对于"用"的解释都非常明确，一者为使用，另一者则为物资，这两者实际上都是偏向物质或是实践的解释，所以如果要将"庸"解释为用也，但文本之中已经有"用"出现，那么郑玄在将"庸"解释为"用"对于文本中其他"中庸"自然就会站不住脚。因此郑玄势必要对文中"中庸"再进行一番解释。这也是将"庸"解释为"常也"的原因之一。另外观照"庸"在《中庸》一文出现的情况，它主要都是与"中"一起出现，而单独出现的情况仅有两次，即"庸德之行，庸言之谨"①，当它作为"中庸"出现时，它都被认为是一种自我修行的理想状态的出现，如"择乎中庸，得一善，则拳拳服膺而弗失之矣"②，又如"子曰：'天下国家国家可均也，爵禄可辞也，白刃可蹈也，中庸不可能也'"③。我们会发现"庸"如果作为"中庸"中的一个词，郑玄这里主要是根据《中庸》的另一句话"君子之中庸也，君子而时中"④来解释，他在这里讲"中庸"等同于"时中"来解释，如此一来"庸"要想取得与"时"同样的效果，就得从单纯的"常"或"用"变为"经常用"，而这也是郑玄首创的"经常用"的解释的由来。

如此一来，孔子之后所留下的想象空间逐渐被一种神圣与世俗的区分状态所占据，但这种区分却又是一种杂糅的区分。"中庸"一词的神圣性不仅仅是由"中"所决定了，能够表明一种神圣时空的"庸"字自然也赋予了"中庸"以神圣的意涵，同时这两个字又与生活实践开始密不可分，只有经常用才能够保持神圣的意味。因此"中庸"自郑玄始，这两个字的含义实际上就与分别作为单字的"中"以"庸"一样被赋予了一种神圣的意涵，又必须以日常生活之间为具现。至此，"中庸"不但可以表述日常生活性的实践，如"修身、尊贤、亲亲、敬大臣、体群臣、子庶民、来百工、柔远人、怀诸侯"等等，它也可以用来表达一种遥不可及的，乃至崇高的人格理想即"圣人之能事"。所以后世在讲到"中庸"时，就算是朱熹，也不能将这种世俗与神圣、心性与体用完全分开。正如牟宗三所说，中国哲学不是以"知识"为中心展开讨论的，它是一种以"生命"为中心的、注重"主体性"与"内在道德性"、主体性与客体性相统一的"生命之学"⑤。

---

①　朱熹：《四书章句集注》，北京：中华书局，2015 年，第 25 页。

②　朱熹：《四书章句集注》，北京：中华书局，2015 年，第 20 页。

③　朱熹：《四书章句集注》，北京：中华书局，2015 年，第 21 页。

④　朱熹：《四书章句集注》，北京：中华书局，2015 年，第 21 页。

⑤　牟宗三：《中国哲学的特质》，上海：上海古籍出版社，1997 年，第 4—8 页。

　　郑玄之后，虽然也有学者对"中庸"做出各种各样的解释，但他们基本也都绕不过郑玄在《礼记正义》之中的经典解释，"中庸"也被经典定义为了"经常用"，但"经常用"到底该怎么用，如何将"中庸"的神圣与世俗再经阐释传递给其他人，潘祥辉将这一过程理解为一种"理想化的道德人格"，并认为这是一种对于"神圣"的再理解，即普通人也可以成圣①。后世不同的学者也各自有不同的见解，韩愈与李翱主张将"经常"单独拿来使用，并将其作为深入内心的一种方式。韩愈一生以复兴儒学为己任，即《旧唐书》所言"以兴起名教，弘奖仁义为事"②，因此他始终想将"中庸"作为第一位的"道德"，正如他自己所说："博爱之谓仁，行而宜之之谓义，由是而之焉之谓道，足乎己无待于外之谓德。"③他希望的是通过"将以有为"的精神修行融会贯通，提高个人的理想人格，并进而达到治国齐家的地步。在《省试颜子不贰过论》中，他认为："夫圣人抱诚明之正性，根中庸之至德，苟发诸中，形诸外者，不由思虑，莫匪规矩。不善之心，无自入焉；可择之行，无自加焉。""中庸"被定义为一种由内在自发的道德，并认为这种道德不能够被任何外因所入侵，进而这种道德有一种指导现实的力量，即他所说："《中庸》曰：'自诚明谓之性，自明诚谓之教'，自诚明者，不勉而中，不思尔德，从容中道，圣人也，无过者也；自明诚者，'择善而固执者也，不勉则不中，不思则不得'，不贰过者也。故夫子之言曰：'回之为人也，择乎中庸，择一善，则拳拳服膺而弗失之矣'。"韩愈更加强调的是将"中庸"作为一生不懈追求的人生理想境界来阐释，如果将其外化，它更容易成为道德哲学。韩愈的这些观点也被他的学生李翱所继承，在他的《复性书》中，他大量引用《中庸》中的语句来作为他论点的支撑，其中在如何理解"中庸"一词时，他自己指出了自己与他人的不同，曰："彼以事解者也，我以心通者也。"④要理解"中庸"，李翱认为不能单单只通过现象与事理，更应该通过内心的知觉来体察。他们这种以心性为主体的认知方式以及阐释方式为后世宋代理学的开启奠定了基础，也为道统在后世的传承提供了理论的支撑。

　　到了宋代，首倡"中庸"思想的不是那些当世的大儒，而是那些试图引

---

　　① 潘祥辉：《传播之王：中国圣人的一项传播考古学研究》，《国际新闻界》，2016年第9期，第20—45页。

　　② 刘昫等：《旧唐书·韩愈传》，北京：中华书局，1979年，第4195—4203页。

　　③ 韩愈：《原道》，载韩愈：《韩愈集》，长沙：岳麓书社，2000年，第145—147页。

　　④ 李翱：《复性书》，载李翱：《李文公集》，上海：上海古籍出版社，1993年，第6—11页。

佛入儒的僧侣们，这一点余英时在其《朱熹的历史世界》之中已有论述①，在此不再多论，我们要讨论的是这些高僧大德是如何对待"中庸"的。宋代推崇中庸的第一人当属智圆，其号"中庸子"，由此可见他对于"中庸"思想到底是有多推崇。根据现有其他学者的推论，他也是宋代首倡"中庸"之人。他认为："儒家之'中庸'，龙树所谓'中道'义也。诸法云云，一心所变。心无状也，法岂有哉！亡之弥存，性本具也；存之弥亡，体非有也。非亡非存，中义著也。"这里他将"中庸"与佛教的"中道"等同起来，但实际上，在这样理解的同时，智圆更多是将"中庸"作为一种外王之道来理解的。他在《师韩议》一文中提出："吾门中有为文者，反斥本教以尊儒术，乃曰：师韩愈之为人也，师韩愈之为文业，则于佛不得不斥，于儒不得不尊，理固然也。"这句话说明，智圆之所以提倡"中庸"，是因为"中庸"所代表的外王之道能够为佛教思想的传播提供一个稳定的外部条件，即所谓"非仲尼之教，则国无以治，释氏之道何由而行"。他们希望将"治国"归于儒家，而将"本心"仍然留在佛教。余英时也将此解释为佛教转而重视世间法，关怀人间秩序的重建②。但佛教徒所讲的人间秩序的重建必然是从佛教徒的立场出发，因此他们必然也要讲求"内圣"先于"外王"，而"中庸"也仅是这种外王中的一部分。另一位提及"中庸"的高僧契嵩则在他的《中庸解第三》中说："或问《洪范》曰：皇建其有极说者，云大立其有中者也。斯则与子所谓中庸之道，异乎？同邪？曰：与夫皇极大同而小异也。同者以其同趋乎治体也；异者以其异乎教、道也。皇极，教也；中庸，道也。道也者出万物也，入万物也。故以道为中也。"我们之道"皇极"在某种程度上而言，也是"中庸"的解释之一，因此契嵩的这一解释，实际上是将"中庸"的内与外，他的神圣性与世俗性完全区分开来，他将神圣的一部分归为佛教的中道，而将"教"归为"中庸"之义。契嵩与智圆的做法，从根本上而言是完全将"中庸"的向内伸展与向外延伸完全割裂了。

因此对于宋儒而言，"中庸"一词的意义传到他们手上，可以说是已经有些左右为难了，一方面他们既要继承韩愈与李翱的道统，将"中庸"作为一种神圣性的展现展示到世人之中，同时他们也要向释家收回"中庸"的解释权，这里指的不只是被包装成"中庸"的"中道"，这里也同时包括了指导

---

① 余英时：《朱熹的历史世界》，北京：三联书店，2014年，第64—108页。
② 余英时：《朱熹的历史世界》，北京：三联书店，2014年，第82页。

现实世界秩序重建的"中庸"之道。因此在选择对"中庸"的解释时，宋儒又重返了郑玄"经常用"的解释，二程所注的"不偏不倚之谓中，不易之谓庸"。是宋代以后刊行的最多的关于"中庸"的解释，在这里，"中"被解释为了"不偏"，庸则被解释为"不易"。

乍看之下，宋儒对于"中庸"的解释看起来似乎也太简单了，比起之前韩愈、契嵩等人的解释也太过笼统，但考察《二程遗书》，有一段"苏季明问：'中之道与喜、怒、哀、乐未发谓之中同否？'曰：'非也。喜、怒、哀、乐未发是言在中之义。只一个中字，但用不同"[①]，这里程子对于"中庸"的解释实际上与郑玄的解释相差无几，朱熹实际上也注意到了这个问题，在《中庸或问》中他也曾提及"中，一名而二义，子程子固言之矣。今以其说推之，'不偏不倚'云者，子程子所谓在中大义，未发之前无所偏倚之名也。'无过不及'者，子程子所谓中之道也，见诸行事各得其中之名也"，这说明实际上朱熹也注意到了"中庸"两方面的含义，一方面它既是"大义"，同时也是"诸行事"的准则。苏费翔认为这代表了朱熹自身思想发展的不同阶段[②]，笔者对此表示赞同。但苏费翔实际上更关注的是思想层面上的关联，并没有与朱熹的现实情境相结合，他认为《中庸章句》中朱熹的风格更为简洁明快，表明的是朱熹在探求真理过程中所扮演的积极角色[③]。这里笔者认为造成这样的原因实则是因为鹅湖之辩以后。鹅湖之辩对于朱熹的影响自不必言，"尊德性而道问学"也成了朱熹一生的追求。在他致信张栻时他就曾提道："至于文字之间，亦觉向来病痛不少。盖平日解经最为守章句者，然亦是多推衍文字，自做一片文字，非惟屋下架屋，说得意味淡薄，且是使人看者将注与经作两项功夫做了，下稍看支离，至于本旨，全不相照。以此方知汉儒可谓说经者，不过只说训诂，使人以此训诂玩索经文，训诂、经文不相离异，只做一道看了，直是意味深长也。"因此他试图厘清文字的脉络，融会贯通"中庸"的主旨，此时他将"中庸"定位"不偏不倚之谓中，不易之谓庸"，是从他当时对于"中庸"的理解出发。在朱熹的眼中，"中庸"就应当是阐释人生主旨的框架，因此它也必须是一种"费而隐"之道。朱熹更将其当作一种远在天边的，具有神圣意味的"画像"，而并没有成为一种实践。

但朱熹提出"中庸"具有两层意味的时候，已经是在《中庸或问》一文

---

① 程颢、程颐：《二程遗书》，北京：中华书局，1984年，第200页。

② 苏费翔、田浩：《文化权力与政治文化》，北京：中华书局，2018年，第29页。

③ 苏费翔、田浩：《文化权力与政治文化》，北京：中华书局，2018年，第29页。

之中。苏费翔认为此时的朱熹之所以会采用两种解释，相较其早年已经减少了很多的排他性和好斗性，对于不同的论点以及不同的论断，他可以接受①。另外据笔者考察，实际上到了晚年的朱熹，他更讲求的是下用之学，因此朱熹的"中庸"自然也由"恒常"变成了"经常用"，下面笔者以朱熹与陈淳的书信来作为探讨。陈淳在绍熙三年曾致信朱熹讨论"公而以人体之，故为人"时曾举《中庸》的"仁者，仁也"为例来阐释这句话，而这里也体现了朱熹对于"中庸"二字的理解，他认为："体常涵用，用不离体，体用浑沦，纯是天理，日常呈露于动静间。"意思实际上就是他认为"中庸"一词不但在义理上要做辨析，同时用（实践）也与这种辨析同样重要，必须在日常实践之中所呈现出来的"中庸"才是"中庸"，所以必是"有是天地同大之体，然后有是天地流通之用；亦必有是天地通达之用，然后有是天地同大之体，则其实又非两截事也"②。我们可以发现后期的朱熹对于"体"与"用"的关系已经没有像之前那样一定要辩出个是非黑白。在他的眼中，二者已是互为主题，生生不息。因此后期的朱熹开始强调"下学之用"，他也因此提醒陈淳日用间均穷究"根原"处，陈淳第二次见朱子时则被训诫要多做下学工夫之时"亦不可割断于上达，须下学上达融会贯通"。我们可以从朱熹与陈淳的交往就可以发现，晚年的朱熹实际上并没有将义理放在首位，他更看重的日常生活之中的融会贯通，因此对于"中庸"的解释也倾向于使用郑玄的"经常用"，毕竟"经常用"之义才能够体现"中庸"的这种上下通达。

综上所述，"中庸"一词因为"中"与"庸"自身所具有的神圣性，因此在它诞生时就具有了作为"神圣物"的种种要素，这些要素在郑玄之后首度融合在了一起，并成了"经常用"的意思，并逐渐向日常生活转移。这一经典的解释也成就了日后"中庸"既能体现天地之体，也能作为日常动静之间。正如北宋晁说之所说："近世学者以'中庸'为二事，其说是书皆穿凿而二之。"③虽然在不同年代，"中庸"的不同侧面的呈现有所不同，但"中庸"一旦向自身之外的别的事物开放，就有其神圣之处④。借助"中庸"，人们可

① 田浩：《朱熹的思维世界》，南京：江苏人民出版社，2009年，第321—322页。
② 顾宏义：《朱熹师友门人往还书札汇编》上海：上海古籍出版社，2017年，第218—220页。
③ 晁说之：《景迂生集》，载《四库全书荟要》第387册，台北：世界书局，1985年，第231页。
④ 雷吉斯·德布雷：《图像的生与死——西方观图史》，上海：华东师范大学出版社，2014年，第43页。

以用欲擒故纵的方法来理解自己身边的环境。词语是一种信息检索系统，他们可以高度覆盖整个环境和经验，他同时又是一种复杂的比喻系统和符号系统，将我们以往的经验转化为可以使用言语说明的外在的感觉①。在这发展之中，"中庸"已经成了一种完备的"显圣物"，"中庸"既能够被用来作为日常生活的神圣法典，也能够用来规训士人的日常生活，此时的"中庸"可谓"三位一体"，我们可以用它召唤和找回它曾经所隐喻的"世界"②，它已经铺平了《中庸》传播的道路。

三、小结

牟宗三认为中国哲学的特质是一种内在走向，也就是内在超越性。概括起来就是注重"主体性"与"内在道德性"③，但矛盾的是它又是看重实践的，是以"生命"为中心，由此展开他们的教训、智慧、学问与修行④。实质上这两种走向并不矛盾。哲学的原义是明智，明智加以德性化和人格化，便是圣了⑤。儒家认为中国的圣人，必由德性的实践以达政治理想的实践，在这之中就是需要像《中庸》作为传经媒介，以达"性体与天命实体通而为一"的境界⑥。通过我们对于"中"字、"庸"字、"中庸"以及《中庸》的解释，我们发现《中庸》一书确实存在着这种作为"显圣物"的媒介功能，在将神圣与世俗的状态区分开来时，也将"天人互通"的道德理想与"利用互生"的生活实践完全统一，使得《中庸》之中一切的理想与实践都融为一体，这也正是《中庸》所展现的媒介逻辑。因此《中庸》在其"元典化"的过程之中是不断地向着神圣与世俗的两极不断拓展的，一方面，《中庸》在此时会不断成为一种神圣的经典，让人觉得遥不可及，也就是宋代所谓的"回向三代"的理想，而另一方面，它却又不停地向现实施加影响，试图通过自身向社会大众展现一种"神圣"的"圣人"以及如何达到的方法。正因为如此，儒家哲学才能既被视为修身之道，同时也是一种入世哲学，这一切都源于其"显圣物"的媒介逻辑。

---

① 米歇尔·麦克卢汉：《理解媒介：论人的延伸》，北京：商务印书馆，2000 年，第 93 页。
② 米歇尔·麦克卢汉：《理解媒介：论人的延伸》，北京：商务印书馆，2000 年，第 93 页。
③ 牟宗三：《中国哲学的特质》，上海：上海古籍出版社，1997 年，第 4 页。
④ 牟宗三：《中国哲学的特质》，上海：上海古籍出版社，1997 年，第 6 页。
⑤ 牟宗三：《中国哲学的特质》，上海：上海古籍出版社，1997 年，第 11 页。
⑥ 牟宗三：《心体与性体》，上海：上海古籍出版社，1999 年，第 11—36 页。

"身""乡""家""国""天下"之互动与回环
——由《管子》《老子》反观《大学》

张丰乾 ①

（中山大学，哲学系，广州，510275）

摘要:《大学》所言"修身齐家治国平天下"被视为儒家思想的纲领，先后次序非常明确，而行文用了演绎的方式。然而，对于"身""家""国""天下"及其相互关系的讨论，在中国古代却有不同向度的深入展开。《大学》的论说方式明确了身、心、意、知、物与家、国、天下之间层层推延、一体递进、回环互动的关系。同样是对家、国、天下的关注，《管子》中的理论则是继承和发展了老子"以身观身，以家观家，以乡观乡，以国观国，以天下观天下"的思想，强调"用道各异"、用平行观察、区别对待的方法强调"身""家""乡""国""天下"互不可为，小大有别，认为统治者应该"与民为一体"。《管子》强调君主"有天之道"和"失天之道"的利害所在，由此引申出一系列"久有天下而不失"应该遵循的修身治国的理论。针对"独任之国"，《管子》同时强调"任圣人之智"和"任众人之力"，主张贤人应该由乡里推荐；而在天下太平和家事成就方面，《管子》也提出了值得注意的理论。程朱在标榜四书系统之时，门户之见甚为坚厚，他们的偏见与科举结合起来，更是影响深远，故而有重点关注，条分缕析，在同归处探索殊途，于分歧中寻求共识的必要。

关键词:《大学》;《管子》；身；家；乡；国；天下；贤明

---

① 作者简介：张丰乾，甘肃古浪人，中山大学哲学系副教授，主要研究方向：中国古代哲学。

一、朱熹的几个偏见

在"四书"体系中，《大学》处于奠基的地位，朱熹《大学章句序》概括说：

及周之衰，贤圣之君不作，学校之政不修，教化陵夷，风俗颓败，时则有若孔子之圣，而不得君师之位以行其政教，于是独取先王之法，诵而传之以诏后世。若《曲礼》《少仪》《内则》《弟子职》诸篇，固小学之支流余裔，而此篇者，则因小学之成功，以著大学之明法，外有以极其规模之大，而内有以尽其节目之详者也。三千之徒，盖莫不闻其说，而曾氏之传独得其宗，于是作为传义，以发其意。及孟子没而其传泯焉，则其书虽存，而知者鲜矣！

自是以来，俗儒记诵词章之习，其功倍于小学而无用；异端虚无寂灭之教，其高过于大学而无实。其它权谋术数，一切以就功名之说，与夫百家众技之流，所以惑世诬民、充塞仁义者，又纷然杂出乎其间。使其君子不幸而不得闻大道之要，其小人不幸而不得蒙至治之泽，晦盲否塞，反复沈痼，以及五季之衰，而坏乱极矣！

天运循环，无往不复。宋德隆盛，治教休明。于是河南程氏两夫子出，而有以接乎孟氏之传。实始尊信此篇而表章之，既又为之次其简编，发其归趣，然后古者大学教人之法、圣经贤传之指，粲然复明于世。

仔细分析起来，朱熹的论说充满学派偏见，与历史记载不符，且与他本人的相关论说自相矛盾。

（一）"只是仁之功"？

朱熹虽然承认"齐桓公时，周室微弱，夷狄强大，桓公攘夷狄，尊王室，'九合诸侯，不以兵车'"，但又指责齐桓公是"以力假仁"者：

彝叟问："'行仁'与'假仁'如何？"曰："公且道如何是'行仁、假仁'？"曰："莫是诚与不诚否？"曰："这个自分晓，不须问得。如'由仁义行，非行仁义'处却好问。如行仁，便自仁中行出，皆仁之德。若假仁，便是恃其甲兵之强，财赋之多，足以欺人，是假仁之名以欺其众，非有仁之实也。故下文言'伯必有大国'，其言可见。"又曰："成汤东征西怨，南征北怨，皆是拯民于水火之中，此是行仁也。齐桓公时，周室微弱，夷狄强大，桓公攘夷

狄，尊王室，'九合诸侯，不以兵车'。这只是仁之功，终无拯民涂炭之心，谓之'行仁'则不可。"（《朱子语类》卷五十三）

而《管子·小匡》记载：

桓公曰："民居定矣，事已成矣，吾欲从事于天下诸侯，其可乎？"管子对曰："未可。民心未吾安。"公曰："安之奈何？"管子对曰："修旧法，择其善者，举而严用之；慈于民，予无财，宽政役，敬百姓，则国富而民安矣。"（《管子·小匡》）

齐桓公认可了管仲的建议，采取了一系列"作内政而寓军令焉"的措施。同时，齐桓公也注重推行教育，以"居处为义好学、聪明质仁、慈孝于父母、长弟闻于乡"为标准选拔和考核人才：

正月之朝，乡长复事，①公亲问焉，曰："于子之乡，有居处为义好学、聪明质仁、慈孝于父母、长弟闻于乡里者，有则以告。有而不以告，谓之蔽贤，其罪五。"有司已于事而竣。公又问焉，曰："于子之乡，有拳勇、股肱之力、筋骨秀出于众者，有则以告。有而不以告，谓之蔽才，其罪五。"有司已于事而竣。公又问焉，曰："于子之乡，有不慈孝于父母，不长弟于乡里，骄躁淫暴，不用上令者，有则以告。有而不以告，谓之下比，其罪五。"有司已于事而竣。于是乎乡长退而修德进贤。桓公亲见之，遂使役之官。（《管子·小匡》）

齐桓公同时也重视拳势勇猛，肌肉有力，筋骨出众的精英。明确表示乡长如果埋没各种人才，分别有五种罪名加以惩处；而在管辖范围内出现对父母不慈孝、对乡里不友好、骄横烦躁滥用暴力、不服从法令的人没有及时报告，则视同为自比于德行低下的人，也有五种罪名建议惩处。对于能够修养德行，推举贤人的乡长，桓公则亲自接见，并授予其官职。相比于"君子之

---

① 令五家为比，使之相保；五比为闾，使之相受；四闾为族，使之相葬；五族为党，使之相救；五党为州，使之相赒；五州为乡，使之相宾。（《周礼·地官司徒》）

德风，小人之德草，草上之风，必偃"的说教，① 桓公的思想周到具体，切实可行。可见朱熹所言"贤圣之君不作，学校之政不修，教化陵夷，风俗颓败"并非事实。而孔子对于管仲的德行与贡献也有中肯的评价。桓公也并非"以力假仁"，而是看重"聪明质仁"。《管子·立政》强调："大德不至仁，不可以授国柄。"《管子·幼官》则云："身仁行义，服忠用信则王。"《管子·君臣下》亦言："神圣者王，仁智者君，武勇者长，此天之道，人之情也。"——这些思想未必就是齐桓公本人的思想，但是重视"仁"，且同时突出"聪明""武勇"等德行，也是齐文化的重要内容却是没有问题的；换言之，《管子》同样推崇"智、仁、勇"。

（二）终无拯民涂炭之心？

齐桓公不仅提倡慈孝，鼓励教育，重视人才，他自己担忧天下诸侯的安危，在推行仁爱方面也是发自内心的，大小诸侯以"仁"和"宽"来称许桓公。桓公和诸侯礼尚往来，"轻其币而重其礼"，对诸侯"钧之以爱，致之以利，结之以信，示之以武"，获得广泛信服；他还减免赋税，构筑工事，防范野蛮民族的暴力，劝勉华夏诸侯国，教化大有成就，远方的民众如向往父母般认可他，近处的民族则如流水般归顺于他：

> 桓公忧天下诸侯。鲁有夫人庆父之乱，而二君弑死，国绝无后。桓公闻之，使高子存之。男女不淫，马牛选具。执玉以见，请为关内之侯，而桓公不使也。狄人攻邢，桓公筑夷仪以封之。狄人攻卫，卫人出旅于曹，桓公城楚丘封之。其畜以散亡，故桓公予之系马三百匹，天下诸侯称仁焉。于是天下之诸侯知桓公之为己勤也，是以诸侯之归之也譬若市人。桓公知诸侯之归己也，故使轻其币而重其礼。故使天下诸侯以疲马犬羊为币，齐以良马报。诸侯以缕帛布鹿皮四分以为币，齐以文锦虎豹皮报。诸侯之使垂橐而入，稛载而归。故钧之以爱，致之以利，结之以信，示之以武。是故天下小国诸侯，既服桓公，莫之敢倍而归之。喜其爱而贪其利，信其仁而畏其武。桓公知天下小国诸侯之多与己也，于是又大施忠焉。可为忧者为之忧，可为谋者为之谋，可为动者为之动。伐谭

---

① 孔子之言是针对季康子"如杀无道，以就有道，何如"的问题而言，孔子特别提醒："子为政，焉用杀？"（《论语·颜渊》）孔子是强调统治者的表率作用，而朱熹则发挥说："为政者，民所视效，何以杀为？欲善则民善矣。"他认为民众一定会效法统治者，统治者追求善，民众就善良了，显然是把问题简单化了。（《四书章句集注·论语集注》）

莱而不有也，诸侯称仁焉。通齐国之鱼盐东莱，使关市几而不正，壐而不税，以为诸侯之利，诸侯称宽焉。筑蔡、鄢陵、培夏、灵父丘，以卫戎狄之地，所以禁暴于诸侯也。筑五鹿、中牟、邺、盖与社丘，以卫诸夏之地，所以示劝于中国也。教大成。是故天下之于桓公，远国之民望如父母，近国之民从如流水。（《管子·小匡》）

这其中或许有溢美之词，但指责桓公治国没有救民于生死涂炭之心则是失于严苛——齐桓公更为看重的是对于民众日常生活的安顿和调节，面对诸侯的亲附和跟随，没有颐指气使，而是"爱""利""信""武"并举。而管仲作为当时为人瞩目的贤者，其自身命运的转折也和齐桓公的爱财重贤，心怀天下有关：

鲁人为杀公子纠。又曰："管仲，仇也。请受而甘心焉。"鲁君许诺。施伯谓鲁侯曰："勿予。非戮之也，将用其政也。管仲者，天下之贤人也，大器也。在楚则楚得意于天下，在晋则晋得意于天下，在狄则狄得意于天下。今齐求而得之，则必长为鲁国忧，君何不杀而受之其尸。"鲁君曰："诺。"将杀管仲。鲍叔进曰："杀之齐，是戮齐也。杀之鲁，是戮鲁也。弊邑寡君愿生得之，以徇于国，为群臣僇；若不生得，是君与寡君贼比也。非弊邑之君所谓也，使臣不能受命。"于是鲁君乃不杀，遂生束缚而柙以予齐。鲍叔受而哭之，三举。施伯从而笑之，谓大夫曰："管仲必不死。夫鲍叔之，忍不僇贤人，其智称贤以自成也。鲍叔相公子小白先入得国，管仲、召忽奉公子纠后入，与鲁以战，能使鲁败，功足以。得天与失天，其人事一也。今鲁惧，杀公子纠、召忽，囚管仲以予齐，鲍叔知无后事，必将勤管仲以劳其君愿，以显其功。众必予之有得。力死之功，犹尚可加也，显生之功将何如？是昭德以贰君也，鲍叔之知，不是失也。"

当然鲍叔牙的贤能也为后人所称道，与官场上常见的"嫉贤妒能"形成了鲜明的对比。尤其难能可贵的是，桓公接受了管子和隰朋建议，停止射杀动物，并和管子订立盟誓：不对年长体弱者用刑，宽大处理，三次豁免之后再进行处罚；对于关卡只过问，而不征税；对于市场，只征税而不操控；对于山林水泊等资源，也根据时节开放或封闭而不征税。盟誓的内容以命令的形式发布：

管仲曰："昔先王之理人也，盖人有患劳而上使之以时，则人不患劳也；人患饥而上薄敛焉，则人不患饥矣；人患死而上宽刑焉，则人不患死矣。如此，而近有德而远有色，则四封之内视君其犹父母邪！四方之外归君其犹流水乎！"公辍射，援绥而乘。自御，管仲为左，隰朋参乘。朔月三日，进二子于里官，再拜顿首曰："孤之闻二子之言也，耳加聪而视加明，于孤不敢独听之，荐之先祖。"管仲、隰朋再拜顿首曰："如君之王也，此非臣之言也，君之教也。"于是管仲与桓公盟誓为令曰："老弱勿刑，参宥而后弊。关几而不正，市正而不布。山林梁泽，以时禁发而不正也。"（《管子·戒第》）

朱熹似乎非常重视"动机"，但把"力"和"仁"对立起来，显然有失偏颇，与此相应的人物评判自然也会有失公允。而《管子·戒第》中所言的"盟誓为令"则体现出一种君臣之间的契约，颇为难得。宋太祖有不杀大臣的誓约，并刻于石碑上。[①] 相比较而言，日常互动中关切弱势群体、减少赋税的盟约更为可贵。

（三）孔子独取先王之法？

法先王，还是法后王，是儒法之争中的重要内容。《管子》书中，对于"先王之法"的推崇和阐述比比皆是，仅以《枢言》的部分内容为例：

帝王者，审所先所后，先民与地，则得矣；先贵与骄，则失矣。是故先王慎贵，在所先所后。

城郭、险阻、蓄藏，宝也；圣智，器也；珠玉，末用也。先王重其宝器而轻其末用，故能为天下。

先王贵诚信，诚信者，天下之结也。

先王事以合交，德以合人，二者不合，则无成矣，无亲矣。

釜鼓满，则人概之；[②] 人满，则天概之，故先王不满也。

以上论说从"先王"的"所慎""所贵""所重""所事"等角度突出了执政者应该注意人口的繁衍、土地的储备、防务的加强，以及公共财富的积累

---

① 参见杨海文：《"宋太祖誓碑"的文献地图》，《学术月刊》2010 年第 10 期。

② "概"同"槩"，本指量米粟时，刮平斗斛，不使过满的专用木板。《荀子·宥坐》记载孔子讲述水的特性："盈不求概，似正。"

而不要看重珠玉；同时，《管子》也批评"贵骄"，表彰"诚信""圣智"，提倡"不满"，超越了狭隘的学派界限。可见《管子》一书不仅没有忽视"先王之法"，而且非常推崇，特意强调，并做出了具体而独到的阐述，可见作者、编者胸怀广阔，见识非凡。

二、言近用异：《大学》与《管子》

《大学》所言"八目"以"明明德于天下者"为主体，以"修齐治平"为目标，先后次序非常明确，而行文用了"先果后因"的论证方式：

古之欲明明德于天下者，先治其国；欲治其国者，先齐其家；欲齐其家者，先修其身；欲修其身者，先正其心；欲正其心者，先诚其意；欲诚其意者，先致其知；致知在格物。物格而后知至，知至而后意诚，意诚而后心正，心正而后身修，身修而后家齐，家齐而后国治，国治而后天下平。自天子以至于庶人，壹是皆以修身为本。其本乱而末治者，否矣。其所厚者薄，而其所薄者厚，未之有也！

这种论说方式明确了身、心、意、知、物与家、国、天下之间层层推延、一体递进的关系。

而《老子》书中，则强调身、家、乡、国、天下的各自独立性：

善建者不拔，善抱者不脱，子孙祭祀不辍。修之身，其德乃真；修之家，其德有余；修之乡，其德乃长；修之于国，其德乃丰；修之于天下，其德乃普。故以身观身，以家观家，以乡观乡，以国观国，以天下观天下。吾何以知天下之然？以此。（《老子》第 54 章）

《管子》在《汉书·艺文志》中被列入道家。[①] 其中关于身、家、乡、国、天下的关系，乃是强调相近的两重关系之间作为本末的区别：

---

① 《管子·乘马》所言"无为者帝，为而无以为者王"是对《老子》第三十八章"上德无为而无以为，下德为之而有以为，上仁为之而无以为"的发挥；《管子·白心》云"名进而身退，天之道也"则是化用了《老子》第九章"功成，名遂，身退，天之道也"。参见连劭名：《〈管子〉义证》，中国典籍与文化，2019 年第 3 期。

欲为天下者,必重用其国;欲为其国者,必重用其民;欲为其民者,必重尽其民力。无以畜之,则往而不可止也;无以牧之,则处而不可使也。

地之守在城,城之守在兵,兵之守在人,人之守在粟。故地不辟则城不固,有身不治,奚待于人?有人不治,奚待于家?有家不治,奚待于乡?有乡不治,奚待于国?有国不治,奚待于天下?天下者,国之本也;国者,乡之本也;乡者,家之本也;家者,人之本也;人者,身之本也;身者,治之本也,故上不好本事,则末产不禁;末产不禁,则民缓于时事而轻地利。轻地利而求田野之辟,仓廪之实,不可得也。(《管子·权修》)

同样是对家、国、天下的关注,《管子》中的理论则是由"守"引出"地""诚""兵""人""粟"之间的依赖关系,平行观察而又区别对待,而不是线性递进。在《管子》中,"身"与"人","人"与"家","家"与"乡","乡"与"国","国"与"天下"对举,并突出后者为前者的根本。在此基础上,又对其相互关系以回环的方式做出了具体阐述。

(一)末不可为本

依据《管子·权修》所说,身、家、国、天下之间,递相为本,但是这并不意味着五者互相之间是层层推延的关系;相反,它们之间有"不可为"的界限:

以家为乡,乡不可为也;以乡为国,国不可为也;以国为天下,天下不可为也。以家为家,以乡为乡,以国为国,以天下为天下。毋曰"不同生,远者不听";毋曰"不同乡,远者不行";毋曰"不同国,远者不从"。如地如天,何私何亲?如月如日,唯君之节。(《管子·牧民》)

三个"毋曰"更是突出强调不要认为"远者"因为不同出生、不同乡里、不同国度而有理由分离对抗。统治者应该像天地一样没有私心和偏好,君主平等看待远近民众的原则应该像日月一样明确恒定。

(二)小大有别

《管子》书中不仅从多个角度阐明家、乡、国、天下的不同地位,同时也指出它们的规模大小不可混淆:

谨于一家，则立于一家；谨于一乡，则立于一乡；谨于一国，则立于一国；谨于天下，则立于天下。是故其所谨者小，则其所立亦小；其所谨者大，则其所立亦大。故曰："小谨者，不大立。"(《管子·牧民》)

从所严谨看待的对象大小来判定所确立目标的大小，并得出"小谨者，不大立"的结论，说明《管子》的最终着眼点是突破家、乡、国之限制的"天下"。

（三）王民一体，与天与人

君主都关心安危祸福，《管子》书中也认为贤明的君主能够挽救天下的祸患，使得危机转为平安，但又强调救祸安危者，一定要以任用千万民众为条件，然后才能去行动。在日常的生活中，君主想要使得臣下竭尽所能而又和上级关系亲密，也一定要为天下谋取利益而除去祸害。这是比较常见的政治原则。但《管子》一书的特点在于天下、万物、父子以及各种生物并重，而不是孤立地突出君民关系。

《老子》云："静为燥君"，《大学》申论："知止而后有定，定而后能静，静而后能安"，都是从个人修养的角度，而管子则提出使民众安静闲适而不受打扰，没有劳苦的原则。《老子》云："我无为而民自化，我无事而民自富，我好静而民自正，我无欲而民自朴。"《管子》则把"我"明确为"上"，提出"上无事则民自试"，上层不制造事端，不巧立事由，不劳顿下级，民众就会自己为自己做事；君主确立度量，安排职分，明确原则，以这些措施来面向民众，而不是事先讲一套空话，民众就会遵循正道。正如祭祀用的抱蜀不讲话而庙堂已经修整好了。

天之道，满而不溢，盛而不衰。明主法象天道，故贵而不骄，富而不奢，行理而不惰。故能长守贵富，久有天下而不失也。故曰："持满者与天。"明主救天下之祸，安天下之危者也。夫救祸安危者，必待万民之为用也，而后能为之。故曰："安危者与人。"

人主之所以使下尽力而亲上者，必为天下致利除害也。故德泽加于天下，惠施厚于万物，父子得以安，群生得以育，故万民欢尽其力而乐为上用。入则务本疾作以实仓廪，出则尽节死敌以安社稷，虽劳苦卑辱而不敢告也。此贱人之所以亡其卑也。故曰"贱有以亡卑。"

上无事则民自试，^① 抱蜀不言而庙堂既修。(《管子·形势》)

明主之治天下也，静其民而不扰，侠其民而不劳。不扰则民自循；不劳则民自试。故曰："上无事而民自试。"

人主立其度量，陈其分职，明其法式，以莅其民，而不以言先之，则民循正。所谓抱蜀者，祠器也。故曰："抱蜀不言而庙堂既修。"(《管子·形势解》)

《管子》认为先王善于和民众结为一体，综合市井人员的言论，顺应人心，安顿本性，根据众人心思所聚焦的地方发布政令，因此，政令发出之后没有滞留，刑罚设立之后派不上用场。但这并不是取消身、家、国、天下各自的独立特性，相反，也是根据国家的特性守卫国家，依照民众的特性守护民众。^② 既然统治者能做到这样。民众就没有借口，没有条件为非作歹了。

先王之在天下也，民比之神明之德。先王善牧之于民者也。夫民别而听之则愚，合而听之则圣。虽有汤武之德，复合于市人之言。是以明君顺人心，安情性，而发于众心之所聚。是以令出而不稽，刑设而不用。先王善与民为一体。与民为一体，则是以国守国，以民守民也。然则，民不便为非矣。(《管子·君臣上》)

由此可见，保持国与民各自的独立特性并分别守护它们，是与民众结为一体的前提。

(四)用道各异

《管子》所言之道，在本体的意义上，没有具体的形象和固定的处所，超越于时间的往来和感官的认知，语言也难以表达，是万物生成变化、事情得失成败的根据，"扶持众物，使得生育，而各终其性命"；在功用的意义上，人们虽然都在说"道"，但在家、乡、国、天下不同领域的人对道的应用各不相同。

---

① 《说文解字·言部》："试，用也。"

② 孔子所言"君君臣臣，父父子子"倒是和这一思想有接近之处。

夫道者，所以充形也，而人不能固。其往不复，其来不舍。谋乎莫闻其音，卒乎乃在于心；冥冥乎不见其形，淫淫乎与我俱生。不见其形；不闻其声，而序其成，谓之道。凡道无所，善心安爱。心静气理，道乃可止。彼道不远，民得以产；彼道不离，民因以知。是故卒乎其如可与索，眇眇乎其如穷无所。彼道之情，恶音与声，修心静音，道乃可得。道也者，口之所不能言也，目之所不能视也，耳之所不能听也，所以修心而正形也；人之所失以死，所得以生也；事之所失以败，所得以成也。凡道无根无茎，无叶无荣，万物以生，万物以成，命之日道。(《管子·内业》)

道之所言者一也，而用之者异。有闻道而好为家者，一家之人也；有闻道而好为乡者，一乡之人也；有闻道而好为国者，一国之人也；有闻道而好为天下者，天下之人也；有闻道而好定万物者，天下之配也。道往者其人莫来，道来者其人莫往。道之所设，身之化也。持满者与天，安危者与人。失大之度，虽满必涸；上下不和，虽安必危。欲王天下而失天之道，天下不可得而王也。得天之道，其事若自然；失天之道，虽立不安。其道既得，莫知其为之，其功既成；莫知其释之，藏之无形。大之道也，疑今者察之古，不知来者视之往。万事之生也，异趣而同归，古今一也。(《管子·形势》)

道者，扶持众物，使得生育，而各终其性命者也。故或以治乡，或以治国，或以治天下。故曰："道之所言者一也，而用之者异。"

闻道而以治一乡，亲其父子，顺其兄弟，正其习俗，使民乐其上，安其土，为一乡主干者，乡之人也。故曰："有闻道而好为乡者，一乡之人也。"(《管子·形势解》)

《管子》非常重视"乡"的治理，并认为通晓大道来治理一乡，使其中的父子关系亲密，兄弟关系顺遂，习惯风俗端正，民众以愉悦之心对待上级，而在故土安定地生活。这样的"乡之人"是一乡的骨干。对于"乡"的看重，说明《管子》充分注意到，在"家"和"国"之间，邻里和社区的地位不可替代。而《大学》所言的"修齐治平"，恰好缺了"乡"这一重要环节；而且儒家比较注重从"民之父母"的角度对统治者提出要求，以至于引起后世的激烈批评。①

---

① 参见拙文《"家""国"之间——"民之父母"说的社会基础与思想渊源》，中山大学学报（社会科学版），2008 年第 3 期。

（五）一民心，用治本

《管子》也认为政治的次序和伦理的差等应该理顺；同时强调度量衡和文字及交通应该规正。“至顺”和“至正”为先王用以统一民心的原则和措施，体现在美德和好事上面，天子、诸侯、大夫、民众都应该让渡自己的德行于上级。

天子出令于天下，诸侯受令于天子，大夫受令于君，子受令于父母，下听其上，弟听其兄，此至顺矣。衡石一称，斗斛一量，丈尺一綧制，戈兵一度，书同名，车同轨，此至正也。从顺独逆，从正独辟，此犹夜有求而得火也，奸伪之人，无所伏矣。此先王之所以一民心也。是故天子有善，让德于天；诸侯有善，庆之于天子；大夫有善，纳之于君；民有善，本于父，庆之于长老。此道法之所从来，是治本也。(《管子·君臣》)

可见，《管子》从“道”和“法”的根本由来的层面探究治理的方法，非常重视政令的通顺和制度的统一；而在美好的德行和事迹方面，也指出有官职的人士应该归功于自己的上司；而民众则以父亲为依靠，获得年长有威望者的赏赐和祝贺；天子有好的言行，要礼让于上天。

（六）信始于为身，中于为国，成于为天下

管子针对齐桓公所问“国君之信”的问题，把民众爱戴、领国亲近、天下信任相提并论，以突出信用在各个领域的不可或缺。至于信用从何开始，管子则提出了“始于为身，中于为国，成于为天下”的过程，并对每个过程的具体要求做了阐发。

管仲朝，公曰：“寡人愿闻国君之信。”对曰：“民爱之，邻国亲之，天下信之，此国君之信。”公曰：“善。请问信安始而可？”对曰：“始于为身，中于为国，成于为天下。”公曰：“请问为身。”对曰：“道血气，以求长年、长心、长德，此为身也。”公曰：“请问为国。”对曰：“远举贤人，慈爱百姓，外存亡国，继绝世，起诸孤；薄税敛，轻刑罚，此为国之大礼也。”（公曰：“请问为天下。”）[①] “法行而不苛，刑廉而不赦，有司宽而不凌；菀瘘困滞皆法度不亡，往

① 括号内文字为笔者根据上下文语境所补。

行不来，而民游世矣，此为天下也。"（《管子·中匡》）

其中"道血气，以求长年、长心、长德，此为身也"的说法颇为新颖，说明《管子》对于肉身的养护也非常重视，认为应该疏导血气来求得年龄、心志、德行的绵长。而在"为国"与"为天下"的方面，《管子》则体现出对于边远人士、弱势群体的关爱和对于有序而宽松的社会环境的向往。从中也可以看出《管子》对于各家思想的吸收，其成书背景与稷下学宫息息相关。[①]

三、法象天道，久有天下

《大学》以"平天下"为目标，如前文所引《管子》亦言"平治天下"。但《大学》始终关注于"天下"，而只引用了《太甲》之言"顾諟天之明命"，对"天道"则没有论及。而《管子》强调君主是天之道和失天之道的利害所在，由此引申出一系列"久有天下而不失"应该遵循的修身治国的理论：

其一："得天之道，其事若自然；失天之道，虽立不安。"（《管子·形势解》）

其二："上德而下功，尊道而贱物。"（《管子·戒第》）

其三："法天象地"："贵而不骄，富而不奢，行理而不惰。"（《管子·形势解》）

其四："自去而因天下之智力。"（《管子·形势解》）

其五：观"三守"、察"三满"：

夫国大而政小者，国从其政；国小而政大者，国益大。大而不为者，复小；强而不理者，复弱；众而不理者，复寡；贵而无礼者，复贱；重而凌节者，复轻，富而骄肆者，复贫。故观国者观君，观军者观将，观备者观野。其君如明而非明也，其将如贤而非贤也，其人如耕者而非耕也，三守既失，国非其国也。地大而不为，命日土满；人众而不理，命日人满；兵威而不止，命日武满。三满而不止，国非其国也。地大而不耕，非其地也；卿贵而不臣，非其卿也；人众而不亲，非其人也。（《管子·霸言》）

---

① 参见高华平：《稷下黄老学与先秦诸子百家——论〈管子〉对先秦诸子学的整合与扬弃》，《社会科学战线》2019 年第 10 期。

其六："知任""知器"：

天下乘马服牛，而任之轻重有制。有壹宿之行，道之远近有数矣。是知诸侯之地千乘之国者，所以知地之小大也，所以知任之轻重也。重而后损之，是不知任也；轻而后益之，是不知器也。不知任，不知器，不可谓之有道。（《管子·乘马》）

其七：知"天道之数，人心之变"，行"七不"之策。

地大国富，人众兵强，此霸王之本也，然而与危亡为邻矣。天道之数，人心之变。天道之数，至则反，盛则衰。人心之变，有余则骄，骄则缓怠。夫骄者，骄诸侯，骄诸侯，诸侯失于外；缓怠者，民乱于内。诸侯失于外，民乱于内，天道也。此危亡之时也。若夫地虽大，而不并兼，不攘夺；人虽众，不缓怠，不傲下；国虽富，不侈泰，不纵欲；兵虽强，不轻侮诸侯，动众用兵必为天下政理，此正天下之本而霸王之主也。（《管子·重令》）

其八："治民有常道，而生财有常法。"（《管子·君臣上》）

四、天下治、家事成

"家"在《管子》中具有特别的意义。《管子》的社会理想体现在天下太平和家事成就两个方面。围绕这两个密切相关的方面，《管子》提出了一系列值得注意的理论：

其一，用圣人治天下，用媒人成家事。

明主之治天下也，必用圣人，而后天下治；妇人之求夫家也，必用媒，而后家事成。故治天下而不用圣人，则天下乖乱而民不亲也；求夫家而不用媒，则丑耻而人不信也。故曰，"自媒之女，丑而不信。"（《管子·形势解》）

其二，执政者的重要禁忌：言可不复、行不可再。"言可不复"即所发表的言论离间了父子之间的亲情，疏忽了君臣相处的原则，对天下大众造成了危害。所以，不能被反复引用的言论，首先会伤害家庭关系，明智的君主不会讲说。在行为方面，假如君主自己举止端正，差使他人有礼貌，和别人交往讲道理，他自己所采取的行为就会成为天下人的法则和范式，人们都会担心不能重复他的行为。而不可复述的言论和不可模仿的行为是执政者的大忌。

人主出言不逆于民心，不悖于理义，其所言足以安天下者也，人唯恐其不复言也。出言而离父子之亲，疏君臣之道，害天下之众，此言之不可复者也，故明主不言也。故曰："言而不可复者，君不言也。"

人主身行方正，使人有礼，遇人有理，行发于身而为天下法式者，人唯恐其不复行也。身行不正，使人暴虐，遇人不信，行发于身而为天下笑者，此不可复之行，故明主不行也。故曰："行而不可再者，君不行也。"

言之不可复者，其言不信也；行之不可再者，其行贼暴也。故言而不信则民不附，行而贼暴则天下怨。民不附，天下怨，此灭亡之所从生也，故明主禁之。故曰，"凡言之不可复，行之不可再者，有国者之大禁也。"（《管子·形势解》）

其三，避免"百虑其家，不一图其国"的情况发生。《管子》指出君主昏庸，众大臣就会借助管理国政的重要地位攫取私利，并搜刮民众来积累自家财富。所以，要防止大臣"擅其利，富其家"。

明主之治也，明于分职，而督其成事。胜其任者处官，不胜其任者废免。故群臣皆竭能尽力以治其事。乱主则不然：故群臣处官位，受厚禄，莫务治国者，期于管国之重而擅其利，牧渔其民以富其家。故《明法》曰："百虑其家，不一图其国。"（《管子·明法解》）

其四，爱民之道："公修公族，家修家族"。

桓公又问曰："寡人欲修政以干时于天下，其可乎？"管子对曰："可。"公曰："安始而可？"管子对曰："始于爱民。"公曰："爱民之道奈何？"管子对曰："公修公族，家修家族，使相连以事，相及以禄，则民相亲矣。放旧罪，修旧宗，立无后，则民殖矣。省刑罚，薄赋敛，则民富矣。乡建贤士，使教于国，则民有礼矣。出令不改，则民正矣。此爱民之道也。"（《管子·小匡》）

其五，作为行政组织的"家""乡""方""邑""国"等等，其规模大小有明确记述：

> 方六里，命之曰暴。五暴命之曰部。五部命之曰聚。聚者有市，无市则民乏。五聚命之曰某乡，四乡命之曰方，官制也。官成而立邑。五家而伍，十家而连，五连而暴。五暴而长，命之曰某乡。四乡命之曰都，邑制也，邑成而制事。四聚为一离，五离为一制，五制为一田，二田为一夫，三夫为一家，事制也。事成而制器，方六里，为一乘之地也。一乘者，四马也。一马其甲七，其蔽五。四乘，其甲二十有八，其蔽二十。白徒三十人奉车两，器制也。(《管子·乘马》)

> 分国以为五乡，乡为之师，分乡以为五州，州为之长。分州以为十里，里为之尉。分里以为十游，游为之宗。十家为什，五家为伍，什伍皆有长焉。(《管子·立政》)

　　其中，"家"可谓居于基层的行政组织，而不仅仅是生活单位。对于"家"的理解，也不能仅局限于"血缘"方面。正因为"家"的基础地位，所以"齐家"才特别重要。同时，"身"与"人"相对而言，是指"自身"而言，所谓的"修身"，乃是"修自己"。

　　把《大学》一篇和《管子》一书（实存七十六篇）做比较，似乎比重失衡；但因为程朱在标榜四书系统之时，门户之见甚为坚厚，他们的偏见与科举结合起来，更是影响深远，故而有重点关注，条分缕析的必要。《管子》中的相关理论视野开阔，内容丰富而论述清晰，对研究哲学、政治、伦理、历史、军事、经济等理论意义和现实意义都非常重要，还需要进一步仔细考究。本文仅是抛砖引玉，请方家指正。

《老子》的贤德观及其传播价值新论

管国兴　祝　涛①

（江苏宏德文化出版基金会，江苏南京，210023）

摘要： 中国文化不仅尊道而且贵德，老子曾在《道德经》中提及下德、常德、上德、玄德等多种德性，并深具微言大义。他主张世人效仿内圣外王的贤德之士，通过道法自然、德法天地等建德活动，改造升华仁、义、礼、智等世俗强制规范型的下德，使之逐渐趋近地之常德、天之上德、道之玄德。正是基于大道生而不有之玄德的胜义谛，老子批判了普罗大众的世俗性贤德。为此，他提议不尚贤，并激励民众超越世俗的下德，建构真正的贤德，进而借由立功济世、功成不居、名遂身退等方式契合玄德返归大道。很显然，在当前运用新媒体广泛传播老子贤德观的精髓，可以启发民众的智慧，涵养世俗的德行，这无疑具有丰富的理论价值和现实意义。

关键词： 老子；道体论；德性观；尚贤；传播

中国道家创始人老子曾指出："不尚贤，使民不争；不贵难得之货，使民不为盗；不见可欲，使民心不乱。"（《道德经·第三章》）② 其所提"不尚贤"的观点，常使人误以为老子在批判道德、鄙弃贤良，倡导愚民思想。学界早期也认为："老子反对当时流行的尚贤主张，反对新事物。他主张愚民，认为人民的头脑越简单越便于被统治。"③ 孙以楷先生发现，后人往往把老子的"不

---

① 管国兴（1964—），男，江苏常州人，南京大学哲学博士，江苏宏德文化出版基金会副理事长兼秘书长，江苏省周易文化研究会副会长，研究领域：企业管理、中国哲学、道家文化、传播学等；祝涛（1987—），男，陕西安康人，厦门大学哲学博士，中盐金坛盐文化研究中心副主任，研究方向：中国哲学、华夏文明传播、管理哲学。

② 饶尚宽译注：《老子》，北京：中华书局，2018年，第6页。

③ 陈鼓应：《老子新译》，上海：上海古籍出版社，1986年，第65页。

尚贤"误解为反对"贤"，并认为老子是非道德主义者、弃智主义者、不重视知识和人才的人。① 其实，全面深入地探究老子思想后不难得知，老子并非寡仁弃智、鼓励愚民的阴谋家，而是见识高远仁民爱物的大智大德之人，这也正是《老子》又名《道德经》的深义。陈鼓应先生曾分析道，老子将经验世界的许多概念用上，然后一一否定它们的适当性……由此反显"道"的深微诡秘。②

正如老子所言"返者道之动"（《道德经·第四十章》），洞悉宇宙大道的老子十分擅长"反其道而行之"，也经常喜欢说反话。最明显的例证莫过于《老子》的首章，其开篇名言即是："道，可道，非常道。"（《道德经·第一章》）③ 他在此以遮诠 ④ 而非直诠的方式，对"道"这个宇宙本体做出简洁高明、发人深省的描述。总之，在看似绝仁弃义不尚贤的《老子》文本中，其实处处蕴含着老子希圣倡贤、尊道贵德的思想，而且其关于贤德的见解非常睿智，不仅超越了世俗谛而且更注重胜义谛。鉴于此，本文结合纵向梳理、横向比较等方法，力图对《老子》的贤德观予以发微掘隐，进而探讨其在当今社会的启迪意义和传播价值。

一、道法自然之玄与为而弗恃之德

（一）《老子》道法自然观

由于贤德观属于人生观、心性论的范畴，因而在探究《老子》贤德观的过程中，首先须明晰其更为基本的宇宙道体观或世界本体论。众所周知，《老子》又名《道德经》，在《老子》看来，宇宙万物的本源为"道"。正如大多数学者所言："道是老子哲学体系的最高范畴"⑤，"'道'在老子中出现七十多次……是万物的终极依据"⑥。老子曰："道生之，德畜之，物形之，势成之。"⑦（《道德经·第五十一章》）可以说，因为道生成万物，德滋养万物，环境使万

---

① 孙以楷：《"不尚贤"说解》，《华夏文化》2002 年第 2 期。

② 陈鼓应：《老子今注今译》，北京：商务印书馆，2006 年，第 39 页。

③ 饶尚宽译注：《老子》，北京：中华书局，2018 年，第 1 页。

④ 宋君波：《关于"道"与"德"的新认知》，《人文天下》2017 年第 5 期。遮诠式，即从反面做否定之表述，排除对象不具有之属性，以诠释事物之义。

⑤ 管国兴：《老子道论对现代企业管理的启示》，《学海》2011 年第 3 期。

⑥ 方坚铭：《再论〈道德经〉的基本理路和现代价值》，《浙江工业大学学报》（社会科学版）2017 年第 3 期。

⑦ 饶尚宽译注：《老子》，北京：中华书局，2018 年，第 75 页。

物生长发展，形势令万物有所成就，所以万物应通过"尊道贵德"等方法来促成生命质量的提升。

老子在提出道为本源的宇宙道体观后，进而构建出气化万物的世界生成图景。周耿指出："老子的万物生成论可以概括为'道生、物形'论：道支配某种物质生成万物。老子后学多把'物'解释为'气'，形成了形态各异的道、气生物论。"① 这类观点其实根源于老子对世界生成论的经典断言："道生一，一生二，二生三，三生万物。万物负阴而抱阳，冲气以为和。"（《道德经·第四十二章》）② 在老子看来，身为万物本根的"道"，是蕴含在万物里的一种普遍性存在，在它化生万物的过程中，其内在结构和基本规律是阴阳二气的交织融和。

有学者指出，构成人和世界万物的材料没有什么不同，都是阴阳之气……生命的生成、展开、死亡，可以作"阴阳之气"遵循天地自然之道的自然运演。③ 在道生德畜、气化万物的过程中，由于道无形无名、气无象无状，因而道生万物的过程显得非常隐秘。因为道是无形无象的，但道所化生的万物却有形象，所以道生万物展现出无中生有、玄妙莫测等特点。虽然它显得隐秘玄妙，但在道所化生的有形万物中，老子认为天、地、人、王这四种值得特别关注，因为他们充分彰显了生命之道和谐展开的元法则——循"道"法"自然"。

2. 生而不有蕴玄德

对于无象之道化生有形万物的内在机理，老子曾以天、地、人、王这四物为例做过简要阐述。他指出："道大，天大，地大，人大……域中有四大……人法地，地法天，天法道，道法自然。"④（《道德经·第二十五章》）而且老子认为，虽然"道"既是天地万物得以生成的始基或本根，又是范导阴阳之气促成万物生长发展的基本法则，但它不会居功自傲。在他看来："只有无为，只有无执，才会成就一切。"⑤ 正因如此，他指出："大道氾兮，其可左右。万物恃之以生而不辞，功成而不有。衣养万物而不为主……以其终不自

---

① 周耿：《"道生、物形"论：先秦道家万物生成化的基本模式及其理论意义》，《国学学刊》2016 年第 4 期。

② 饶尚宽译注：《老子》，北京：中华书局，2018 年，第 62 页。

③ 刘占虎：《老庄生命哲学之和谐心灵生态生成论——以"道生之，德畜之，物形之，势成之"为中心》，《管子学刊》2018 年第 2 期。

④ 饶尚宽译注：《老子》，北京：中华书局，2018 年，第 44 页。

⑤ 孙以楷：《"不尚贤"说解》，《华夏文化》2002 年第 2 期。

为大，故能成其大。"①（《道德经·第三十四章》）正因为功成不居的道不自以为伟大，所以才能成就它的伟大，这说明化生万物的道，具有生而不有的玄德。对此玄德，老子曾予以多次强调：

> 养之覆之，生而不有，为而不恃，长而不宰，是谓玄德。
>
> 明白四达，能无知乎？生之畜之，生而不有，为而不恃，长而不宰，是谓玄德。②

　　玄德，一方面意味着在无象之道化生有形万物的过程中，具有无中生有的神奇玄妙性；另一方面意味着，道生万物后其功成不居的高洁品德，远远超出了常人的理解能力和效仿范围。在今人看来，道法自然冥化万物，生而不有默养万物的玄德，的确相当令人费解。为了充分理解玄德，我们有必要在纵向梳理中细致体味老子的思想精髓，并横向参照其他古圣先贤的观点，全面深入地分析其妙义。解析字义可知，玄的本义为深黑色，这种颜色具备隐晦模糊性，于是玄字蕴含有深奥、奇妙、幽远等意思。在中华文化中，《周易》的象数能充分解释《道德经》的"玄妙""众妙之门"，若不用象数，很难解释出《道德经》中的"玄妙"究竟妙在何处。

　　在《周易》的象数中，道生万物的玄妙宇宙图景，被《河图》做出了高明的描述，东西南北等空间和春夏秋冬等时间都在《河图》中有清晰的表现。另外，阴阳、五行、八卦等玄妙的道理，在《洛书》中也有很全面的彰显。无论是《河图》还是《洛书》，其图像里最中心的数字都是"五"，令人惊异的是，易学"中五"的概念在老子《道德经》中也备受重视，其第二十五章强调："人法地，地法天，天法道，道法自然。"③在老子看来，自然、道、天、地、人这五个元素，构成了宇宙图景的基本模型。中国古人曾以"脬豆"来描绘宇宙，因充气而虚空的"脬"犹如宇宙天地，豆粒在"脬"中滚动就如同人在天地间活动。可见，将《周易》象数与《老子》思想予以横向比较后，人们对"玄""玄妙""玄德"的理解能更加直观。

---

① 饶尚宽译注：《老子》，北京：中华书局，2018年，第59页。
② 饶尚宽译注：《老子》，北京：中华书局，2018年，第60页。
③ 饶尚宽译注：《老子》，北京：中华书局，2018年，第37页。

二、德法天地之智与希圣成贤之慧

通过细致探究《老子》的道体观、本体论后，人们不难发觉老子对道高度推崇。他认为道是宇宙本源，不仅为万物之母，而且具备深邃幽远、精微神奇的玄德。对于德，庄子曾指出"物得以生谓之德"①（《庄子·天地》），周易曾强调道："天地之大德曰生"②（《周易·系辞下》），庄子还认为："德者，成和之修也"（《庄子·德充符》）。③ 由于道不仅化生出万物，而且还冲气以为和，因此这个过程展现出丰富的德性。基于此，对道和德及其二者间的关系，老子在《道德经》里有过大量的讨论，"德"在其中出现了近四十次，"道"更是有七十多次。正如曹峰所言：《老子》的生成论可以分为"生"论和"成"论两个序列。老子不仅关注万物的发生，同样关注万物的成长。"道"和"德"在生成论中分别担当着不同的角色，发挥着不同的功能。④

老子指出："孔德之容，惟道是从。"（《道德经·第三十四章》）⑤ 陈鼓应先生认为，从此句可以略窥道和德之间的关系："一、道是无形的，它必须作用于物……显现它的功能。道所显现于物的功能，称为德。二、一切物都由道所形成，内在于万物的道，在一切事物中表现它的属性，亦即表现它的德。"⑥ 考察道生德蓄、气化万物的过程可知：道是万物得以生的本体性根源，德是万物有所成的具体性因缘，无形之道是具体之德的内在实质，各种德是大道的外在显现。郑开曾指出：参考乾知大始、坤作成物可知，老子所说的"道生之，德畜之"隐含了"生"与"成"两个方面。⑦ 《文子》认为："道是德的理论依据，德是道的表现形式……二者之间是一种源与流的关系。"⑧ 由于德跟道关系密切，正如朱熹所言："德者，得也，行道而有得于心者也。"⑨ 因此，中国哲学主张人们尊道贵德。至于如何做到尊道贵德？老子早已为世人提供了自己的诸多思考。

①　孙通海译注：《庄子》，北京：中华书局，2016 年，第 39 页。

②　黄寿祺，张善文著：《周易译注》（最新增订版），中华书局，2016 年，第 563 页。

③　孙通海译注：《庄子》，北京：中华书局，2016 年，第 78 页。

④　曹峰：《〈老子〉生成论的两条序列》，《文史哲》2017 年第 6 期。

⑤　饶尚宽译注：《老子》，北京：中华书局，2018 年，第 61 页。

⑥　陈鼓应：《老子今注今译》，北京：商务印书馆，2006 年，第 83 页。

⑦　郑开：《试论老庄哲学中的"德"：几个问题的新思考》，《湖南大学学报》（社会科学版）2016 年第 4 期。

⑧　刘伟：《从竹简〈文子〉中道与德的关系看早期儒道关系》，《齐鲁学刊》2004 年第 6 期。

⑨　朱熹：《四书集注·学而篇》，北京：中华书局，2018 年，第 28 页。

（一）法天象地明道悟德

由于"道"和"德"共同构成万物生成的根源和依据，无形之道使万物得以生，具体之德令万物有所成，因而在大道化生万物时，万物都秉承大道形成自身的德性。正如张岱年所言："德是一物所得于道者。德是分，道是全。一物所得于道者以成其体者为德。德实即是一物之本性。"① 老子对道和德高度重视，并展开过大量论述，他使人明白，相比于"道"而言，德更容易被人感知。"道"与"德"呈现为"一"与"多"、"分"与"总"的关系……"德"兼含万物生成之普遍潜质和具体事物之现实特性双重含义。② 显然，道生万物的过程，意味着它在万物诞生时，分别使万物被赋予了其应有的各种德性。

老子在《道德经》中强调："万物莫不尊道而贵德"，并且为社会民众的尊道贵德实践提供了重要启迪。由于在道所生的宇宙万物中，天、地、人、王是域中四大，因而天、地、人、王之德也理应受到更多的关注。于是，民众在贵德活动中，要观天之道、法天之德，关于天道的特点，老子曾有精辟的分析。"天之道，其犹张弓与？高者抑下，下者举之，有余者损之，不足者补之。天之道，损有余而补不足……孰能有余以奉天下，唯有道者。"③ 他认为天之道非常高明，善于"维护自然万物之间的均衡、稳定以及协调状态"④。按照老子的说法，化生万物的大道，拥有生而不有的玄德，由于擅长效法大道的天，与大道最为相近，因此天道也具备玄德，中国哲学对此曾有天玄地黄的明确说法。

在老子看来，与大道类似，天道也十分玄妙难知，其玄德也非常深奥莫测。他认为天之玄德属于上德，这种上德与道的玄德具有类似的特质，即无为而无不为。其具体表现是："不争而善胜，不言而善应，不召而自来，坦然而善谋。"⑤ 这也正如孔子对天道的经典论述："天何言哉？四时行焉，百物生焉。"⑥ 由于天虽然什么都未说未做，但四季可循序运行，万物能生长不息，因此老子赞曰："上德不德是以有德。"尽管这种上德如此玄妙深奥，但民众

---

① 张岱年：《中国哲学大纲》，北京：中国社会科学出版社，1982年，第24页。
② 曹峰：《〈老子〉生成论的两条序列》，《文史哲》2017年第6期。
③ 饶尚宽译注：《老子》，北京：中华书局，2018年，第197页。
④ 黄小珍：《"尊道"在于"贵德"：老子的生态伦理意蕴》，《南京林业大学学报》（人文社会科学版）2018年第3期。
⑤ 饶尚宽译注：《老子》，北京：中华书局，2018年，第163页。
⑥ 陈晓芬，徐儒宗译注：《论语·大学·中庸》，北京：中华书局，2018年，第15页。

还是应努力悟天之道、效天之德。对此，周易的乾卦思想认为：天道运行周而复始，乾健之德永无止息，君子应师法天道，自立自强，进而效仿天德，生命不息，奋斗不止。

老子主张民众在贵德活动中，也需效法地德。正如周易《系辞》所言："古者包牺氏之王天下也，仰则观象于天，俯则观法于地……以通神明之德，以类万物之情。"① 在易学看来，天、地、人三才里，人居于中间，上有天下有地。而且由于在道所化生的天地万物中，人是万物之最灵，因此人类应积极致力于上观法于天，下取法于地。上观法于天的难点在于观天明道，领略其不言而善应、自强不息等玄德；下取法于地的重点是远取诸物近取诸身，体悟其上善若水、处下守柔、谦逊利物等恒常不变的美德。

细致解读老子的《道德经》可知，宇宙万有因道生、德畜、物形、势成之后，某物便被道赋予了某物应有之德。比较明显的是，天有天之德，地有地之德。天因法道而距道最近，所以天与道相似拥有玄德，天之德也称为上德；由于法天之地万古长存恒常不灭，因而地之德可称为常德。老子为了使人更直观地理解地德、常德，他极为高明地以水这种大地之物为例，对地之常德予以睿智的剖析。"上善若水，水善利万物而不争。处众人所恶，故几于道。"② 很明显，老子认为大地之水具备接近于道的优良品质，"善于施利给万物但却不与万物相争，这符合道的原则"③。

众所周知，对于人来说，大地之水所具"心善渊，与善仁，言善信，正善治，事善能，动善时"④ 这些常德，非常容易被人效仿。"居善地"说的是要到最能发挥作用的地方去；"心善渊"说的是心灵要清澈明净、纯洁高尚；"与善仁"说的是要以仁爱之心相处、善利万物；"言善信"说的要实事求是、讲信用；"正善治"说的是管理要走正路；"事善能"说的是要遵循自然规律；"动善时"说的是要善于把握时机、有形不固。⑤ 可以说，老子《道德经》之所以经常结合现实生活运用风云水木举例，就是因为想引导世人在尊道贵德的同时，能够法天象地明道悟德，并期待民众形成德法天地的精妙智慧。

---

① 黄寿祺，张善文著：《周易译注》（最新增订版），北京：中华书局，2016 年，第 569 页。
② 饶尚宽译注：《老子》，北京：中华书局，2018 年，第 18 页。
③ 高长峰：《略议老子思想中的不争之德》，《南方论刊》2014 年第 5 期。
④ 饶尚宽译注：《老子》，北京：中华书局，2018 年，第 29 页。
⑤ 高长峰：《略议老子思想中的不争之德》，《南方论刊》2014 年第 5 期。

（二）修身成贤建德立功

老子除了希望世人外师造化效法天地以便增长智慧福德外，还建议世人希圣成贤从而修身建德立功。老子认为，在道生、德畜、物形、势成的过程中，不仅有天、地生成，而且还有人类不断降生。因为在人类群体中，有圣、贤、凡、愚之分，所以普通民众若要尊道贵德，在法天象地之外，还需向道德卓越之人积极学习。在老子看来，当时的社会礼崩乐坏、战乱频繁、百姓失所、秩序混乱。虽然人类都是由道所生，但众人所具之德差异很大，有的人对道德很珍视，德性很好，有的人则截然不同。对此，老子曾指出："上德不德，是以有德；下德不失德，是以无德。"①"上德"即真正崇尚"德"的人……"下德"即不崇尚"德"的人。②

细致分析老子的德性观可知：真正崇尚"德"的人，他崇尚的是以"道"为根基的本源之德，而不是世俗之德，例如某种具体的德目：仁、义、礼等。③如果说世俗之德作为具体的德目是"有"，可以表现出来……而本源之德则无固定的表现形式，更重要的是与"道"合一。④因为"上德"之人是善于法天象地，接近道法自然真谛的人，他为而不恃，不刻意去表现自己的美德，以致其内在德性几乎未曾通过外在形式显露出来，所以老子强调："失道而后德，失德而后仁，失仁而后义，失义而后礼……"⑤在老子看来，他所肯定的"上德"须契合大道为而不恃的根本宗旨，否则便沦为"失道"的"下德"。"下德"实际上不算是道德，其本质为世俗社会为了挽救日下的世风所设置的强制性伦理规范。

可见，与道相合的"上德"体现为不固守世俗之德的表相，不以有德自居（上德不德）……下德则表现为固守、执着于德之表相与外在规范，以有德者自居。⑥因为与"上德"契合大道、为而不恃的特质不同，"下德"是"求而得之""为而成之"的，属于"有为"，所以说"下德""是以无德"。⑦正因目睹当时社会的这种颠倒乱象，老子才呼吁："不尚贤，使民不争……

---

①　饶尚宽译注：《老子》，北京：中华书局，2018年，第75页。

②　周耿：《〈老子·三十八章〉"上""上德"探微》，《哲学研究》2017年第5期。

③　陈霞：《孔德之容，唯道是从——论道家道德哲学的根基及其特征》，《哲学研究》2016年第3期。

④　周耿：《〈老子·三十八章〉"上""上德"探微》，《哲学研究》2017年第5期。

⑤　饶尚宽译注：《老子》，北京：中华书局，2018年，第93页。

⑥　白晋荣、杨翠英：《〈老子〉"德"论探微》，《河北学刊》2016年第1期。

⑦　黎荔：《论上德下德的历史地位》，《陕西广播电视大学学报》2015年第1期。

圣人之治……常使民无知无欲。"① 在此值得注意的妙义大体有两方面，其一，老子强调的是"不尚贤"，而非"尚不贤"。其二，纵深梳理《道德经》的思想可知，对老于老子所说的"不尚贤"，世人须结合世俗谛、胜义谛这两大层面进行正确解悟。

从世俗谛来看，老子确实主张"不尚贤"，其缘由在于他发现倡导世俗贤德会引发大弊。"为了鼓励人们行德，提倡低层次的、交换式的世俗美德，而这一提倡带来的负面结果是：人们为了换取名利，纷纷表现为'有德'。"② 只执着于"德"的形式，而不注重内涵……这种方式是对大道的远离。③ 正因如此，老子反对世俗的贤德，并认为："绝圣弃智，民利百倍。绝仁弃义，民复孝慈。"④ 从胜义谛来看，老子其实从更高远的视角对"尚贤"予以了赞扬和倡导。他主张世人努力学习圣者、王者的贤德，而非世俗的贤德，因为在他看来，为而不争的内圣外王之士，为法天象地明道悟德的佼佼者，值得民众以之为楷模，所以他建议世人希圣成贤从而修身建德立功。

老子所崇胜义谛的"贤德"是圣贤之德，它与普罗大众所强调的仁义礼智等世俗谛"贤德"有很大不同。后世儒者强调仁义礼智，导人向善，这在老子看来也就意味着社会中存在着不仁不义不礼不智……因此教导百姓改恶迁善并不能从根本上解决社会中的不仁不义现象。⑤ 正因如此，老子主张民众摒弃下德，效法天地、圣贤的不仁之大德。他指出："天地不仁，以万物为刍狗，圣人不仁，以百姓为刍狗。"⑥ 这正如吕思勉先生所说："道德法律，其为物虽殊……然则既有道德法律，其社会即非纯善之社会矣。"⑦ 结合《周易》等经典的理论可知，老子反对人为的世俗贤德，他认为真正的盛大贤德不能刻意为之，而应具备"百姓日用而不知……鼓万物而不与圣人同忧"⑧ 的特质。

张华勇认为："当善恶不为人们所认识的时候也就是善与恶不再存于社会

---

① 饶尚宽译注：《老子》，北京：中华书局，2018 年，第 116 页。

② 周耿：《〈老子·三十八章〉"上""上德"探微》，《哲学研究》2017 年第 5 期。

③ 王敏光：《老子〉哲学"德"论探赜》，《理论月刊》2011 年第 9 期。又见王敏光：《以身观身：老子群己观的一种释读视角探赜》，《东岳论丛》2016 年第 8 期。

④ 饶尚宽译注：《〈老子〉，北京：中华书局，2018 年，第 38 页。

⑤ 张华勇：《老子"德"的内在意蕴及其现代阐释》，《道德与文明》2015 年第 5 期。

⑥ 饶尚宽译注：《老子》，北京：中华书局，2018 年，第 12 页。

⑦ 吕思勉：《先秦学术概论》，长沙：岳麓书社，2010 年，第 37 页。

⑧ 黄寿祺，张善文著：《周易译注》（最新增订版），北京：中华书局，2016 年，第 568 页。

之中的状况。天道流行于其中而百姓并不知，然而这仍是要教化的。"① 可见肯定的是，老子不管是说"圣人不仁""上德不德"，还是提倡"不尚贤"，他都是在胜义谛层面说的。由于其深义都是在反对世俗层面人为刻意的仁德、贤德，他认为真正的盛大贤德应是自然而然的，因此他指出"上德若谷……建德若偷。"② 在老子看来，世俗贤德是下德，亟需升华为上德、玄德，其具体做法为师法天地、效仿圣贤、明道悟德、修身建德。白晋荣等人指出：将"玄德""天德"落实于人生和社会，依照其根本原则来完善自身之德性……这样，与道合一的形而上之"玄德""天德"便在社会人生层面得以具体展开。③

为了鼓励民众通过希贤希圣、修德建德实现丰功伟绩，老子曾留下教诫："善建者不拔，善抱者不脱，子孙以祭祀不辍。修之于身，其德乃真……修之于天下，其德乃普。"④ 老子之所以要鼓励民众希贤希圣、修身建德、立功济世，主要是因为他深知德行并进的重要意义。在他看来，通过"独善其身"成就圣人之"德"，仅仅是"尊道贵德"的指向之一，在根本上则重在以自然之道化育人生之道，实现"内圣外王"的生命意义展开和人生价值出场。⑤ 正如孟子所言："人皆可以为尧舜……"（《孟子·告子章句下》）⑥，"中国哲学的哪家哪派，都重视'内圣外王之道'"⑦。它使民众深知，人生的最大意义，在于修身立德、学至圣贤以成己；人生的重要方向，在于化德为行、建功立业以利人。⑧

三、功成弗居之秘与急流勇退之谛

深入解析《老子》的道体论、贤德观可知，因为他深明道之玄德自然而无为、天之上德不言而善应，地之常德处下而不争，所以基于胜义谛层面，老子通过"不尚贤"等迥异世俗的口号，提倡民众摒弃世俗的下德，进而法

---

① 张华勇：《老子"德"的内在意蕴及其现代阐释》，《道德与文明》2015 年第 5 期。
② 饶尚宽译注：《老子》，北京：中华书局，2018 年，第 85 页。
③ 白晋荣，杨翠英：《〈老子〉"德"论探微》，《河北学刊》2016 年第 1 期。
④ 饶尚宽译注：《老子》，北京：中华书局，2018 年，第 106 页。
⑤ 刘占虎：《老庄生命哲学之和谐心灵生态生成论——以"道生之，德畜之，物形之，势成之"为中心》，《管子学刊》2018 年第 2 期。
⑥ 杨伯峻译注：《孟子译注》，北京：中华书局，2013 年，第 255 页。
⑦ 冯友兰：《新原道·绪论（中国哲学之精神）》，北京：北京大学出版社，2014 年，第 32 页。
⑧ 祝涛：《范仲淹内圣外王之道研究》，厦门大学博士学位论文，2019 年，第 87 页。

天象地、仿圣效贤，以修身建德、立功济世等活动成就常德、上德乃至玄德。由于"上德不德是以有德"，"玄德深矣远矣，与物反矣"①，因而老子在鼓励世人建德立功的同时，还着重强调功成弗居，主张急流勇退，并为世人留下无身有事的高明智慧。

（一）秘传不言之教，功成不居是以不去

老子提出"不尚贤"的根本缘由在于，他想引导世人谨记道法自然，将世俗强制性伦理规范之类的下德升华为上德、玄德，进而与道返合。在他看来，无形无象的道，养育着人类而不直接地支配人类，养护着人类而不直接地主宰人类，这就是道的至善本性的伟大显现，即玄德。② 仁义礼智等世俗的下德需要重新构建，人们在建德过程中，应该循序渐进，先学习圣贤之德，再迈向地德常德，再趋近天道上德，最后返合于大道玄德。

由于在人类群体中，内圣外王的贤德之士，对天地大道的领悟最深，因而他们非常值得世人效仿学习。尤其是对于圣人，老子确实特别重视，《道德经》中涉及圣人的语词共四十九见。③ 与之形成对比的是，"百姓"5见、"众人"4见。④ 直接论及圣人的内容约370字，占总篇幅的22%。⑤ 至于如何向圣人学习？老子也为世人做出了清晰的指导。首先，老子为民众揭示了圣贤之士的诸多特征，使民众拥有了识别圣人的方法。老子指出："圣人无常心，以百姓心为心。善者，吾善之；不善者，吾亦善之……圣人在天下，歙歙为天下浑其心。"⑥ 老子认为圣人的特质为："浑厚真朴，以善心去对待任何人，无论是善与不善；以诚心去对待所有的人，无论守信与不守信的人。"⑦

其次，老子对圣人的一些德性做出了强调，令民众明白自己应重点向圣

---

① 饶尚宽译注：《老子》，北京：中华书局，2018年，第137页。

② 韩云忠：《尊道而贵德——老子德之思想论析》，《山东师范大学学报》（人文社会科学版）2017年第4期。

③ 尹振环：《帛书老子与老子术》，贵阳：贵州人民出版社，2000年，第114页。《老子》中，"圣人"一词凡二十五见，还有"我""吾"一类主词（凡二十四见）——"只有圣人、圣君方敢当其称。"

④ 刘小枫：《圣人的虚静》，《读书》2002年第3期。

⑤ 徐临江：《郭店楚墓竹简〈〈老子〉圣人观探微〉，《上海大学学报》（社会科学版）2008年第4期。

⑥ 饶尚宽译注：《老子》，北京：中华书局，2018年，第99页。

⑦ 常瑞平、王英杰：《圣人"无为""我自然"——老子社会批判思想刍论》，《河北师范大学学报》（哲学社会科学版）2011年第5期。

人学习哪些品质。作为道家最高理想人物的圣人，肯定与儒家所强调圣人不同……老子的圣人就是有道的人，得道的人。① 理解《老子》中的圣人，应与其哲学体系中道、德、天、地等范畴联系起来。圣人是有道者、有德者，并能法天地。② 老子认为，圣人不是生来就有的，而是向天地之道学习的结果。正因如此，圣人效法天地以万物为刍狗的理念，视百姓为刍狗，不以妄为去干扰百姓。圣人无为的内在表现应为好静、无欲；外在表现应为不言……从人民的本性与自身需求出发，顺应本性就可以达到其本然、理想及最佳的状态。③ 基于对现实社会的反思，老子倡导"圣人之治"，其治世方法的精髓便是：

圣人为而不恃，功成而不处，其不欲见贤。④

"不尚贤，使民不争；不贵难得之货，使民不为盗；不见可欲，使民心不乱。是以圣人之治，虚其心，实其腹，弱其志，强其骨。⑤

再次，由于圣人好静不言，因而老子还特意为民众剖析出圣人功成不居的奥秘。他指出："圣人处无为之事，行不言之教，万物作焉而不辞，生而不有，为而不恃，功成而弗居。夫唯弗居，是以不去。"⑥ 在法天象地的过程中，圣人积极效仿大道化生万物却不据为己有，推动万物却不居功自傲，统领万物却不加以宰制的玄德。于是，圣人带领百姓创造所需之物但不据为己有，为民办事但不自恃有恩，功成名就但不居功自矜。领导者这样做会不会抹杀自己的功劳呢？老子认为不会，恰恰是不居功，领导者的功业才会永存。⑦ 对此，他强调曰："不自见，故明；不自是，故彰；不自伐，故有功；不自矜，

---

① 张万强，易顺：《老子的圣人之治：无为而无不为》，《西南大学学报》（社会科学版）2011 年第 1 期。

② 林榕杰：《从"不尚贤"到"无不治"——〈老子〉第三章新解》，《福建论坛》（人文社会科学版）2013 年第 7 期。

③ 孙文静，陆建华：《人的类型与境界——以〈老子〉为中心》，《江淮论坛》2018 年第 3 期。

④ 饶尚宽译注：《老子》，北京：中华书局，2018 年，第 175 页。

⑤ 饶尚宽译注：《老子》，北京：中华书局，2018 年，第 93 页。

⑥ 饶尚宽译注：《老子》，北京：中华书局，2018 年，第 86 页。

⑦ 李涛：《老子"圣人不仁"思想及其对领导者成就下级的启示》，《领导科学》2018 年第 25 期。

故长。"① 总之对于民众来说：秉持圣人之德，贵在以圣人的"超世间性"之心来发现并融合生命价值之德，进而构成每一个人思考人生并赋予生命意义的重要进路……在法天贵真、内圣外王的对象性活动中实现"与道合一"的心性之德。②

（二）契合无我之德，名遂身退消融我执

老子虽然鼓励世人法天象地、仿圣效贤、建德立功，但他更关注的是教人功成弗居、事遂身退，此中蕴含有非常丰富的智慧与妙谛，在当今时代极具传播价值和启迪意义。首先，功成弗居、事遂身退的本质是一种兼具慈悲和智慧的无我型贤德，它与老子所倡上善若水、利物不争的德性相当契合。老子曰："上善若水，水善利万物而不争，处众人之所恶，故几于道。"③所谓"不争"，意在使人不要争名夺利而悠然自得。效法自然，如流水一般顺势而为，做到为而不争。④ 在老子哲学中，圣人悟道明德、常人修身建德的过程，本质为积善成德返合于道的过程。向大"道"的回归，需要的是"虚""静""柔弱""不争""寡欲"等方式来实现。⑤ 于是，老子呼吁人们少私寡欲，像水那样处下谦逊、利物不争。

其次，老子教人功成弗居、事遂身退的原因还在于，他深知大道运行永无止息，宇宙万物迁流不居，所以他主张任何时候都不能固守不变。正所谓"飘风不终朝，骤雨不终日。孰为此者？天地。天地尚不能久，而况于人乎"⑥。老子指出，由于不存在一成不变的事物，天地都不能长久不变，因此世人即使建德立功，也应做到功成弗居、事遂身退，否则，就会变为"物壮则老，是谓不道"⑦。在警示固守不变的弊端后，老子更是对执着名利贪得无厌的现象予以批判。在老子看来，社会上的一切纷争，都源于"不知足"……只有"知足"才能"不辱"，只有"知止"才能"不殆"。老子认为天道"生而不辞，

---

① 饶尚宽译注：《老子》，北京：中华书局，2018 年，第 48 页。
② 刘占虎：《老庄生命哲学之和谐心灵生态生成论——以"道生之，德畜之，物形之，势成之"为中心》，《管子学刊》2018 年第 2 期。
③ 饶尚宽译注：《老子》，北京：中华书局，2018 年，第 105 页。
④ 刘占虎：《老庄生命哲学之和谐心灵生态生成论——以"道生之，德畜之，物形之，势成之"为中心》，《管子学刊》2018 年第 2 期。
⑤ 王敏光：《〈老子〉哲学"德"论探赜》，《理论月刊》2011 年第 9 期。
⑥ 饶尚宽译注：《老子》，北京：中华书局，2018 年，第 17 页。
⑦ 饶尚宽译注：《老子》，北京：中华书局，2018 年，第 132 页。

功成而不名有"的品格,也是"知足不辱,知止不殆"的具体体现。① 世人唯有以天道为准则,谨记天道无亲和世事无常,才能真正地名垂青史。

再次,功成弗居的行为,是圣人为而不争的一大美德,事遂身退的做法,是圣人"后其身而身先,外其身而身存"的一种高明智慧。世俗民众在建功立业后大多会沉湎于名利,甚至会争名夺利,圣人却善于淡泊名利。对此,庄子曾说道:"名也者,相轧者也;知也者,争之器也。二者凶器,非所以尽行也。"(《庄子·人间世》)② 在庄子看来,名利和智巧,看似好东西,但其本质是能伤害生命的"凶器"。诚然,争名夺利的行为,就如同刀口舔蜜的做法,那些为名利而奋不顾身者,往往成为"丧己于物,失性于俗"的"倒置之民"。③

正因发觉执着于功业名利必定使人反受其害,所以圣人为而不争,功成之后事遂身退,努力使自己保持处下谦逊的常德,趋近为而不恃的玄德。于是老子主张:"知其雄,守其雌……知其荣,守其辱,为天下谷。为天下谷,常德乃足,复归于朴。"④ 他建议世人,虽深知雄强,却安于雌柔;虽深知光亮,却安于暗昧;虽深知荣耀,却安于卑辱。只有这样,永恒的德就不会离失。⑤ 而且对于身和事、人生和名利的关系,老子更是明确教诫曰:"吾所以有大患者,为吾有身,及吾无身,吾有何患?"又曰:"名与身孰亲?身与货孰多?得与亡孰病?"⑥ 结合佛学来看,道所生的万物皆是众缘和合,由于人的生命有时限,任何功业名利都不可能永远属于"我",因此人生在世不能对名利过于执着,而应谨记无常、无我,将我所、我执适度消融。

众所周知,追求功名富贵是人之常情,无可厚非,但过于追求物、名、利,则往往会背本趋末,导致心态失衡而迷失人生的方向。⑦ 对此,老子曰:"持而盈之,不如其已;揣而锐之,不可长保;金玉满堂,莫之能守;富贵而骄,自遗其咎。功成名遂身退,天之道。"⑧ 老子认为,不论做什么事都不可

---

① 尚久悦:《略论老子"圣人之德"的理想人格》,《学术交流》2006 年第 5 期。

② 孙通海译注:《庄子》,北京:中华书局,2016 年,第 88 页。

③ 刘占虎:《老庄生命哲学之和谐心灵生态生成论——以"道生之,德畜之,物形之,势成之"为中心》,《管子学刊》2018 年第 2 期。

④ 饶尚宽译注:《老子》,北京:中华书局,2018 年,第 75 页。

⑤ 尚久悦:《略论老子"圣人之德"的理想人格》,《学术交流》2006 年第 5 期。

⑥ 饶尚宽译注:《老子》,北京:中华书局,2018 年,第 138 页。

⑦ 刘占虎:《老庄生命哲学之和谐心灵生态生成论——以"道生之,德畜之,物形之,势成之"为中心》,《管子学刊》2018 年第 2 期。

⑧ 饶尚宽译注:《老子》,北京:中华书局,2018 年,第 86 页。

过度，而应该适可即止，富贵而骄，居功贪位，都是过度的表现，难免招致灾祸。就普通人而言，建立功名是相当困难的，但功成名就之后如何去对待它，那就更不容易了。老子劝人功成而不居，急流勇退，这更有利于保全天年，正如欧阳修所言："定册功成身退勇，辞荣辱，归来白首笙歌拥。"①

结　语

法天象地、明道悟德的老子，是外师造化、中得心源的大智者和大圣人，为了引导世人修持建立起为而弗恃的"玄德"，返合复归于深微诡秘的"大道"，他经常借由否定经验概念超越经验现象，使人以楔去楔能所俱泯，进入物我两忘天人合一的玄妙境界。尤为典型的是，他在《道德经》中，反对世俗依据仁义礼智选贤任能的做法，提议不尚贤，以便激励民众超越世俗的下德，像圣人那样建构真正的贤德，逐渐契入常德、上德、玄德。圣人不是生来就有的，而是向天地之道学习的结果，通过不断地学习自然的道德精神……百姓之中可以产生贤才，贤才进而可以成为圣人。因此，若说老子的思想否定尚贤，想实行愚民政策，是不符合他的哲学思考的。

对于老子的"不尚贤"，詹石窗先生在《老子道德经通解》中解释道："不要特别推重与标榜才干杰出的人，以免让人去争相谋取虚名与禄位。"②细致探究老子贤德观的本质可知，他扬弃世俗谛关注胜义谛，看似经常绝仁弃义厌智恶贤，实则处处希圣倡贤、尊道贵德。"不尚贤"的深义为"不突出贤才"，"不标榜贤才"……让贤才顺其自然地发挥他的作用……可见老子并不反对"尚贤"，也绝非是"尚不贤"，而是提醒统治者，过分突出贤才及其名利会滋生人的利欲之心，导致世人不择手段去争贤，引发许多新的社会问题与矛盾，最终背离"尚贤"的初衷。比起墨子的"尚贤""修身"③，老子的"不尚贤"表现出了对人性恶的洞察与防范，更具哲学思维的深度与智慧。老子的"不尚贤"是"无为而为"的"尚贤"，是"自然而然"的"尚贤"，是"为而不争"的"尚贤"，是"尚贤"的最高境界。④

---

① 欧阳修著，李逸安点校：《欧阳修全集》，北京：中华书局，2006年，第213页。
② 清宁子注解：《老子道德经通解》，厦门：鹭江出版社，1996年，第28页。
③ 吴毓江撰，孙启治点校：《墨子校注》，北京：中华书局，2008年，第431页。
④ 杜高琴，徐永安：《老子"不尚贤"与墨子"尚贤"的比较及其意义》，《湖北工程学院学报》2013年第1期。

　　在当今时代，毫无疑问是一个重视人才的"尚贤"时代，但是也存在"过度尚贤"的问题，并干扰到家庭教育、企业管理、社会认知等多个层面。对现代企业核心理念的确立、管理境界的提升、人才制度的合理完善、和谐社会的构建来说，老子道论和贤德观所蕴含的无为、自然等思想，谦卑、不争等品质，无不具有丰富的启迪意义和借鉴价值。① 由于老子偏好遮诠而非直诠，关于其贤德观的微言大义，早已难为人知，甚至多遭误解，因而有必要在此新媒体时代，广泛传播老子贤德观的精髓，以便启发民众更多的智慧，涵养世人更好的德行。

---

① 管国兴：《老子道论对现代企业管理的启示》，《学海》2011 年第 3 期。

北宋注家对老子"不尚贤"之解释

王 超①

（天津社会科学院日本研究所，300191）

摘要：北宋是《老子》注释书涌现的时代。本文以北宋以前的 12 家注为背景，考察了北宋 10 位注家对老子"不尚贤"之解释。北宋注家可按时代大致分为北宋中期注家（旧党的司马光、苏辙，新党的王安石、吕惠卿、王雱，以及道士陈景元）与北宋末年注家（宋徽宗及臣下江澂、章安、陈象古）两大部分。这 10 位注家对老子"不尚贤"的解释继承了前代注家的成果，又不乏自己的特色，为后人理解"不尚贤"开辟了新思路。老子的"不尚贤"并非简单地反对贤能，而是从无为而治的逻辑出发，通过"不尚贤"来避免争端，实为对儒墨"尚贤"思想的补充。北宋注家对"不尚贤"的分析不但反映了当时的思想风貌，也有助于吾人反思儒墨"尚贤"可能引发的流弊。

关键词：北宋注家；老子；不尚贤；不争

一、问题之提出

《老子》第 3 章提出了"不尚贤"的命题，与儒家、墨家的"尚贤"思想形成鲜明对照。关于"不尚贤"，历代注家从多角度加以阐释，对吾人理解此一命题颇有启发作用。

在熊铁基先生主编的 15 卷本《老子集成》中，战国至唐代的注本占 1 卷有余，宋代的注本占 3 卷左右，元代的注本占不到 1 卷，明代的注本占 2 卷

---

① 作者简介：王超（1988—），天津人，哲学博士（韩国国立首尔大学），现任天津社会科学院日本研究所助理研究员。研究方向为先秦道家、中国老庄学史、东亚老庄学、东亚儒学等。

有余，清代的注本占 3 卷有余，民国的注本占 4 卷。① 考虑到清代注本有不少训诂考据之作，可以说，自战国迄清代的两千多年中，宋代注本对老子义理之诠释最为丰富。宋代是老子学蓬勃飞跃的时代，涌现出了数十种《老子》注释书，远超前代总和。宋代也是儒学复兴、道教更新的时代，此一时期的《老子》注也反映了这种思想史上的变化。

在北宋时期，就有司马光（1019—1086）、王安石（1021—1086）、陈景元（？—1094）、吕惠卿（1032—1111）、王雱（1044—1076）、苏辙（1039—1112）、陈象古（生卒年未详）、宋徽宗（1082—1135）、江澂（生卒年未详）、章安（生卒年未详），共 10 位注家对《老子》第 3 章有所注解。这些注家可以按年代大致分为北宋中期注家（熙宁变法中的新旧两党及道士陈景元）与北宋末年注家（宋徽宗君臣）两部分。北宋中期，围绕着熙宁变法，新党与旧党在政治上尖锐冲突，在学术上也猛烈碰撞，其中《老子》便是变法中旧党（司马光的《道德真经论》、苏辙的《老子解》）与新党（王安石的《老子注》、吕惠卿的《道德真经传》、王雱的《老子训传》）展开思想交锋的阵地之一。② 在政治人物的《老子》注之外，此一时期还有碧虚子陈景元这位道士的《道德真经藏室纂微篇》。北宋末年，现存四种《老子》御注之一——宋徽宗赵佶的《宋徽宗御解道德真经》，不仅在当时就有太学生江澂的《道德真经疏义》和登仕郎章安的《宋徽宗道德真经解义》两种对御注的疏解，还影响了南宋的《老子》注。③ 除了御注及其两种疏解，宋徽宗年间的《老子》注释书还有丞议郎陈象古的《道德真经解》。

由于篇幅所限，本文仅涉及北宋一代。笔者将以北宋以前的 12 家注为背景，分北宋中期和北宋末年两部分，梳理 10 位北宋注家理解老子"不尚贤"的几种面向，并分析这些理解与前人注释的关系。在后续研究中，笔者将接着考察南宋及以后的《老子》注，以求在中国老子学的发展脉络中把握历代注家对老子"不尚贤"的解释。

---

① 参照《老子集成》第 1—15 卷目录。熊铁基主编：《老子集成》，北京：宗教文化出版社，2011 年。

② 关于熙宁变法与注释《老子》之关系，可参考樊凤玉：《王安石、司马光之注〈老〉与其政治实践关系之研究》，博士学位论文，中正大学中国文学研究所，2011 年。

③ 笔者按，另外三种是唐玄宗李隆基的《唐玄宗御注道德真经·唐玄宗御制道德真经疏》、明太祖朱元璋的《大明太祖高皇帝御注道德真经》和清世祖爱新觉罗·福临的《清世祖御注道德经》。

二、北宋以前注家对"不尚贤"之解释

由于北宋注家对老子"不尚贤"的解释乃是建立在前人注释的基础之上，所以在进入正题之前，有必要简单回顾一下北宋以前诸位注家的解释。在此部分中，笔者将涉及汉代严遵（生卒年未详）、河上公（生卒年未详）、晋代王弼（226—249）、唐代魏征（580—643）、成玄英（约601—690）、李荣（生卒年未详）、唐玄宗李隆基（685—762）、唐无名氏（生卒年未详）、李约（生卒年未详）、王真（生卒年未详）、陆希声（？—895）、杜光庭（850—933）共12位注家对老子"不尚贤"的解释，以作为后文考察北宋注家之解释的背景。

笔者将北宋以前注家的解释归为四种。第一种解释是反对崇尚世俗之贤。河上公的《道德真经注》将"不尚贤"的"贤"解释为"辨口明文，离道行权，去质为文"的"世俗之贤"，反对以爵禄来尊贵这种"世俗之贤"。[①] 魏征的《老子治要》基本上沿袭了河上公之说。[②]

第二种解释是强调崇尚贤能会引发争端。严遵的《道德真经指归》认为，崇尚贤能礼义便会产生竞趋与争端，而且当力有不逮时还会导致虚伪。[③] 这种解释主张"尚贤"与"争"存在因果关系。

王弼的《道德真经注》认为，对待贤能之人只需任用即可，而不能嘉显其名。因为尚贤显名，便会使荣誉超过职任，从而引发竞争与攻讦。[④] 亦即，王弼主张任贤而不尚贤，反对名过其实。

唐玄宗的《唐玄宗御注道德经·道德真经开题序诀义疏》认为，君王玄化无为，则贤能自然归附，人人各当其分，则无觊觎争夺。他指出，尚贤则

---

① 河上公：《道德真经注》，熊铁基主编：《老子集成》（第1卷），第138页。
"贤谓世俗之贤，辨口明文，离道行权，去质为文也。不尚者，不贵之以禄，不贵之以官。使民不争。不争功名，返自然也。不争功名，乃自然也。"
② 魏征：《老子治要》，熊铁基主编：《老子集成》（第1卷），第274页。
"贤谓世俗之贤者，不贵之也。不争功名，反自然也。"
③ 严遵：《道德真经指归》，熊铁基主编：《老子集成》（第1卷），第128页。
"世尚礼义则人争，而不逮则为伪。"（唐强思齐《道德真经玄德纂疏》引）"不尚贤则民不趋，不趋则不争，不争则不为乱。"（宋陈景元《道德真经藏室纂微篇》引）
④ 王弼：《道德真经注》，熊铁基主编：《老子集成》（第1卷），第209页。
"贤，犹能也。尚者，嘉之名也。贵者，隆之称也。唯能是任，尚也曷为；唯用是施，贵之何为。尚贤显名，荣过其任，为而常校能相射。"

有"迹"，矫饰虚伪者依顺此"迹"谋取利益，便会兴起争端。① 可见，唐玄宗并非轻忽贤能，而是从无为无迹出发主张"不尚贤"。杜光庭的《道德真经广圣义》引经据典地详细解释了唐玄宗的御注和御疏，与唐玄宗之解释并无意思上的出入。值得注意的是，他还将此句与第18章的"智慧出，有大伪"联系起来，认为上好智则下有伪，上好贤则下有妄。②

李荣的《道德真经注》引用《尚书·洪范》的"王道荡荡，无偏无党"，指出大道对贤愚并无偏私，只是依其功过而予以适当的赏罚；如果赏罚过度，则必然导致贤者对愚者的欺侮，与愚者对贤者的抗争。③ 他将"尚贤"理解为"赏贤"，并在"赏贤"之外又添加了"罚愚"的内容，从而把"不尚贤"转化为赏罚得当的问题，此乃"增字解经"。

陆希声的《道德真经传》则是以心性情的概念分析"不尚贤"。他指出，尚贤贵物之情会诱发奸伪争夺之心，只有以性正情、从事于道，才能无奸伪争夺之心。④ 亦即，陆希声将尚贤贵物归于情、欲之列，主张以自然之性和无为之道来对治这些情、欲，以避免萌生奸伪争夺之心。这种对心性情观念的运用不但与此前唐代注释注重治术的解释风格形成鲜明对照，也反映了唐宋变革期的思想转向。

第三种解释是主张君王要礼贤下士。唐无名氏的《道德真经次解》以"上"解"尚"，如此一来，"不尚贤"便为"不居贤能之上"之义。无名氏认

---

① 唐玄宗：《唐玄宗御注道德经》，熊铁基主编：《老子集成》（第1卷），第417页。

"尚贤则有迹，徇迹则争兴。使贤不向各当其分，则不争矣。"

唐玄宗：《唐玄宗御制道德真经疏》，熊铁基主编：《老子集成》（第1卷），第453页。

"尚，崇贵也。贤，才能也。言人君崇贵才能则有迹，饰伪者徇迹而不真，失真必是尚贤之由，徇迹定起交争之弊。不若陶之玄化，任以无为，使云自从龙，风常随虎，则唐虞在上，不乏元凯之臣，伊吕升朝，自得台衡之望。各当其分，人无觊觎，则不争也。"

② 杜光庭：《道德真经广圣义》，熊铁基主编：《老子集成》（第2卷），第387页。

"徇迹者，矫妄之谓也。尚贤之旨既兴，矫妄之人必至。何者？贤难知也，诈而疑信，佞而疑忠，岂易辩哉？《经》云智慧出有大伪，是则上好智，下应之以伪，上好贤，下应之以妄。不若正身率下，无为御人，陶以大和，化以清静，则佐理之贤，则为其用矣。乃云龙风虎之谓也。……"

③ 李荣：《道德真经注》，熊铁基主编：《老子集成》（第1卷），第387页。

"道荡荡无偏无党，贵贱将玉石同涂，贤者与愚人共贯，此大道之化，无争者也。夫贤当于位，赏须以功，愚受于役，罚须以过。若赏贤过度，则极以骄奢。役愚越分，则困于贫窭。骄奢必欺侮，兽穷形亦能斗，则忿争生也。是以日月曜彩，不为贤不肖易光，天地覆载，不轻仁为善不善改也。"

④ 陆希声：《道德真经传》，熊铁基主编：《老子集成》（第1卷），第587页。

"情所贵尚，则物徇其欲。徇则生伪，伪则生奸。故尚贤则争夺之心萌，贵货则盗贼之机作。夫唯以性正情者，不见贵尚之欲，从事于道而无奸伪之心。"

为，君主对贤能谦下，便可避免别人与其争位。①

第四种解释是主张君王不标榜己贤。成玄英的《道德真经开题序诀义疏》在老子学史上首次将"不尚贤"的对象由贤能之士转变为君王自己之贤。他认为，君王应当先人后己，为谦恭之表率，以避免世人自贵相贱所引发的争端。②王真的《道德经论兵要义述》继承了这种解释，并明确指出"不尚贤"并非不任用贤能，而是要君主谦恭，上行下化，以杜绝矜尚斗争。③李约的《道德真经开题序诀义疏》也以"不尚贤"为"君王不尚己贤"，但他与唐无名氏一样，将"不争"理解为别人不与君王争，而非成玄英、王真等大多数注家的世人相争。④

综上所述，北宋以前注家对"不尚贤"的解释可以归为"反对崇尚世俗之贤""强调崇尚贤能会引发争端""主张君王要礼贤下士""主张君王不标榜己贤"四种。采用第一种解释的注家有河上公、魏征2位。这种解释意味着，老子并非不崇尚贤能，而仅仅是不崇尚世俗之贤而已。第二种解释则认为老子就是不崇尚贤能，采用此种解释的注家最多（共6位），不同注家也从不同角度阐释了"尚贤"与"争"的因果关系。严遵认为尚贤会导致竞趋，从而引发争端；王弼认为尚贤会导致名过其实，进而引发竞争；唐玄宗和杜光庭认为尚贤会留下"迹"，矫饰虚伪者依循此"迹"，就导致争端兴起；李荣认为尚贤如果赏罚过度就会引发贤愚之间的纷争；陆希声认为尚贤之情会诱发争夺之心。第三种解释将"尚"理解为"上"，将"不尚贤，使民不争"理解为礼贤下士以避免别人与君王争。采用此种解释的注家仅有唐无名氏1位。前三种解释都将"贤"理解为贤能之士，而第四种解释则将其理解为君主自己之贤。如此一来，"不尚贤"就从对待贤能之士的政策取向，转化为君主不

---

① 无名氏：《道德真经次解》，熊铁基主编：《老子集成》（第1卷），第515页。
"不居贤能之上，故人不与争位。"

② 成玄英：《道德真经开题序诀义疏》，熊铁基主编：《老子集成》（第1卷），第289页。
"尚，贵也。贤，能也。非谓君王不尚贤人，直是行人撝谦，先物后己，不自贵而贱人也。而言不争者，若人人自贵而贱物，则浮竞互彰；各各退己而先人，则争忿自息。故云不争也。"

③ 王真：《道德经论兵要义述》，熊铁基主编：《老子集成》（第1卷），第564页。
"夫圣人之理，不伐其善，不显其长，上行其风，下承其化，既绝矜尚，遂无斗争，非谓其不用贤能而使人不争也。且自三皇五帝至于王霸，未有不上尊三事，下敬百寮，外资卿相之弼谐，内有后妃之辅助，此奚谓其不尚贤乎哉，必不然也。"

④ 李约：《道德真经开题序诀义疏》，熊铁基主编：《老子集成》（第1卷），第540页。
"夫能不尚己贤，孰与我争。"

标榜己贤的自我修养。共有 3 位注家采用此种解释，但成玄英和王真与其他大多数注家一样，都将"争"理解为世人相争，而李约则与唐无名氏一样，将其理解为别人不与君王争。

三、北宋中期注家对"不尚贤"之解释

在北宋中期，涌现了一大批《老子》注释书，其中涉及"不尚贤"的注家可以分为熙宁变法新旧两党（5 位）和道士（1 位）两种身份。熙宁变法是北宋中期的重大事件。旧党的司马光、苏辙，新党的王安石、吕惠卿、王雱都曾注解过《老子》，这些《老子》注也反映了新旧两党的思想风貌。这 5 位注家与北宋以前的大多数注家一样，都将"尚贤"理解为崇尚贤能之士，认为"尚贤"与"争"之间存在因果关系，故将"不尚贤"理解为避免"争"的措施。与此同时，他们对老子"不尚贤"的具体理解也呈现微妙差异。

作为旧党领袖的司马光在《道德真经论》中主张，老子并非不知道"尚贤"的必要性，而是担忧"尚贤"会导致争夺虚名、助长祸乱的流弊，"不尚贤"是要世人崇尚"贤"之实，而不要崇尚"贤"之名。① 亦即，司马光从名实关系的角度来理解老子的"不尚贤"。这与王弼"任贤而不尚贤"的解释虽不完全相同，但也可以看作对王弼反对崇尚贤能之名的发展。

同属旧党的苏辙在《道德真经注》中主张，圣人任用贤能而不崇尚贤能，以避免因攀比而导致的争夺。苏辙一方面反对崇尚贤能而导致争夺，另一方面也反对为了避免争夺就不任用贤能。他还将"不尚贤"与"虚其心，实其腹，弱其志，强其骨"联系起来，认为既任用贤能又崇尚贤能，就是心与腹皆实，便会引发百姓争夺；既不崇尚贤能又不任用贤能，就是志与骨皆弱，便会无以立身。② 可以说，苏辙这种"任贤而不尚贤"的解释沿袭了王弼注，也与司马光注同属一种思路。另外，其联结"不尚贤"与"虚其心，实其腹，

---

① 司马光：《道德真经论》，熊铁基主编：《老子集成》（第 2 卷），第 540 页。
"贤之不可不尚，人皆知之。至其末流之弊，则争名而乱，故老子矫之，欲人尚实，不尚其名也。"

② 苏辙：《道德真经注》，熊铁基主编：《老子集成》（第 3 卷），第 2 页。
"尚贤，则民耻于不若而至于争。贵难得之货，则民病于无有而至于盗。见可欲，则民患于不得而至于乱。虽然天下知三者之为息，而欲举而废之，则惑矣。圣人不然，未尝不用贤也，独不尚贤耳。未尝弃难得之货也，独不贵之耳。未尝去可欲也，独不见之耳。夫是以贤者用而民不争，难得之货可欲之事毕效于前，而盗贼祸乱不起，是不亦虚其心而不害腹之实，弱其志而不害骨之强也哉。今将举贤而尚之，宝货而贵之，衒可欲以示之，则是心与腹皆实也。若举而废之，则是志与骨皆弱也。心与腹皆实，则民争；志与骨皆弱，则无以立矣。"

弱其志，强其骨”的解释方式也属创新之举。

新党领袖王安石的《老子注》虽然也认为老子的“不尚贤”是针对“尚贤”之流弊而发，但他明确反对老子的“不尚贤”，这与其政敌司马光对“不尚贤”同情理解的态度形成尖锐对立。王安石主张，真正的“不尚贤”是圣人以贤能服膺天下而没有欲以贤能服膺天下之心，并非是否定“尚贤”在聚合、役使百姓上的必要性；其实，只有尚贤才能彰明天下之善性、维系后世之乱局，百姓也不会有什么争夺。他还引用《庄子·徐无鬼》中管仲向齐桓公举荐隰朋的寓言故事，指出如果崇尚的是像隰朋一样能够使上级忘却自己的才能、对下属不区别对待的贤人，便绝不会有弊端。王安石从儒家性善论的立场出发，将老子的“不尚贤”理解为要天下之人都能彰明自己的善性，因而也不知道要去尚贤了；但他也强调圣凡之别，认为并非每个人都能彰明自己的善性，如果不尚贤就无法彰明天下之善性。[①] 换言之，由于凡人很难彰明自己的善性，所以必须依赖圣人的教化，通过圣人崇尚贤能、树立榜样来实现天下善性之彰明。因此，王安石虽然也认为老子的“不尚贤”是出于对尚贤流弊的担忧，但还是明确反对“不尚贤”。这种对“不尚贤”的解释与批评，体现了王安石重视圣人教化的理论风格，也开创了在《老子》注释书中反对“不尚贤”的先河。

值得注意的是，新党干将吕惠卿的《道德真经传》并没有像王安石一样批评老子的“不尚贤”，而仅仅将其理解为避免由于尚贤而导致的百姓相争。吕惠卿认为，圣人应当抛弃对美恶、善不善、贤不肖等的分别之心，因任自然而不崇尚贤能，以免由于上有所好而导致的争夺倾轧。他主张，不尚贤并非不任用贤能，而是内不以尚贤存于心，外不以尚贤形于迹的无为而

---

① 王安石：《老子注》，熊铁基主编：《老子集成》（第 2 卷），第 560 页。

“所谓不尚贤者，圣人之心，未尝欲以贤服天下，而所以天下服者，未尝不以贤也。群天下之民，役天下之物，而贤之不尚，则何恃而治哉！夫民于褓褓之中，而有善之性，不得贤而与之教，则不足以明天下之善。善既明于己，则岂有贤而不服哉！故贤之法度存，犹足以维后世之乱。使之尚于天下，则民其有争乎？求彼之意，是欲天下之人，尽明于善，而不知贤之可尚。虽然，天之于民，不如是之齐也。而况尚贤之法废，则人必不能明天下之善矣。噫，彼贤不能养不贤之敝，孰知夫能使天下中心悦而诚服之贤哉！齐桓公问管仲曰，仲不幸而至于不可讳，则恶乎属国？桓公贤易牙，而仲以为易牙于己不若者，不必数之，不若隰朋者，上忘而下畔，愧不若黄帝，而哀不已。若夫使其得上忘下畔之人而尊之于上，则孰有尚贤之弊哉？或曰彼岂不谓是耶，特以弊而论之耳。”

笔者按，王安石注文中的“易牙”在《庄子·徐无鬼》与《列子·力命》中皆作“鲍叔牙”。根据历史记载，管仲所举荐者的确应为鲍叔牙而非易牙。

治。① 与王安石一样，吕惠卿也强调了圣人的作用，但他并不认为圣人要通过尚贤来教化百姓，而是主张圣人要无心无迹地任用贤能以避免尚贤所引发的争夺。这种解释将陆希声《道德真经传》中"无尚贤之心"之说与《唐玄宗御注道德经·唐玄宗御制道德真经疏》及杜光庭《道德真经广圣义》中"无尚贤之迹"之说结合起来，继承发展了唐代老子学的成果。

王安石之子王雱的《老子训传》与吕惠卿一样，没有批评老子的"不尚贤"。王雱认为，如果崇尚出众的贤才，便会使百姓或自夸为贤或外慕贤才，而忽视提升内在的本性。他继承了王安石对"性"的强调，指出只有圣人才能没有分别之心地一视同仁，百姓则往往会妄生分别之心，进而丧失本性，圣人要通过无为而治来帮助百姓恢复其本性。另外，王雱在此章注释中同时运用了儒家的"复性"、佛教"真妄"和庄子的"齐物"等概念，体现了三教合一的解释风格。② 亦即，王雱主张通过圣人的"不尚贤""不贵难得之货""不见可欲"来帮助百姓"复性""齐物""真实无妄"，其解释结合了心性论与政治论两种维度。在对圣人教化的强调上，王安石、吕惠卿、王雱三人也完全一致。

---

① 吕惠卿：《道德真经传》，熊铁基主编：《老子集成》（第2卷），第656页。

"圣人知夫美斯恶，善斯不善，而我无容心焉，故虽靡天下之爵，因任而已，而贤非所尚也，聚天下之财，养仁而已，而难得之货，非所贵也。民之争，常出于相贤，知贤非上之所尚，则不争矣，故曰举贤则民相轧。民之盗，常出于欲利，知货非上之所贵，则不为盗矣，故曰荀子之不欲，虽赏之不窃。君子之所欲者，贤。小人之所欲者，货。我皆不见其可欲，则心不乱矣。然则不尚贤者，非遗于野而不用也。不贵难得之货者，非委之地而不收也。内不以存诸心，而外不以遗其迹而已矣。是以圣人之治也，虚其心，实其腹，弱其志，强其骨，心藏神，而腹者心之宅，虚其心，则神不亏而腹实矣。肾藏志，而骨者肾之余，弱其志，则精不摇而骨强矣。虚其心而腹实，则常使民无知也；弱其志而骨强，则常使民无欲也。智者知贤非上之所尚，而货非上之所贵，则为之非所利，故不敢为也。夫唯如此，则为无为，而无不治也。"

② 王雱：《老子训传》，熊铁基主编：《老子集成》（第2卷），第694页。

"贤者，出众之称，尚之则民夸企外慕，争之端也。民衣食足，而性定矣。妄贵难得之货，则其求无已，必至为盗。盖民之失性，皆由妄生分别。此篇旨在齐物，使民复性。昧者妄见可欲，所以心为之聵乱。唯圣人能知诸物皆非真实，故万态一视，而无取舍之心。若然则心镜常夷，物岂能乱之，是以能不尚贤、不贵货也。心虚则无所分别，此申不尚贤之义。腹实则无所贪求，此申不贵货之义。志强则夸企而争胜，志弱则无营于外。此又申不尚贤之义。骨强所以自立，自立则外物不能迁。此又申不贵货之义。知则妄见，欲则外求，二者既除，性情定矣。自不尚贤而化之，可使至于无知；自不贵货而化之，可使至于无欲。智足以乱众者，禁而止之。为无为，非无为也，为在于无为而已，期于复性故也。窃尝论之：三代之后，民无不失其性者，故君子则志强而好善，求贤无已，小人则骨弱而慕利，逐货不厌。志强则多知，骨弱则多欲。或有知，或有欲，呈所趋不同，而其为徇外伤本，一也。惟至人不然，弱其志，非其所见者卑而求近，以为无所求，而道自足也。强其骨，非以自立而为贤，将以胜利欲，而尊德性也。夫然后名不能移，利不能溺，而性常定矣。"

对于"不尚贤",道士陈景元的《道德真经藏室纂微篇》的解释采用了与唐代成玄英《道德真经开题序诀义疏》、王真《道德经论兵要义述》及李约《道德真经开题序诀义疏》相同的"君王不标榜己贤"。陈景元认为君主如果能谦下雌静,不矜己之贤,则百姓自然风行草偃地接受教化,而不会产生争夺。此外,他还引用了《老子》第57章的"我无为而民自化,我好静而民自正",以及《亢仓子》和严遵的《道德真经指归》,可谓道家思想之集成。①

综上所述,北宋中期的6位注家在解释"不尚贤"时,既有对前人的继承,又不乏创新之处。旧党的司马光从名实关系出发,将"不尚贤"理解为不崇尚贤能之名而崇尚贤能之实。苏辙则将"不尚贤"与"虚其心,实其腹,弱其志,强其骨"联系起来,既反对崇尚贤能而导致争夺,又反对为了避免争夺而不任用贤能。两位注家的解释都可以看作对王弼"任贤而不尚贤"的继承发展。新党的王安石虽然也承认老子"不尚贤"是为了避免尚贤所引发的争夺,但基于对圣人教化的强调,王安石主张一般百姓无法彰明自身之善性,必须通过圣人崇尚贤能才能实现天下善性之彰明。值得注意的是,王安石史上首次在《老子》注中明确反对"不尚贤",而属于同一阵营的吕惠卿和王雱则与其他大多数注家一样,以同情理解的态度对待"不尚贤"这一命题。吕惠卿综合了成玄英与唐玄宗、李荣的观点,主张圣人要无心无迹地任用贤能以避免尚贤所引发的争夺。王雱则综合了儒释道三家的思想,认为圣人要通过"不尚贤"来帮助百姓去除妄见、齐同万物、恢复本性。重视圣人的教化作用,是王安石学派注解《老子》第3章的共同特征。作为道士的陈景元对"君王不标榜己贤"的强调沿袭了成玄英、王真、李约一脉的观点,其注文中也集成了《老子》第57章、《亢仓子》及严遵《道德真经指归》等道家之说。

四、北宋末年注家对"不尚贤"之解释

北宋末年出现了4部宋徽宗君臣所作的《老子》注释书。其中,宋徽宗

---

① 陈景元:《道德真经藏室纂微篇》,熊铁基主编:《老子集成》(第2卷),第263页。
"夫人君之谦下雌静,不矜尚己之贤能,则民之从化,如风靡草,柔逊是守,何有争乎?《经》曰:我无为而民自化,我好静而民自正。又解曰:人君静,大臣明,刑不避贵,泽不隔下,贤不肖各当其分,则士无争矣。若人君依违,大臣回佞,虽尚贤求士,外忠内解,情毒言和之才至,至则奸伪生而交争起。君平曰:盛德者为主,微劣者为臣,贤者不万一,圣人不世出。夫天生之贤,匪由尚出也。又曰:譬如使驽马、骅骝,并驰于夷道,鸿鹄、鹪鹩双翼于青云,则贤不肖可知矣。此乃自然,非由尚也。"

以皇帝之尊御注《老子》，在当时就有太学生江澂与登仕郎章安的疏解。相比之下，唐玄宗的御注直到唐末五代才有道士杜光庭为之作疏，而明太祖与清世祖的御注则无臣下之疏。由此可见，宋徽宗的御注在当时就颇具影响力。此外，丞议郎陈象古也曾注解《老子》。可以说，徽宗朝是与北宋中期一样的《老子》注集中涌现的时期。

宋徽宗赵佶的《宋徽宗御解道德真经》认为，尚贤必然会导致多知，而不尚贤则能使百姓安于自己的性命之分，从而避免争端。他将"尚贤"与"多知"联系起来，从反对多知的角度理解"不尚贤"。在对"不尚贤，使民不争"一句的注文中，宋徽宗就引用了3次《庄子》，即《在宥》的"天下大骇""儒墨毕起"，与《胠箧》的"削曾、史之行，钳杨、墨之口，攘弃仁义，而天下之德始玄同矣"。① 在本章其他句及其他章的注文中，宋徽宗也是大量引用《庄子》来解释《老子》，以庄解老可谓宋徽宗御注的一大特色。

对于御注从反对多知的角度理解"不尚贤"，江澂的《道德真经疏义》进一步指出，"不尚贤"并非是反对忠信，而是要"实而不知以为忠，当而不知以为信"，这种解释比御注更具儒家色彩。另外，与御注相比，江澂的疏解还增加了对《庄子》的引用。② 可见，作为太学生的江澂在丰富发展御注的同时，又坚持了儒家的"忠信"价值。

章安的《宋徽宗道德真经解义》认为，圣人在宥天下，灭贼心而进独志，使性同于道、情同于天，故能无事自得；三代之后，君子执有尚贤，小人背道贵货，故纷争不已。章安从历史发展的角度将上古圣人的在宥天下与三代以降的尚贤贵货相对照，并开出了不尚贤、不贵货以恢复圣人之治的药方。

---

① 赵佶：《宋徽宗御解道德真经》，熊铁基主编：《老子集成》（第3卷），第145—146页。

"尚贤则多知，至于天下大骇，儒墨毕起。贵货则多欲，至于正昼为盗，日中穴阫。不尚贤，则民各定其性命之分，而无所夸跂，故曰不争。不贵货，则民各安其性命之情，而无所觊觎，故不为盗。《庄子》曰：削曾史之行，钳杨墨之口，而天下之德始玄同矣。《旅獒》曰：不贵异物，贱用物，民乃足。"

② 江澂：《道德真经疏义》，熊铁基主编：《老子集成》（第3卷），第311—312页。

"尚者，别而向之之谓。以贤为尚，则愚智相欺，善否相非，民始惑乱，至于天下大骇，儒墨毕起，所谓举贤则民相轧也。贵者，曰而人之之谓。以货为贵，则敌羡之心生，不足之慕起，见得忘形，见利忘真，至于正昼为盗，日中穴阫，所谓难得之货令人行妨也。惟不以贤为尚，则实而不知以为忠，当而不知以为信，民各定其性命之分，孰肯内于外大以为夸，其行不正而为跂哉？金此其所而无所争斯已矣。庄子所谓削曾史之行，天下之德始玄同者，此也。惟不以货为贵，则凿井而饮，耕田而食，民各安其性命之情，孰肯有见于岂而为觊，有见于俞而为觎哉？举灭其贼心而不为盗斯已矣。庄子所谓掊玉毁珠，小盗不起者，此也。"

另外，与江澂相比，章安对《庄子》的引用还要更多。^①章安注文中对"三代之后"的论述与对君子尚贤、小人贵货的区分可能是承袭了王雱的《老子训传》，其对"性"、"情"概念的运用也似乎有受北宋儒学影响的痕迹。

陈象古的《道德真经解》以"上"解"尚"，这与其他北宋注家以"崇尚"解"尚"不同。他强调，区别贤与不肖，使贤者在上，不肖者在下，则在上的贤者骄纵自高，在下的不肖者畏惧企望，必然会导致百姓的争夺。^②可见，陈象古是从反对上下隔阂冲突的角度来解释"不尚贤"，这就与李荣《道德真经注》的解释如出一辙。另外，陈象古以"上"解"尚"的思路虽与唐无名氏的《道德真经次解》相同，但唐无名氏以"不尚贤"为君王不居贤者之上，以避免别人与君王争，而陈象古则以"不尚贤"为不使贤者在上，以避免百姓相争。

综上所述，对于"不尚贤"，北宋末年的宋徽宗御注与江澂、章安的疏解在以庄解老、反对尚贤贵货斫丧本性上一脉相承又有所发展。从宋徽宗到江澂再到章安，对《庄子》的引用不断增加，江澂对"忠信"的肯定与章安对性情概念的运用也比御注更具儒家色彩。另外，章安对"三代之后"的论述与对君子尚贤、小人贵货的区分可能是受到王雱《老子训传》之影响。陈象古的解释在以"上"解"尚"方面，与唐无名氏的《道德真经次解》相同，而在反对上下隔阂冲突方面，又与李荣的《道德真经注》相契。

---

① 章安：《宋徽宗道德真经解义》，熊铁基主编：《老子集成》（第3卷），第468—469页。

"圣人之在宥天下也，举灭其贼心，而进其独志，故性正而不流，情防而不驰，安于性而将与道同，复制乎情而将与天同理，故嘿然归于自得之场，熙然乐于无事之域。三代之后，道不足以胜欲，静不足以制动，摩利害于荣辱之途，逐夺麾于形体之外，故君子泥道执有矜揽贤行，而慕尚忘己。小人背道返始，贾售贵货，而徇逐失身。彼以贤尚，而鄙我之不己若，我以彼胜，而忿己之不我胜，此所以起争也。彼以货贵，胜我也所无，我以彼矜，而嫉彼之所有，此所以起盗也，故名者争之端，利者盗之起。向于名者，失于徇外，耽于利者，丧于逐末，故不尚贤，则民无夸跂，不贵货，则民无觊觎。夸跂之心忘，则何争之有，觊觎之望息，何盗之有。削曾史之行，钳杨墨之口，则言行不立，是非俱泯，而德性同于初，故曰不尚贤，使民不争。不贵异物，则民不失常，不贱用物，则民不背本，故民乃足。民足则不为盗，故曰不贵难得之货，使民不为盗。"

② 陈象古：《道德真经解》，熊铁基主编：《老子集成》（第3卷），第145—146页。

"贤者，分别之所称也。尚者，上也。使贤者为上，不肖者为下，故上者骄而处位，下者畏而处困。以是自高企望之心，无能已也。富贵之无厌，贫贱之不足，触类而长，纷纷然哉，民安得不争乎？"

　　五、结论

　　在上文中，笔者首先简要回顾了北宋以前的 12 位注家对老子"不尚贤"的解释，并将这些解释分为"反对崇尚世俗之贤"（河上公、魏征）、"强调崇尚贤能会引发争端"（严遵、王弼、唐玄宗、杜光庭、李荣、陆希声）、"主张君王要礼贤下士"（唐无名氏）、"主张君王不能标榜己贤"（成玄英、王真、李约）四种，以作为研究北宋注家解释的背景。然后，笔者考察了北宋中期的旧党（司马光、苏辙）、新党（王安石、吕惠卿、王雱）、道士（陈景元）三组注家，及北宋末年的宋徽宗君臣（宋徽宗、江澂、章安、陈象古）对"不尚贤"的解释。

　　在北宋注家中，陈景元继承了成玄英、王真、李约"君王不标榜己贤"的理解，而其他 9 位注家的解释则都属于"强调崇尚贤能会引发争端"的类型。司马光从名实关系的角度将"不尚贤"理解为不崇尚贤能之名而崇尚贤能之实。苏辙既反对崇尚贤能而导致争夺，又反对为了避免争夺而不任用贤能，其将"虚其心，实其腹，弱其志，强其骨"与"不尚贤"紧密结合的解释方式也别出心裁。司马光与苏辙都继承了王弼注中任贤而不尚贤之名的思路。王安石虽然也承认老子"不尚贤"是为了避免因尚贤引发争夺，但他还是出于对圣人教化的强调而批判"不尚贤"。与之相对照，前代注家与其他北宋注家都对"不尚贤"予以同情的理解。吕惠卿的解释综合了成玄英的"无尚贤之心"与唐玄宗、李荣的"无尚贤之迹"。王雱的解释则融合了儒家的"复性"、佛教的"去妄存真"和庄子的"齐物"。吕惠卿与王雱也都继承了王安石注中对圣人作用的强调。宋徽宗御注与江澂、章安的疏解在以庄解老、反对尚贤贵货斫丧本性上，一脉相承又有所发展。而江澂对"忠信"的肯定与章安对"性情"概念的运用比御注更具儒家色彩。陈象古的解释在以"上"解"尚"方面，与唐无名氏相同，而在反对上下隔阂冲突方面，又与李荣相契。

　　总之，北宋注家对老子"不尚贤"的解释继承了前代注家的成果，又不乏自己的特色，也为后人理解"不尚贤"开辟了新思路。老子的"不尚贤"并非简单地反对贤能，而是从无为而治的逻辑出发，通过"不尚贤"来避免争端，实为对儒墨"尚贤"思想的补充。北宋注家对"不尚贤"的分析不但反映了当时的思想风貌，也有助于吾人反思儒墨"尚贤"可能引发的流弊。

从夷齐典故看唐前"贤文化"内涵的易变

刘育霞①

（中盐金坛盐化有限责任公司博士后科研工作站，厦门大学哲学博士后
流动站，江苏常州，213200）

摘要： 伯夷与叔齐，让国逃隐，耻食周粟，采薇西山，饿死首阳。二人作为"贤"之典范，因孔子称誉，备受后世推崇。殷周以降，夷齐故事本身未发生大的变化，然受时代政治背景、文化思潮风尚、文人集体遭遇等多方因素影响，春秋战国与魏晋六朝时，该典故的具体运用与时代精神呈现得极为富赡。这些变化情状，从一个侧面反映出"贤文化"内涵的发展与易变。

关键词： 夷齐，唐前，文学，贤文化

"以臤为贤，据其德也；加臤以貝，则以财为义也。盖治化渐进，则财富渐见重于人群，文字之孳生，大可窥群治之进程矣。"② 多半个世纪前，杨树达从文字学和文化学的角度，阐释了"贤"的意义演变，代表了学术界相关研究的至高水准。然而翻检先秦至隋唐的文学作品，尤其是结合具体文本中，"贤"之典范——伯夷、叔齐的形象演变来看，情况似乎比杨树达先生的结论微妙复杂得多。

一、先秦诸子散文中"夷齐"颇受争议与"贤"之重德

早在先秦，儒、道、法、墨诸子散文中，即有关于伯夷、叔齐生平事迹

---

① 刘育霞（1982—），女，河南洛阳人，河南师范大学文学院副教授，中盐金坛化有限责任公司博士后工作站与厦门大学哲学系博士后，流动站联合培养哲学博士后。

② 杨树达：《释贤》，《增订积微居小学金石论丛》，上海：上海古籍出版社，2013年，第36页。

的记录、评价和论争。

　　子曰："伯夷、叔齐不念旧恶，怨是用希。"① (《论语·公冶长》)

　　（子贡）曰："伯夷、叔齐何人也？"（子）曰："古之贤人也。"曰："怨乎？"
曰："求仁而得仁，又何怨？"② (《论语·述而》)

　　齐景公有马千驷，死之日，民无德而称焉。伯夷、叔齐饿于首阳之下，民
到于今称之。其斯之谓与？③ (《论语·季氏》)

　　逸民：伯夷、叔齐、虞仲、夷逸、朱张、柳下惠、少连。子曰："不降其志，
不辱其身，伯夷、叔齐与！"④ (《论语·微子》)

　　以上四则材料出自《论语》。在孔子看来，伯夷与叔齐重孝悌、轻旧怨、
不降志、不辱身，是"仁"与"贤"的典范。孔子将他们与古贤虞仲、夷逸、
朱张、柳下惠、少连等并举；还将他们与烜赫一时、死后寂寞的齐景公相较。
孔子这种鲜明的爱憎，直接影响到夷齐在后世的接受。

　　如果对《论语》中的"贤"字使用情况进行系统考察，可能会更加明确
夷齐在儒家心目中举足轻重的地位、意义和影响。《论语》一书，约有20则
谈话论及"贤"。"一箪食，一瓢饮，在陋巷，人不堪其忧，回也不改其乐"，
颜回为"贤"；子张、子夏、子贡，在为人处世方面没有把握好分寸，"过犹
不及"，难以称"贤"。伯夷与叔齐，做到了避世、避地、避色、避言，符合
了孔子所谓的"贤"的标准，即：包含"忠""孝""仁""义""信"等美德，
却并不十分强调知识与才能。（案：《论语》中关于"贤"的讨论分别出现在：
"学而"第7则，"里仁"第17则，"雍也"第11则，"述而"第15则，"先
进"第6则，"子路"第2则，"宪问"第29、31、37则，"卫灵公"第10、
14则，"季氏"第5则，"阳货"第22则，"子张"第3、22、23、24、25则，
等）

　　与儒家定义"贤"的标准不同，先秦道家在接受和阐释夷齐其人其事时，
所发议论，振聋发聩。庄子认为，夷齐与历史上的狐不偕、务光、箕子、胥
余、纪他、申徒狄等这些"逸民"大致相同："是役人之役，适人之适，而不

　　① 杨伯峻：《论语译注》，北京：中华书局，1980年，第54页。
　　② 杨伯峻：《论语译注》，北京：中华书局，1980年，第74页。
　　③ 杨伯峻：《论语译注》，北京：中华书局，1980年，第188页。
　　④ 杨伯峻：《论语译注》，北京：中华书局，1980年，第209页。

自适其适者也。"①（《庄子·大宗师》）他们或忍饥挨饿而死，或投河自沉而亡，促龄夭命，追逐芳名令誉，愉悦众人视听，终不能自适性情。这与庄子倡导的"至人无己""神人无功""圣人无名"的思想相悖。庄子甚至直接将夷齐与大盗盗跖相提并论、等而视之：

> 伯夷死名于首阳之下，盗跖死利于东陵之上。二人所死不同，其于残生伤性均也，奚必伯夷之是而盗跖之非乎？……若其残生损性，则盗跖亦伯夷已，又恶取君子小人于其间哉？……夫适人之适而不自适其适，虽盗跖与伯夷，是同为淫僻也。②（《庄子·骈拇》）

庄子明确指出，夷齐饿死首阳山，与大盗盗跖死于东陵并无本质分别。无论是行善还是作恶，有所为、有所图，便是有损天性自然。不能保真养性的行为，在庄子看来，皆不可取。这反应的正是道家不受功名拘束绑架、自在自适的价值观。故而，夷齐不食周粟、操瓢而乞的行为，也称不得真正意义上的"隐"与"贤"。除此之外，在《秋水》《让王》等诸多篇目中，庄子亦反复表明了道家"轻伯夷之义"的基本态度。

如果说道家对待夷齐的态度尚处于"不甚友好"的边缘，那么以韩非为代表的法家，对"二贤"的态度便称得上"极其恶劣"。

> 古有伯夷、叔齐者，武王让以天下而弗受，二人饿死首阳之陵。若此臣，不畏重诛，不利重赏，不可以罚禁也，不可以赏使也，此之谓无益之臣也。吾所少而去也，而世主之所多而求也。③（《韩非子·奸劫弑臣》）

> 若夫许由、续牙、晋伯阳、秦颠颉、卫侨如、狐不稽、重明、董不识、卞随、务光、伯夷、叔齐，此十二人者，皆上见利不喜，下临难不恐，或与之天下而不取，有萃辱之名，则不乐食谷之利。夫见利不喜，上虽厚赏无以劝之；临难不恐，上虽严刑无以威之；此之谓不令之民也。此十二人者，或伏死于窟穴，或槁死于草木，或饥饿于山谷，或沉溺于水泉。有民如此，先古圣王皆不能臣，当今之世，将安用之？④（《韩非子·说疑》）

---

① 陈鼓应：《庄子今注今译》，北京：中华书局，2016 年，第 177 页。
② 陈鼓应：《庄子今注今译》，北京：中华书局，2016 年，第 250 页。
③ 刘乾先等：《韩非子译注》，哈尔滨：黑龙江人民出版社，2003 年，第 155 页。
④ 刘乾先等：《韩非子译注》，哈尔滨：黑龙江人民出版社，2003 年，第 714 页。

韩非所举诸人，皆为上古"贤人"。许由，不受尧让，逃于箕山，隐于颍河。狐不稽，不受尧让，投河而死。务光，不受汤让，自沉庐水。韩非子认为以上这些所谓的"逸民""贤士"，于国无益，于君无益，既无所用，便应"少而去之"，必要时，当以武力除之。

究其原因，这与韩非子的人才评定标准和以法治国的政治主张有关。《韩非子·有度》曰："贤者之为人臣，北面委质，无有二心。朝廷不敢辞贱，军旅不敢辞难，顺上之为，从主之法，虚心以待令，而无是非也。故有口不以私言，有目不以私视，而上尽制之。"① 以韩非子为代表的法家认为，所谓"贤"，应当是忠于君王，不存二心，虚心待令，上尽制之。而伯夷、叔齐以及上述与之并称的上古诸人，于君无益，于国无益，故应"去之"。

考察春秋战国时期文献典籍，除了上述《论语》《庄子》《韩非子》较多讨论夷齐，《管子》《列子》《战国策》《吕氏春秋》等，也存有或多或少的零散记录。由于诸子出身、立场、基本思想和政治主张不同，对"贤"之理解不同、定义不同，夷齐便得到了截然不同的评判。即使在同一思想流派内部，也存在截然不同的评价。如孟子认为"伯夷隘"，"君子不由"，这与孔子的评判态度完全不同。

二、两汉文学作品中"夷齐"被圣人化与"贤"之尚儒

夷齐故事在汉代的接受与春秋战国时期有了很大的不同。受以经治国、儒学独尊的影响，加之司马迁《史记·伯夷列传》中清晰完整的阐释与一唱三叹的肯定，夷齐逐渐被推上圣坛。两汉的各种文体，无论史、论、疏、证，还是文、赋、诗、碑，都显示出对于夷齐明确又一致的颂赞基调。

司马迁《史记·伯夷列传》完成了夷齐故事的最终定型。与先秦文献中的片段化记录不同，司马迁《史记·伯夷列传》完整清晰地记录了孤竹二子让国逃隐、叩马而谏、耻食周粟、采薇而食、饿死首阳的一系列事迹。全篇不足千字，直接描述夷齐本人的文字不足三百：

伯夷、叔齐，孤竹君之二子也。父欲立叔齐，及父卒，叔齐让伯夷。伯夷曰："父命也。"遂逃去。叔齐亦不肯立而逃之。国人立其中子。于是伯夷、叔齐闻西伯昌善养老，盍往归焉。及至，西伯卒，武王载木主，号为文王，东伐

---

① 刘乾先等：《韩非子译注》，哈尔滨：黑龙江人民出版社，2003 年，第 53 页。

封。伯夷、叔齐叩马而谏曰："父死不葬，爰及干戈，可谓孝乎？以臣弑君，可谓仁乎？"左右欲兵之，太公曰："此义人也。"扶而去之。武王已平殷乱，天下宗周，而伯夷、叔齐耻之，义不食周粟，隐于首阳山，采薇而食之。……遂饿死于首阳山。①

司马迁将《伯夷列传》置于《史记》70 篇列传的首篇。对于作者这样的安排，学界历来争议不断。襃赞者称其手法"神龙见首不见尾"，如明人唐顺之称："此传如蛟龙，不可捕捉。势极曲折，词极工致，若断若续，超玄入妙。"贬斥者不解太史公匠心，如唐人刘知几称："子长著《史记》也，驰骛穷古今，上下数千载。至如皋陶、伊尹、傅说、中山甫之流，并列经诰，名存子史，功烈尤显，事迹居多，盍各采而编之，以为列传之始，而断以夷齐居首，何龌龊之甚也？"②

结合司马迁遭李陵之祸、耻受宫刑、发愤著书等不幸遭遇，以及他"究天人之际，通古今之变，成一家之言"的理想来看，不难理解作者对夷齐的回环复叹："由此观之，怨邪？非邪？或曰：天道无亲，常与善人。若伯夷、叔齐，可谓善人者非邪？积仁洁行，如此而饿死。……天之报施善人，其何如哉？"③司马迁感叹，颜回最为好学，但颜回生活固穷，并且早夭。盗跖杀人如麻，但盗跖横行天下，竟以寿终。世间人事大抵如此：谄媚奸佞者，富贵逸乐；忠言敢谏者，遭遇祸灾。所以，司马迁感叹："所谓天道，是邪？非邪？"这样的感叹，非常具有悲天悯人、替天行道的情怀。

司马迁惯用互补笔法，除了这篇本传，伯夷与叔齐还出现在《史记》"周本纪""孔子世家""苏秦列传""游侠列传"等诸多篇章中。司马迁通过主传、副传、正面、侧面相结合的方式，最终完成了对夷齐形象的立体化塑造。

比起先秦诸子的百家争鸣，汉代文人对待夷齐的态度呈现出较为一致的认同和肯定，较少异响。如陆贾《新语》称："伯夷、叔齐饿于首阳，功美垂于万代。"刘向《说苑》有"立节篇"道："比干将死而谏逾忠，伯夷叔齐饿死于首阳山而志逾彰，不轻死亡，安能行此。"又："非良笃修激之君子，其谁能行之哉？王子比干杀身以作其忠，伯夷叔齐杀身以成其廉，此三子者，皆天下之通士也，岂不爱其身哉？"从义与利、名与节的关系，盛赞了伯夷

---

① （汉）司马迁：《史记》，北京：中华书局，1959 年，第 2123 页。
② （唐）刘知几，浦起龙：《史通通释》，上海：上海古籍出版社，1978 年，第 238 页。
③ （汉）司马迁：《史记》，北京：中华书局，1959 年，第 1690 页。

叔齐重仁义、轻死亡的贤士品格。王充在《论衡》中，将夷齐与虞舜、许由、太公并论，对他们的人格和精神给予了充分肯定，同时，又指出他们在"时"与"世"、"道"与"志"方面的异同，论证细致深刻。

考察两汉最具代表性的文体：赋，无论是摹景写物，还是咏史抒怀，夷齐都因"固穷""守节"而愈加熠熠生辉。庄忌《哀时命赋》曰："伯夷死于首阳兮，卒夭隐而不荣。太公不遇文王兮，身至死而不得逞。"①将夷齐逃隐比作姜太公不遇文王，寄寓深沉同情。董仲舒的《士不遇赋》曰："观上古之清浊兮，廉士亦莹莹而靡归。殷汤有卞随与务光兮，周武有伯夷与叔齐。卞随、务光遁迹于深渊兮，伯夷、叔齐登山而采薇。使彼圣贤其繇周遑兮，矧举世而同迷。"②班固《答宾戏》曰："若乃伯夷抗行于首阳，柳惠降志于辱仕，颜潜乐于箪瓢，孔终篇于西狩，声盈塞于天渊，真吾徒之师表也。"③其他又如东方朔的《非有先生论》，扬雄的《逐贫赋》，冯衍的《显志赋》，杜笃的《首阳山赋》，张衡的《东京赋》，崔琦的《七蠲》等，皆对夷齐故事有所援引。上述作品，就表现手法来说，或神遇其人，或直陈其事；就思想情感来说，最终都是为了发表"真吾徒之师表"④的颂赞与感叹。

当然，"少有异响"并不是说没有反对的声音，桓宽《盐铁论》中就有"大夫""御史""文学""贤良"等不同社会群体围绕夷齐进行的论辩。"文学"认为："古之君子，守道以立名，修身以俟时，不为穷变节，不为贱易志，惟仁之处，惟义之行。临财苟得，见利反义，不义而富，无名而贵，仁者不为也。故曾参、闵子不以其仁易晋、楚之富。伯夷不以其行易诸侯之位，是以齐景公有马千驷，而不能与之争名。"⑤（《盐铁论·地广》）"大夫"认为："伯夷以廉饥，尾生以信死。由小器而亏大体，匹夫匹妇之为谅也，经于沟渎而莫之知也。何功名之有？"⑥（《盐铁论·褒贤》）"御史"认为："无法势，虽贤人不能以为治；无甲兵，虽孙、吴不能以制敌。是以孔子倡以仁义而民不从风，伯夷遁首阳而民不可化。"⑦（《盐铁论·申韩》）"文学"站在忠孝仁义的立场，对夷齐予以肯定，直承孔子论贤真谛；"大夫""御史"则站在革故鼎新

---

①　（清）严可均：《全上古三代秦汉三国六朝文》，北京：中华书局，1958年，第231页。
②　费振刚等：《全汉赋校注》，广州：广东教育出版社，2005年，第147页。
③　费振刚等：《全汉赋校注》，广州：广东教育出版社，2005年，第539页。
④　费振刚等：《全汉赋校注》，广州：广东教育出版社，2005年，第539页。
⑤　（汉）桓宽著，白兆麟注译：《盐铁论》，合肥：安徽大学出版社2012年，第78页。
⑥　（汉）桓宽著，白兆麟注译：《盐铁论》，合肥：安徽大学出版社2012年，第91页。
⑦　（汉）桓宽著，白兆麟注译：《盐铁论》，合肥：安徽大学出版社2012年，第251页。

的立场，反对夷齐的泥古愚忠，颇有先秦墨法遗风。但类似这样的文章和观点，在两汉时期并不多见，或不能代表夷齐在该时期接受的主流。

而囿于文学自身发展规律，两汉诗歌作品援引夷齐典故的现象并不十分突出。即便偶有援引，表现为直陈其事，或直抒其情，手法较为单一。如东方朔《嗟伯夷》曰："穷隐处兮窟穴自藏，与其随佞而得志兮，不若从孤竹于首阳。"① 又《诫子诗》曰："首阳为拙，柱下为工。饱食安步，以仕易农。依隐玩世，诡时不逢。"② 东方朔颇富才情，亦有怀抱，却被武帝一生视作俳优，不受重用。他感叹奸佞谗害忠良，自己抱负难展，心生隐逸，希望能和伯夷、叔齐一同隐居首阳山。不过，他又认为，夷齐与老子相比是小隐之于朝隐、愚拙之于工巧。

三、魏晋六朝文学中"夷齐"多维诠释与"贤"之崇道

刘勰在《文心雕龙·哀吊》中论道："胡、阮之《吊夷齐》，褒而无闻；仲宣所制，讥呵实工。然则胡、阮嘉其清，王子伤其隘，各志也。"③ 刘勰认为，不同作者，遭遇不同、情志不同，在评价伯夷、叔齐时，所持有的情感便会截然不同。这种情况，不仅出现在胡广、阮瑀、王粲的作品中，在魏晋文人那里，刘勰所谓的"各志"，表现得更为突出。

在"仁""贤"之外，王粲悲悼其"清"，阮瑀讥哂其"隘"，嵇康看重其"洁"，阮籍批评其"诞"，支遁颂赞其"真"，麋元痛哀其"愚"，（案：以上分别参见王粲《吊夷齐文》、阮瑀《吊夷齐》、嵇康《家诫》、阮籍《首阳山赋》、支遁《咏利城山居》、麋元《吊夷齐》）④ 较之先秦与两汉，该时期文人发出了更多商榷、质疑、否定，甚至是讥讽的声音。如三国魏诗人麋元《吊夷齐文》曰：

子不弃殷而饿死，何独背周而深藏。是识春香之为馥，而不知秋兰之亦芳也。所在谁路？而子绝之。首阳谁山？而子匿之。彼薇谁菜？而子食之。行周之道，藏周之林。读周之书，弹周之琴。饮周之水，食周之芩。谤周之主，谓周之淫。是诵圣之文，听圣之音。居圣之世，而异圣之心。嗟乎二子，何痛之

---

① （清）严可均：《全上古三代秦汉三国六朝文》，北京：中华书局，1958 年，第 264 页。
② （清）严可均：《全上古三代秦汉三国六朝文》，北京：中华书局，1958 年，第 267 页。
③ （梁）刘勰撰，范文澜注《文心雕龙注》，北京：人民文学出版社，1962 年，第 241 页。
④ 参见（清）严可均：《全上古三代秦汉三国六朝文》，北京：中华书局，1958 年。

深！^①

麋元用激烈的言辞沉痛批悼夷齐，认为他们固守一己之志，背周深藏，不过是故步自守，自欺欺人。魏晋诗人也高唱："夷叔采薇，清高远震。"他们"步出上东门，北望首阳岑"^②（阮籍《咏怀诗》其九），"朝登洪坡颠，日夕望西山"^③（阮籍《咏怀诗》其二十六）。但更多时候，他们不是为了颂赞夷齐是何等的"仁""贤"，而是为了发出"繁华有憔悴，堂上生荆杞""一身不自保，何况恋妻子"这样的忧生之嗟与伤世之悲，更是为了借助"中和统物"（嵇康《琴赋》）、"守志之盛"（嵇康《家诫》）的所谓"理想人格"，寻找到隐逸避祸的途径和场所。

因此，阮籍在《首阳山赋》中批评伯夷、叔齐"彼背殷而从昌兮，投危败而弗迟。比进而不合兮，又何称乎仁义？肆寿夭而弗豫兮，竞毁誉以为度。察前载之是云兮，何美论之足慕？苟道求之在细兮，焉子诞而多辞？"^④诗人认为伯夷、叔齐背商投周，却又与文王不合，不称"仁义"；隐居西山、不惧饿死，却又追逐名誉、诞而多辞，不称"守神"。阮籍借伯夷、叔齐之事，抒发自己进退维谷、仕隐失据的无奈处境与郁结心境。王胡之在《答谢安诗》中指出，"太公奇拔，首阳空饿"，归根结底，"各乘其道，两无贰过"。

西晋皇甫谧撰录《高士传》，"采古今八代之士，身不屈于王公，名不耗于始终，自尧至魏，凡九十余人"。^⑤作者为一系列高人逸士谱写传记，详细描绘他们让王、辞聘、辞赏、逃隐的高节事件。作者自序称，"虽执节若夷齐，去就若两龚，皆不录也。"皇甫谧并没有将夷齐与二龚列为高士。二龚，即龚胜、龚舍。王莽篡汉时，龚胜、龚舍不应朝廷征召，龚胜绝食而死。皇甫谧认为，伯夷、叔齐、龚胜、龚舍等人虽然节廉志高，但善而无报，天年竟夭，不符合《高士传》选录标准，或者说，不符合作者自己养生全性的道家思想，故而不录。

结合魏晋的政治时局和文化思潮，尤其是该时期"贤文化"的思想内涵，对上述现象也许会有更加深刻的理解。魏嘉平元年（公元 249 年）正月，司

---

①　（清）严可均：《全上古三代秦汉三国六朝文》，北京：中华书局，1958 年，第 1267 页。

②　（魏）阮籍撰，陈伯君校注：《阮籍集校注》，北京：中华书局，2014 年，第 198 页。

③　（魏）阮籍撰，陈伯君校注：《阮籍集校注》，北京：中华书局，2014 年，第 244 页。

④　（魏）阮籍撰，陈伯君校注：《阮籍集校注》，北京：中华书局，2014 年，第 23 页。

⑤　（晋）皇甫谧撰，刘晓东校点：《高士传》，沈阳：辽宁教育出版社，1998 年，第 1 页。

马懿发动兵变，曹爽、何晏、丁谧、桓范等"皆夷三族，男女无少长，姑姊女子之适人者皆杀之"[①]。一日之内，血流成河，天下名士减半。以阮籍、嵇康为代表的文士们，既不满于曹魏政权的傀儡无能，又无意与司马氏两情相悦；内心排斥司马氏的禅让之名、篡逆之实，却不得不震慑于其排除异己、杀人如麻的手段。文士们敷衍自保时，要忍受道德良知拷问；决然抗争时，要牺牲生命作为代价。这样的政治环境下，文人对于名教礼法的接受与汉代自然有了极大不同。除了极少数以正统儒者标榜或自任，更多人表现出对道家"贵无""自然"思想的自觉服膺。

文化多元，思想解放，士人看待"贤士"的标准与前朝也有很大不同。《魏纪》存有迄今所见最早、最完备关于"竹林七贤"的文字材料，这则材料可以佐证晋人认识与对待"贤"的标准与态度。"谯郡嵇康，与阮籍、阮咸、山涛、向秀、王戎、刘伶友善，号竹林七贤，皆豪尚虚无，轻蔑礼法，纵酒昏酣，遗落世事。"[②]"非汤武而薄周孔，越名教而任自然""刚肠嫉恶，轻肆直言，遇事便发"的嵇康，可称为"贤"。"口不臧否人物""能为青白眼，见礼俗之士，以白眼对之"的阮籍，可称为"贤"。"性好兴利，计实聚钱，不知纪极""每自执牙筹，昼夜算计，恒若不足，而又俭啬，不自奉养，天下人谓之膏肓之疾"的王戎，也可称为"贤"。"贤"作为该时期重要的文化命题，得到越来越多的讨论。

谢万作《八贤论》，论渔父、屈原、季主、贾谊、楚老、龚胜、孙登、嵇康。孙绰作《难谢万八贤论》，又作《道贤论》，以天竺七贤比竹林七贤，法护比山涛、法祖比嵇康、法潜比刘伶、法兰比阮籍、法乘比王戎、于道邃比阮咸、支遁比向秀，如此等等。此外，顾君齐作《八贤论》，李充作《九贤颂》，王敬仁 13 岁作《贤人论》，戴逵《竹林七贤论》等。这些讨论的残存片段显示，伯夷、叔齐不再被列入"贤士"范畴。"贤"的评判标准不再是儒家的唯德是馨，而以当时社会风尚为准。自然、旷达、通简、俊逸等个人风度与才性，被格外看重。以上变化显示出，晋人赋予了"贤文化"崭新的时代精神和文化内涵。

当然，并非所有的魏晋诗人都站在批评伯夷、叔齐的立场。颂其贤者，仍然大有人在。王康琚《反招隐诗》便认为，易代之际，伯夷、叔齐选择隐

① （唐）房玄龄：《晋书》，北京：中华书局，1982 年，第 20 页。
② 祝穆：《新编古今事文类聚续集别集》，株式会社 1989 年，第 1672 页。

居首阳，甘心守穷，是贤人作为。嵇康在四言《幽愤诗》中，也表达渴望"采薇山阿，散发岩岫"，过着"永啸长吟，颐性养寿"的隐逸生活。用"百花齐放"评价魏晋诗文中的夷齐形象，似不为过。《晋书·儒林传序》中的一段话，很恰切地解释了该典故内涵易变的时代缘由："有晋始自中朝，迄于江左，莫不崇饰华竞，祖述虚玄，摈阙里之典经，习正始之余论，指礼法为流俗，目纵诞以清高，遂使典章弛废，名教颓毁。"①

四、结论

刘勰《文心雕龙·事类》曰："事类者，盖文章之外，据事以类义，援古以证今者也。"②伯夷与叔齐，即是刘勰所谓"据以类义""以古证今"的典故之一。自先秦至六朝，随着"贤文化"内涵的细微变化和文坛风尚的时移世易，夷齐故事被敷衍成不同体裁，进入到当时最流行的文体中。

汉代流行赋，即有董仲舒《士不遇赋》、东方朔《非有先生论》、扬雄《逐贫赋》、冯衍《显志赋》、杜笃《首阳山赋》、班固《竹扇赋》、张衡《东京赋》、崔琦《七蠲》等。汉魏之际，哀吊文兴起。《文心雕龙·哀吊》曰："吊者，至也。《诗》云：'神之吊矣。'言神至也。君子令终定谥，事极理哀，故宾之慰主，以'至到'为言也。"③吊，是表达哀悼、追念、慰问的一种文体。这种文体，集中出现在魏晋，随后，迅速消亡。该时期，王粲、麋元、阮瑀、胡广均有《吊夷齐》文。魏晋之际流行招隐诗、游仙诗，伯夷叔齐又进入到招隐士、反招隐与游仙题材的作品中，阮瑀《隐士诗》，左思、陆机《招隐诗》，王康琚《反招隐》，郭璞《游仙诗》等，皆有所援引。除诗辞文赋以外，夷齐故事广泛进入到书画、碑刻、雕塑等艺术领域，如蔡邕有《伯夷叔齐碑》，以文赋笔法，对夷齐事迹予以铺叙颂赞。

夷齐故事在几千年的传播过程中，积累了厚重的文化内涵，且其精神内涵亦随着文学自身的不断成熟，发生不断的变化和拓展。春秋战国与魏晋六朝，是该故事的迅速发展期与成熟定型期。春秋战国典籍文献中关于夷齐故事的记录，呈现出碎片化、模糊化的特点。诸子百家，立场不同，评价有异。

---

① （唐）房玄龄：《晋书》，北京：中华书局，1982年，第2346页。
② （梁）刘勰撰，范文澜注：《文心雕龙注》，北京：人民文学出版社，1962年，第614页。
③ （梁）刘勰撰，范文澜注：《文心雕龙注》，北京：人民文学出版社，1962年，第240页。

两汉时期，以经治国，儒学独尊，夷齐作为"贤"的典范，被推向圣坛，被一致颂赞，偶有辩论，终为异响。至魏晋，政治环境险恶，文士们纷纷避祸自保，不言时事，托言玄远，如履薄冰。夷齐故事随着玄风清谈和政治局势的变化，得到前所未有的丰富诠释。两晋以降，惠帝不惠，贾后专权，八王之乱，永嘉南渡，五胡乱华，社会混乱的程度比之汉末有过之而无不及。文士将隐逸视为避祸全身的途径，自然又与伯夷、叔齐的逃隐不同。该时期文人笔下的夷齐形象，包含了文人沉浮乱世之中，内心对于理想人格的探索与追寻；亦包含了"贤文化"的不断丰富和微妙演变。

四、贤文化与乡村实践

乡村振兴视域下新乡贤的文化参与及社会认同
——以山西晋中白燕村为考察对象

郭俊红 [①]

（山西大学文学院，山西太原，030000）

摘要： 在当今乡村振兴战略实施下，新乡贤的相关问题颇受关注。本文在结合前人对新乡贤的研究下，根据掌握的细致材料，主要针对新乡贤在乡村文化参与过程中的身份塑造、精英素质进行分析。新乡贤在自我塑造过程中的社会认同充满了矛盾、忧虑，在肯定与排斥的过程中，形成了独特的社会现象。

关键词： 乡村振兴；新乡贤；文化参与；社会认同

党的十九大做出中国特色社会主义进入新时代的科学论断，提出了实施乡村振兴战略的重大历史任务，在我国"三农"发展进程中具有划时代的里程碑意义。[②] 中国乡村振兴，必须进行文化振兴。随着乡村振兴战略的提出和实践应用，发挥新乡贤文化、推动乡村文化振兴成为新时期乡村发展和农村脱贫的重要议题。新乡贤作为乡村精英，在农村政治、经济、文化发展等方面起着重要的带头作用，并随着农村发展形势的需要，他们置身于乡村建设，已经形成了一种不可忽略的乡村精英群体。

"新乡贤"概念在 2008 年《绍兴晚报》刊登的《新乡贤倾情弘扬乡贤文化，青少年"知、颂、学"乡贤精神》中被提出，2014 年《光明日报》陆续推出"新乡贤—新农村"的专题报道，自此以后"新乡贤"引起了学术界的关注并开始讨论与研究。张兆成的《论传统乡贤与现代新乡贤的内涵界定与

---

① 郭俊红（1982—），山西晋城人，山西大学文学院讲师，博士，研究方向：民间叙事学、民俗学。

② 《乡村振兴战略规划：2018—2022 年》，北京：人民出版社，2018 年。

社会功能》①,胡鹏辉、高继波的《新乡贤:内涵、作用与偏误规避》②,萧子扬,黄超的《新乡贤:后乡土中国农村脱贫与乡村振兴的社会知觉表征》③等多篇文章都对新乡贤的概念进行了界定。大部分新乡贤概念的界定是从新乡贤与传统乡贤、乡绅的比较而来,再结合当今新乡贤为农村发展建设做出的贡献来划定新乡贤的范围。靳业葳的《新乡贤组织的制度设置与治理机制创新》④、颜德如的《以新乡贤推进当代中国乡村治理》⑤、吴奶金等的《新乡贤文化促进乡村治理转型研究》⑥这几篇文章对新乡贤产生的时代背景和当今乡村发展所遇到的困境进行分析。针对大部分乡村存在的乡村认同、人才流失、乡村边缘化等问题,不少专家分析了新乡贤的社会功能,对这些问题的解决有着重要促进作用,如王文峰的《"新乡贤"在乡村治理中的作用、困境及对策研究》⑦,杨琴和黄智光的《新型社会组织参与乡村治理研究——以乡贤参事会为例》⑧。邝良锋和程同顺《新乡贤生成困境解析——基于农业后生产论的演变逻辑》⑨,付翠莲《我国乡村治理模式的变迁、困境与内生权威嵌入的新乡贤治理》⑩等文章又对新乡贤发展面临的主要困境及解决路径进行了分析。

综上,大部分学者对新乡贤的分析属于高屋建瓴式的理论分析,且分析的新乡贤均属于"上层农民",他们的物质生活、文化生活条件普遍高于其他农民,并在当地一定的环境中得到了较为广泛的认同。而本文分析的白燕村新乡贤在积极地参与当地文化建设过程中却变得更加迷茫,得到的更多是质

---

① 张兆成:《论传统乡贤与现代新乡贤的内涵界定与社会功能》,《江苏师范大学学报(哲学社会科学版)》,2016 第 4 期。

② 胡鹏辉、高继波:《新乡贤:内涵、作用与偏误规避》,《南京农业大学学报(社会科学版)》,2017 年第 1 期。

③ 萧子扬、黄超:《新乡贤:后乡土中国农村脱贫与乡村振兴的社会知觉表征》,《农业经济》,2018 年第 1 期。

④ 靳业葳:《新乡贤组织的制度设置与治理机制创新》,《财经问题研究》2017 年第 1 期。

⑤ 颜德如:《以新乡贤推进当代中国乡村治理》,《理论探讨》2016 年第 1 期。

⑥ 吴奶金、杨雅莉、陈高威等:《新乡贤文化促进乡村治理转型研究》,《农业科学研究》2018 年第 1 期。

⑦ 王文峰:《"新乡贤"在乡村治理中的作用、困境及对策研究》,《未来与发展》2016 年第 8 期。

⑧ 杨琴、黄智光:《新型社会组织参与乡村治理研究——以乡贤参事会为例》,《理论观察》2017 第 1 期。

⑨ 邝良锋、程同顺:《新乡贤生成困境解析——基于农业后生产论的演变逻辑》,《天津行政学院学报》2017 年第 3 期。

⑩ 付翠莲:《我国乡村治理模式的变迁、困境与内生权威嵌入的新乡贤治理》,《地方治理研究》2016 年第 1 期。

疑，与他自身的期待形成了矛盾。

一、白燕村历史文化概况分析

白燕村位山西省晋中市太谷县，南依乌马河，西与大白村相接，东与王村和乡驻地小白村相邻。村庄面积约 52 公顷，2016 年全村约有 663 户，共1700 多口人。白燕村村西的白燕遗址于 1956 年被发现，是新石器时期至西周晚期的遗址。2016 年，白燕村被列入第四批国家级传统村落名录。

晋中文化生态保护区是全国建设的十个文化生态保护区之一，保护区还将历史特征显著、文化遗存集中的榆次、太谷、祁县和平遥 4 县（区）划定为核心区。白燕村位于太谷县城东北 15 公里处，村庄历史悠久，文化底蕴浓厚。太谷县是晋商大县，晋中地区有歌谣说道："金太谷，银祁县，广吃米面榆次县。"明末清初，太谷商业空前活跃，山西省总商会便设在太谷，且太谷是全省的第一个商区。南来北往的客商都要在太谷歇脚交流。白燕村张家作为太谷商业巨头之一，张廷尧[①] 即为山西广誉远中药有限公司的前身广盛誉的当家人。根据白燕村现存的民国五年（1915）的《白燕村社补修三宫庙碑记》我们可以了解到昔日白燕村商业繁华的景象。石碑阴文记载了几家商铺：恒义成、广慎诚、义聚兴、口慎堂、恒泰永、义盛长、宝天德、益泉口、口盛永、万顺涌、四海公、万庆德、四海中。除此之外，据新乡贤李文跃搜集的口述资料来看，在日侵华前，村中卖中药的有崇德堂、静山堂、晋三堂等；粮油铺有永隆泰、万有亨、文治堂；有当铺义合鑫，缎铺锦泰恒、集全永；还有杂货铺永隆泰、永兴义、同鑫久，肉铺驴肉宝。

白燕村现存传统民居院落保存不甚完好，保存较为完整的有院落三座、上西门阁、古戏台等，其余的只剩下部分建筑。据村民口述，白燕村曾有十个庙，有老爷庙三个、大小三官庙、龙王庙、河神庙、财神庙、高寺和南寺。村里现存小老爷庙和三官庙仅保存部分墙体，其余庙宇均被损毁。在 2006年，白燕村村民开始筹划重新修建高寺。白燕村现存古枣树 36 棵，其中最大两棵，被人们称为"枣王"和"枣后"。"枣王"茎围达 2.94 米，"枣后"茎围达 2.76 米，村中高寺寺院内长有奇特的古柏树，白燕人称文状元柏和武状元柏。在高寺山门处左右各生长着一棵古槐树，两棵槐树上搭有多个喜鹊窝，

---

① 张廷尧，白燕人称守根当家的，如今白燕村仁泽医院医生张九平的爷爷。晋剧丁派创始人丁果仙曾认张廷尧为干爹。

两棵树就像人的两条胳膊，喜鹊窝像手指指甲，因此又被称为十指擎天树。

在白燕村还有不少的传说故事，文化资源丰富。白燕村村民对本村文化活动参与的积极性与深厚的历史文化传统无法分割。

二、神谕与自觉：新乡贤文化参与过程

文化参与是公民投入公共文化建设并享受文化成果的活动及其过程，它是公民文化参与权的实践表达。[①] 在乡村振兴、文化振兴的过程中，乡村公共文化设施的建设与乡村文化底蕴的挖掘必不可少。白燕村新乡贤的文化参与主要围绕村庙高寺的复建以及对当地箕子文化箕城遗址的考察开始，新乡贤用自己的经历叙述着新乡贤建构自己身份过程中的忧虑与期待。

（一）梦中神谕：新乡贤构建的开端

在 20 世纪 90 年代初，民间信仰的恢复大部分都处于自发的状态，恢复的开端大多是收到了"神谕"。白燕村也不例外，1995 年，白燕村放羊老汉张守全接收到了高寺狐大仙的"托梦"，嘱咐修建寺庙。张守全属于狐大仙合格的虔信者。从 1995 年到 2006 年九年间，张守全奔走相告，不断地唤醒和激活白燕村村民对狐大仙"灵验事迹"的集体记忆，[②] 甚至在 1995 年，了解到张守全梦中神谕的白燕村村民陈保根等人就进行过一次寺庙重修，因准备不充分，资金不到位，高寺重建不了了之。

郎家[③]"胡老母"杜改仙和给陈保根解释说是因为合适的盖庙人还没有出现，陈保根在村中与李文跃的一次偶遇，重建高寺的使命落到了被公认为"能说会道、会办事"的李文跃头上，并受到了郎家"胡大仙"张爱萍的认可。面对最难解决的资金问题，"胡二仙"张巧萍给出的答案是："只要开始盖庙，资金自然会找上门来。"

得知重修高寺的资金有保障以后，原本也是狐仙忠实信徒的李文跃应下盖庙事宜并积极地行动起来。李文跃与陈保根等人广发请帖邀请白燕在外工作的能人以及县乡名人到白燕村开会。开完会后成立了寺庙筹建委员会。李

①　陈波、邵羿凌：《影响中国农村居民文化参与的因素研究——以江西省三村九十户调查为例》，《中国软科学》2018 年第 12 期。

②　张祝平：《中国民间信仰 40 年：回顾与前瞻》，《西北农林科技大学学报》2018 年 11 月。

③　太谷等地对民间神以及顶神香头的尊称。

文跃在日记中写道：

> 在 2006 年冬闲的一个月的筹备，去太谷榆次招名人回来牵头盖高寺，定于公历 12 月 9 号农历十月十九在高寺举行起动会议。会上有张玉宝、张保平、李文杰、张卯林、周军，最后定于张保平为组长，我当了副组长，决定农历十月二十四动土，正月二十四唱戏，二月动工修建，拉开了序幕。

重修高寺的宣传发出后，重修高寺的呼声之所以能受到村民的响应，主要原因是村民对高寺狐大仙的信奉。高寺作为白燕村重要的村民活动空间，在数百年的演变、传承和发展过程中，经历了几代人情感和记忆的积淀，包含有白燕村特殊的精神属性。当提到高寺狐大仙，村民都能讲述几个关于狐大仙的神奇传说。例如不少人都知道的民国二十四年还愿唱戏的记忆：

> ……民国二十四年，高寺唱过一次戏，不分昼夜地还愿唱戏，那是给神看的，又不是给人看的，还愿的人从初一到十五也排不上，那时候给唱戏的都是财主，没有留下存根。那时候但凡来太谷做买卖的人都来求狐仙，很多都来还愿。还愿求神的红子，就是红布儿，庙里都放不下，一直放到河边都升了。这都是村里有个 92 岁的老人咽气的时候跟我说的……①

文化在长期的发展过程中会形成一种"凝聚性结构"，通过社会在空间层面把人与他人联系在一起，在时间层面把昨天与今天联系在一起，通过仪式和经典文本把共同体从空间和时间两个方面凝聚在一起。②狐仙信仰在白燕村有着不可思议的凝聚力，通过高寺的重建以及历史记忆的重述，白燕村全村甚至周围村落的狐仙信众都被集合起来修建高寺。

以一个放羊老汉的"梦中神谕"和郎家对他的指示为开端，李文跃等人开始了修建高寺的风雨飘摇路。资金缺乏是他们面临的最大问题，组委会内部经常因为资金的问题产生矛盾。从 2006 年到 2009 年，高寺大雄宝殿和狐仙殿两座大殿修建完成，李文跃作为寺庙筹建组委会的主要成员功不可没。两座大殿共计花费 130 多万元，信众捐资约 70 万元，李文跃本人大约出资

---

① 2017 年 3 月 1 日，在太谷县白燕村李文跃家中，新乡贤李文跃口述，访谈人：刘文娟。
② 龙迪勇：《世系、宗庙与中国历史叙事传统》，《思想战线》2016 年第 2 期。

16 万元。从寺庙筹建开始，李文跃在白燕村中的话语权逐渐提升，而且关于高寺的历史文化、村中流传的狐大仙传说，他都尽数掌握，成为高寺名副其实的代言人。开始修建高寺，李文跃开始迈上了成为新乡贤的建构历程。

（二）自我觉醒：新乡贤的自我塑造

参与到高寺修建和箕子文化考察中的李文跃，对自己有着很高的期待，逐渐主动地塑造自身新乡贤的身份。乡村精英参与公共事务的行为主要来自特定情境下的主流价值观对乡村精英的塑造和约束。[①] 修建寺庙，考察本村历史文化是李文跃提高自身在乡村中文化地位的重要手段。

李文跃等人在筹建高寺的过程中接触的人较多，所以搜集了大量关于高寺或狐仙的传说与故事，刚开始讲述这些传说故事时主要还是无意识状态地闲聊，体现狐仙的灵验。随着寺庙的修建，修建高寺的资金断裂，筹委会发现讲述这些传说故事可以提升高寺的名气，筹集更多的资金。除了信众以外，还有不少的学者学生前去白燕村考察，狐仙传说不经意间成了白燕村文化宣传的一张名片，是不可多得的宝贵资源。这些经历让李文跃醒悟，明白了宣传高寺狐仙文化的重要性。道格拉斯·诺思在《体制、体制变化及经济运作》一书中曾谈到体制与文化的关系，他提出体制的演变要受到"非正式的限制"，这种限制来自由文化所承载的社会传播的信息："表现为以语言为基础的记载和解释传感器官传递给大脑的那些信息的一种概念架构。"[②] 李文跃等人正是运用自己朴实的语言讲述着一个又一个传说，将这些传说吸收进自己的知识建构中去。他逐渐拥有了别的普通农民所缺乏的专业文化知识。在修建高寺的工程中，本来就爱读书看报的李文跃开始特别关注新闻联播中关于国家政策的报道。在李文跃的日记里有这样一篇：

2013.3.17 农．二．初六

今天是全国十二届人民代表大会闭幕日，习近平总书记、总理李克强、政协主席俞正声。中午在地里干完活，上了寺院，也巧，正好农大的十几名大学生来到寺院，要了解历史，所以我又过了一把瘾，给他们上了一堂课，最后

①　李庆真：《社会变迁中的乡村精英与乡村社会》，杭州：浙江大学出版社，2016 年，第151 页。

②　傅才武、岳楠：《村庄文化和经济共同体的协调共建：振兴乡村的内生动力》，《中国文化产业评论》，第 25 卷。

又给他们一些书，他们拿的录音机摄像机，骑着自行车，在我的指点下，高兴而归。

当太谷县地方学者王文魁来到白燕村考察箕子文化时，李文跃出钱出力是王文魁的主要陪同者，他认为王文魁做的事情对白燕文化的发展有着重要意义。

（三）精英素质：新乡贤文化参与的限制

在李文跃构建自己新乡贤身份的过程中，他本身的经济条件成了制约他发展的重要因素。在寺庙修建前，他因为得到了"胡大仙"张爱萍和"胡二仙"张巧萍对资金的保证，大胆开始盖庙。逐渐资金短缺，他坚信郎家对他说的话，他多次在日记中写道："二仙爷又说，胡殿盖起来东方显灵金银库打开……"所以他硬着头皮向亲戚借款，向银行贷款，共负债16万元用于寺庙修建。盖起两座大殿以后，组委会的其他成员和李文跃的情况大体相似，每位成员背负着高额债务，无力偿还。

但白燕村的村民对他们有着极高的期许，村民认为自己也是捐款者，寺庙是全村人的，期待着寺庙的进一步修建完善。村委会也看到，高寺筹建组委会困难重重，资金严重短缺，最后村委会将寺庙接管，又将寺庙转交到外来的和尚释觉慧手上，同时接管高寺功德箱，但不负责组委会因盖庙欠下的债务。背负着巨额债务的李文跃建构自己新乡贤的路程中断，无法继续。家人的不支持，村民对寺庙资金管理的质疑，让他感到十分的忧虑，曾经设想的能出人头地的想法也暂时停止。

在自身经济能力有限的情况下，组委会成员盖庙的过程现在更是像在唱独角戏，没有足够的能力去将手中的文化资本整合转换为经济资本和社会资本。他作为新乡贤的文化参与活动因自身精英素质的不够充足而受到了限制。

三、肯定与防卫：新乡贤的社会认同分析

英国心理学家贝特·汉莱密认为，"认同由三个层次展开，即从群体认同经过社会认同到自我认同"[1]，即通过某种认同获得一种归属，从所在的群体获得一种信仰系统，通过这个所在的群体参与社会，得到某种社会认同感，

---

[1]　梁丽萍：《中国人的宗教心理》，北京：社会科学文献出版社，2004年。

而个人在获得某种社会认同之后，对自我认同有内在的动力，即它直接影响到个人的自我参与。[①] 李文跃等人在修建高寺和考察箕子文化的过程中，虽然有不认同的声音出现，但是不少村民对他们的所作所为还是认同的。尤其是高寺两座大殿的修建成功，以及箕子文化的考察受到了《炎黄地理》杂志的报导，他们对自己的所作所为十分肯定。

（一）肯定与差异：新乡贤的自我认同

吉登斯认为，自我认同是在个体的反思活动中必须被惯例性地创造和维系的某种东西，是个人依据其个人经历所形成的，作为反思性理解的自我。[②] 新乡贤李文跃对自己的认同是通过在文化参与过程中，与他人进行交流交往过程中形成的。通过与他者行为意识的对比，总结自身与他者的差异，从而进行自我评价，形成了对自我的认同。

新乡贤作为乡村发展的"领头雁"，对国家的政策十分关注，对国家不少政策的推广和传播有着积极作用。李文跃的文化水平虽然不高，但他坚持常年看报纸读书，每天坚持观看中央电视台的新闻联播，对国家事务有着极高的关注。

2009 年农历腊月十二

今天政协主席贾庆林在全国召开了"2009 年全国宗教会议"加大了对宗教事业的力度，在晚间中央新闻联播节目里，时间长达十分钟。

2010.1.4 农十一月二十日

新的一年，新的开始，今天在京开了全国文化部长会议，说明了对文化的重要意义。我计划再给省委书记张宝顺去第二封信，促使他对白燕寺院的重视。其二，给央视去信，给文化部有关领导去信，为箕城早日立项打开缘灯。

2010.8.15 农历七月初六

今天一早听到中央人民广播电台，中央政治局关于文化是推动一切的生命之源的中央文化会议。

……

---

① 秦海霞：《从社会认同到自我认同——农民工主体意识变化研究》，《社会学与思想教育·党政干部学刊》，2009 年第 11 期。

② 吉登斯：《现代性与自我认同》，北京：生活·读书·新知三联书店，1998 年。

李文跃日记中类似于这样的记录有很多。在他刚开始修建高寺和考察箕子文化时，他对村领导和一些乡镇领导的不支持态度感到不满意。在他的认知里，发展白燕文化必须了解国家的文化政策，而且每次在新闻中看到国家对文化发展的重视程度，他便更加肯定自己参与高寺修建和箕子文化考察的正确性。

新乡贤植根于乡土，了解乡情，李文跃对白燕文化发展的有着极高的期待。所以他积极地为白燕文化的发展奔走。

2009.3.1 农二月 初五 星期日

……大力宣传，这一千古白燕箕城一旦被国家认定会立即引起专家和国家的重视，白燕村的地位会大大提高，比孔子的声誉会有分量，文化大村会百倍升温。

2009.3.25 农二月二十九

……箕城遗址已定，真是白燕中国的一件大事，喜事，新的起点，

2009.5.14 农四月二十 雨

……我们听了很受感动，白燕的明天就是从这一刻起发生了翻天覆地的变化，走向富裕的明天。

这些简单的语句可以看出一个农民对自己家乡发展的诉求。当他知道一直对他们的活动持观望态度的村支书用他们考察得来的箕子文化包装自己的园林公司以牟利时，十分气愤。但他也认识到，这是村领导对他们考察成果的另一种认同。他们努力构建的白燕文化有转化为经济效益的实际作用。

在文化参与过程中，李文跃也对自我身份进行了探寻和确认，其目的是为了使自我身份趋向于白燕村文化建设的中心。①

2010 年 3 月 5 号 农正月二十

感到在人际关系上拉开了差距，我又无法去解释这些怪事不应该在我头上。好了，单等老天爷有眼，我何时红起来？

2010.01.7.11 号 农历五月三十日

---

① 王莹：《身份认同与身份建构的研究评析》，《河南师范大学学报（哲学社会科学）》，2008 年第 1 期，第 50—53 页

我是办的一件大事，上对老祖宗，下对子孙，为振兴中华文化而尽自己的一份力量，为明天而奋斗。

2010 年 11 月 9 日，农十月初四

中国要变，太谷要变，白燕要变，中国文化第一子故里箕子的后代，姓李的出世改变了中国。张家弱李家兴……

除此之外，他在日记中时常告诫自己要谦虚，要孝顺父母、团结组委会的成员共同建设白燕文化。

（二）防卫与忧虑：新乡贤经历的群体认同

社会认同本身就是一个"求同"与"求异"相互促进和相互构建的过程，[①] 在认同过程中，人们自觉地将自己定义为某一社会群体的成员，并从中获得对该社会群体的认同感和归属感。李文跃经常苦恼自己对白燕村历史文化记忆和知识的积累以及所带来的效益没有得到周围群体的认可，却忽视了他对自己所在群体的认同却是一种防卫性的认同。

首先他面对的是来自家人的排斥。在高寺刚开始修建时，他的家人是支持的，李文跃的妻子率先送一千元现金到开工现场，是第一个捐资的群众。当李文跃的妻子认识到修建高寺的花费远远超过了自己家庭的负担时打起了退堂鼓。而且李文跃常年忙于寺庙修建，家里没有收入，基本的生活也无法满足。

2008.11.24 农十、二十七

家里怨气很大，今年家里没收入，但我心里无比高兴，因自己的汗水和辛苦，没有白流。

2010.7.11 号 农历五月三十日

……晚上回家老婆对我意见很大，见我正忙，没收入，别人家收入大，早上没给我做饭，我吃了几个枣儿就匆匆去了寺院，我在这祈祷佛爷们，我老婆有病而且怕生气，但她每天生气，就是因为家里三年没收入，别人在笑话，没钱买不上东西，生病还是去医院，这一切风言风语她受不了，

---

① 姜永志、张海钟：《社会认同的区域文化心理研究》，《长安大学学报（社会科学版）》2009 年 12 月。

李文跃常年忙于寺庙修建而忽略了自己在家庭中的职责，他们的抱负无法实现，也受不到家里人的肯定，十分苦恼。

其次是来自村民和自己组委会内部的不认同。村民对寺庙修建的账目不了解，且能观察到组委会成员又是在饭店请人吃饭而产生误解，认为自己所捐的寺庙修建款被组委会的成员拿去挥霍。

2009.7.7 农历五月十五

流言蜚语实在是气人，林某说高寺上收的款都让我出差花了，这伤天害理之言真让人难忍，

2009.7.15 农闰月五月二十三

中午从地里回来，我老婆说和云某发生口角，恶语伤天害理说，你在高寺为了啥，吃肉吃蛋一年不拿一两万呢。我老婆十分气人告我，我听了也十分不满。

2010 年 2 月 5 日 农腊月二十三

我受债务的压力和众人的恨骂，错在哪里？实在难办。这些不合理的群情，何时得以平息，我抬头吐气。

这些日记内容与李文跃对自身奉献乡里应得到的好评期待相差甚远，普通民众中有人对他并不认可。但还有一部分群众对李文跃等人的功绩是认可的。李文跃讲到，2017 年 3 月，一位叫爱娃嫂的邻村老人把背着儿女攒下的一万元积蓄交给了李文跃，说是捐给高寺，她不信任庙上的和尚，就信任组委会。这些信众的行为也让李文跃对参与白燕村文化建设没有完全失去信心。

2009.10.18. 农．九．初一

真是心烦，而组委会云某的错误认识大肆宣扬我的不是，真是大错而特错，败坏了高寺名声助长了一些不良人的说法，真可谓是革命途中的叛徒。

2009.11.16. 农．九．三十

乘虚而入，云某、贵某合伙冷看我。群众在一小伙的扇动下，高寺的名声到了最低谷，实属为难，寺院能让小丑们得逞，看高兴吗？

我想困难是暂时的。

2010.4.5，三月初二

事态发展不利，我不能办了，就好像动物世界：大欺小、强欺弱，食肉吃

草动物，连日来我想，村副主任骂我，云某扇动说好组委会人员小看我，刚某拉寺院木板不和我吭气，反而说我连累了他等等。

再次因为资金的缺乏和组委会内部的矛盾，内部成员之间的群体认同被削弱，狐仙信仰产生的凝聚力在面对现实的矛盾时被弱化。李文跃的重重担忧再现并没有向好的方向发展，在他的内心逐渐积累下重重忧虑与困惑。现实生活中的合作伙伴，并没有向他所设定的剧本角色发展，成员间既排斥又合作的模式形成了防卫性认同。

结　语

乡村振兴过程中，新乡贤的成长与发展面临着巨大的困难和挑战。白燕村新乡贤的文化参与过程让我们认识到，新乡贤虽然在努力地建构乡村文化，但自身有着不可忽视的局限性。有些新乡贤专业知识并不十分精通，公共事务参与能力有待提高，在群体活动过程中容易偏离团体，唱独角戏。新乡贤并不是乡村振兴的主体力量，不能将新农村的建设完全依靠新乡贤。新乡贤群体应用自身的知识技能在乡村振兴过程中发挥的是协助作用。所以，新乡贤的成长离不开国家的培养、专业人士的引导，需要与乡镇政府、村委会等基层单位互洽互商。不仅要完善激励机制鼓励新乡贤积极参与到农村变革和文化发展的过程中，还要引导乡民增强对新乡贤的认同。在乡村振兴的道路上，还要经历不断的反思与实践，新乡贤才能更好地发挥他们应有的作用。

乡贤文化自觉与传统乡贤文化的创造性转化、创新性发展

苗永泉，高秀伟①

（山东师范大学公共管理学院，济南和光企业管理咨询有限公司，
济南，250000）

摘要：乡贤文化自觉是我们时代一个非常引人注目的文化现象，当前创新乡贤文化既顺应了传统文化复兴的时代趋向，也搔到了现实的痛处痒处。中国有着源远流长的乡贤文化传统，尽管在经历近代变革以后，传统中的很多东西已经流失，但重视亲情乡情、崇尚贤德、看重声望和要面子的乡土文化心理仍能为新乡贤文化的培育提供伦理支撑。实现传统乡贤文化的创造性转化、创新性发展，一方面需要传承和弘扬"居乡则立德立功、造福乡民，在外则不忘乡亲、回馈家乡"的乡贤精神，另一方面则需要根据当前社会条件，顺应新的时代要求，赋予乡贤文化以新的内容和形式，并加以转化提升。

关键词：乡贤文化；文化自信；乡贤精神；创造性转化

2001 年，浙江上虞市成立乡贤研究会，这是中国第一家以"乡贤"命名的民间社团。此后对乡贤文化的报道和学术研究也在零星跟进。到 2014 年，《光明日报》等媒体对乡贤文化进行了系列报道，营造出了强大的舆论阵势。2015 年，中央一号文件则首次提出"创新乡贤文化"，此后各地践行乡贤文化的实践及相关学术研究开始呈井喷态势发展。乡贤文化的自觉成为我们这个时代一个非常引人注目的文化现象，在这一文化现象背后隐藏着什么样的

---

① 苗永泉（1985—），山东莱芜人，山东师范大学公共管理学院讲师，法学博士。高秀伟（1971—），任职于济南和光企业管理咨询有限公司。

时代密码？上虞市能够首先成立乡贤研究会，这固然与上虞具有丰厚的乡贤文化资源有关，清代著名学者徐致靖称赞上虞为"美哉名区，秀美孕育，达人杰士，史不绝书"。但乡贤文化能够逐渐产生全国性影响力，乃至上升为党和国家的方针政策，其原因绝不局限于一时一地的特殊规定性，而是有着趋势性、结构性的深层动力。从根本上说，乡贤文化自觉切中了我们这个时代的脉搏，既呼应了文化自觉、自信的时代风向，也搔到了现实的痛处痒处。

一、乡贤文化自觉是传统文化复兴大势的一部分

乡贤文化是传统文化中非常有特色的一部分，乡贤文化的自觉顺应了当前传统文化复兴的大趋势。分析近代以来国人总体文化心态的变化，有助于我们从宏观上把握这一大趋势。自近代以来，国人对待传统文化的态度常常在两个极端之间徘徊，由此形成两种矛盾的心态：文化自负与文化自卑。从历史情境来看，这两种文化心态的产生都有其时代的可理解之处，不过事后看来，它们都有失偏颇。在前现代社会，中华文明保持着长期的繁荣和强势，中国也成为重要的文化输出国，直接影响辐射整个东亚文化圈。唐人孔颖达《春秋左传正义》疏曰："中国有礼仪之大，故称夏；有服章之美，谓之华。"其中不乏对自身文化的溢美之情和文明优越感，这或许就能代表古代士人的普遍观感。然而，长期的成功也逐渐助长了一种文化自负心态，这种自负心态在传统社会后期越来越与时代相脱节。不说乾隆皇帝"天朝物产丰盈，无所不有，原不借外夷货物以通有无"的自我宣称，甚至在西方以其"船坚炮利"打开国门之后，同治光绪时代的士大夫们仍然对洋人公使觐见皇帝时应否行三跪九叩之礼争论不休，仍然对修造铁路者群起而攻之，以致一些造好的铁路都不得不拆毁。诸如此类的表现，不一而举。文化自负心态严重干扰了近代国人对时代变局的认知，面对西方严峻的挑战，主流社会仍然严防死守于传统的教条，不能灵活迅速地应变，最终是在付出惨痛的代价后才不得不转而认真学习西方。

从宏观历史进程来看，国人学习西方的线索经历了一个从器物到制度再到文化的过程。这一过程伴随着中国近代危机的加深，伴随着西学东渐的深入，也伴随着国人对西方文明认识的逐步加深。与此同时，原有的文化自负心防也逐渐崩塌，一种文化自卑心态逐渐取而代之。尤其是到新文化运动时期，很多知识分子已经对固有文化彻底失望，转而采取了激烈的反传统姿态。为了表明与传统彻底决裂的态度，有些知识分子提出了非常激进的观点，如

鲁迅劝青少年看甚或不看中国书，陈序经主张中国文化彻底的西化，钱玄同甚至直接主张废除汉字。上述种种观点确实反映了一种"全盘的反传统主义"倾向。应当说在当时的历史情境下，为了反击"复古逆流"，促使国人更积极地学习西方的先进事物，知识分子采取激进的反传统态度有其时代的可理解之处。但事后看来，全盘反传统和全盘西化的思维方式有着很大的思维误区，因为它没有平衡好文化传承与发展之间的关系。传统文化中固然有一些不符合时代要求的东西，甚至不乏一些糟粕成分，但是其中同样蕴含着许多超越时代、具有永恒价值的东西，不加分析地一概予以否定有失偏颇。

激进反传统主义取向也曾经深刻地影响过中国共产党，但改革开放以来，随着全能主义体制的退出，社会有了成长发育的空间，民族文化自觉的意识也在抬头，甚至民间还兴起了"传统文化热"。另外，思想理论界对传统与现代关系的认识也在不断加深，不再简单地将二者视为对立关系。再加上，随着中国经济的发展和国力的提升，民族自信心也在逐渐增强。在此背景下，执政党也不断调整其对待传统文化的态度，积极弘扬优秀传统文化，并适当借鉴传统文化中蕴含的治国理政经验。十八大以后，习近平更是在多个场合积极倡导中华优秀传统文化的创造性转化、创新性发展，并提出了"文化自信"思想，强调中华优秀传统文化是最深厚的文化软实力。传统文化复兴的时代趋势和执政党对优秀传统文化的积极肯认为乡贤文化自觉打开了社会空间和政治空间。

二、乡贤文化自觉是乡村社会现实困境的内在呼唤

除了总体文化心态的改变之外，乡贤文化自觉也是对乡村社会所面临现实困境的回应。一方面，当前乡村精英人才流失严重，乡村的自我造血能力严重不足。在中国传统社会后期，以士绅群体为代表的大量精英人才生活于乡村。但自近代以来，人才和资源从乡村单向流向城市成为大势所趋。改革开放以后，随着城市经济的飞速发展和劳动力市场的放开，乡村精英人才通过考学、外出经商等方式大量流向城市。有学者系统分析了乡村精英人才外流的内在根源：在政治层面，乡村政治权力结构的变化所赋予农民流动的自由权是基础动力；在经济层面，农业生产领域难以实现其劳动价值，是精英外流的最根本动因；在文化层面，对乡村系统认同程度持续降低，是精英外流的文化心理原因。这说明乡村精英人才的外流具有深刻的政治、经济、文化根源。而在城乡二元格局下，城市更优的就业机会、收入水平、公共服务、

居住条件等使其对人才具有持续的吸引力，所以外流的乡村精英人才一旦在城市中定居生活，他们除了偶尔回乡探亲之外就几乎不再回到乡村。除精英人才之外，青壮年劳动力也在外流，大量农村青年常年外出打工，这使乡村社会变得日益空心化。人力资源的短缺成为制约乡村发展最为重要的因素之一。

在人力资源短缺之外，乡村社会也面临深重的文化危机。自近代以来，许多人都对乡村文化的衰落、失调感到担忧，乡村文化的衰落、失调主要源于现代化的冲击。大体上说这种冲击在两个大的方面深刻地影响了乡村文化。一是自中西文化碰撞之后，为学习西方而组织起来的现代教育体系，其价值取向和知识内容脱离了乡土性，导致乡村文化日益边缘化，乡村的俗文化也失去了雅文化的引领和反哺。这一问题在清末废科举、兴学堂之后实际上就已显现出来，新式教育与乡村文化之间存在着严重的隔阂，一方面，接受新式教育的学生看不起乡民，在习得现代科学世界观后，很多学生认为乡民愚昧、迷信，现代个人权利本位的价值观念也使他们与乡村伦理本位的习俗格格不入。"庄俞早在清末就注意到，新学堂教育出来的学生'骄矜日炽，入家庭则礼节简慢，遇农工者流尤讪诮而浅之'。在耕读相连的时代，四民虽有尊卑之分，从天子到士人都要对'耕'表示相当的尊敬；在耕与读疏离之后，乃有这样的新现象。"另一方面，乡民也很难认同接受新式教育的知识人。"虽则现在一般知识界的学问、理解力较之过去均属优良，但乡村中人士对于他们却全抱着不信任的态度、怀疑的心情；不但不愿听他们的话，简直亦不敢听他们的话。"这两方面其实是相互的，它们共同昭示了新式教育与乡村之间的文化隔阂。可以说，这种状况一直持续到现在，甚至因为改革开放以来现代化和城市化的快速推进而愈益显著。有学者指出，由于教育的话语权、决策权集中在城市阶层，更潜在地使得我们的教育政策与主流教育话语更多地带有"城市取向"，城市取向的价值预设也渗透到教育体系中，使农村孩子不得不放弃"他们的世界"中潜在的价值特征。在传统社会，作为精英文化的儒学与乡土社会具有共同的文化血脉，因为儒家礼教及其所蕴含的伦理价值早已融入乡土社会。儒家传统历来强调文化精英的教化垂范作用，以儒家经典为核心的博雅教育曾经是儒家文化传承的主要方式，儒家经典教育的退场使乡村的大众文化难以获得精英文化的引领和反哺，从而变得日益衰颓。

二是市场经济的冲击也对乡村文化构成了挑战，新成长起来的乡村精英往往是最能逐利的经济精英，他们在文化素养上存在着很大的短板。改革开放以来，市场经济飞速发展，乡村社会也遭遇市场经济的冲击，这种冲击除了经济层面的影响之外，也产生了文化上的后果。市场经济追求经济效率，人们的行为以逐利为主要原则，当乡民们都加入逐利行列之后，原本以淳朴、重情、本分、恬适等为主要品格的乡村文化，在接受市场经济洗礼之后开始变得面目全非，伦理亲情变得淡薄，拜金主义风气则日盛一日。"老实人"被边缘化，而恰恰是那些最讲究经济理性的人容易成长为新的乡村精英。这些新兴乡村精英俗称"经济能人"，他们大量地介入乡村权力结构，出现了引人注目的"能人治村"现象。但与传统的乡村精英相比，乡村经济能人在文化品格上存在着很大的欠缺，很多人甚至不惜以贿选的方式上台，这样的人物自然非常容易将其逐利的惯常行为模式带入村治过程中，导致乡村社会的人心涣散和治理危机。可见，乡村文化的衰落，尤其是能规约乡村精英的精英文化的衰落，导致乡村精英的素质难以保证，表现于外的就是其行为的逐利取向显著，而文化动机（追求声望、认可等）严重不足。而这些在传统社会原本都不是大问题，因为以良绅为代表的乡贤群体既生活于乡村、造福于乡村，又接受了系统的儒家经典教育，有着较高的文化素养和文化担当意识。无论是乡村精英人才的外流，还是乡村精英文化素养的低下，似乎都在呼唤乡贤文化的归位。

总之，在传统文化复兴的大趋势下，在乡村社会所面临现实困境的刺激下，乡贤文化的自觉可以说是应运而生。党和国家顺应此一趋势，汇聚社会共识并将其凝结为相应的政策方针，倡导创新乡贤文化，弘扬善行义举，以乡情乡愁为纽带吸引和凝聚各方人士支持家乡建设，传承乡村文明。在当前语境下弘扬乡贤文化当然不可能是完全复归传统，也不可能是完全另起炉灶，而是要以创造性转化、创新性发展的方式来让传统乡贤文化所蕴含的超越时代、具有永恒价值的文化资源焕发新的活力并加以转化提升，以应对当前乡村治理所面临的一些困境。

三、传统乡贤文化及其社会心理基础

在乡贤文化自觉的时代风向下，我们回头去看中国传统，可以发现传统文化中蕴含着丰厚的乡贤文化资源，它们既是一种历史文化遗产，也仍然深刻地塑造着中国人的社会心理。"'乡贤'就是中国文化滋养出来的人，是本土本乡因德行而被本地民众所尊重的贤达之人，而'乡贤文化'就是这一地域历代圣贤积淀下来的文化形态，它影响和激励着民众的思想信仰和价值追

求，从而，引领社会，造福社会，维持社会和谐。"① 乡贤文化在中国历史上源远流长，按照远古传说，大舜就是一个居乡的贤人，但少数乡贤个体的出现并不能称为一种文化现象，乡贤文化的出现必然需要契合古代历史长期发展的社会背景，并有长期的社会制度作为依托。其制度依托就是的"选举制度"，从汉代的察举到隋唐以后的科举，在古代选举制度下，大量的民间人才被选拔到国家官僚体系中，同时也有大量的储备人才居于乡里。科举制度始于隋唐，但到明清时代，士绅社会才真正成熟。士绅群体主要是由获取科举功名而未入仕者和告老还乡的官员构成，他们成为乡贤的主要人选。另外，明清时代，祭祀乡贤也已完全制度化，各州县均建有乡贤祠，以供奉历代乡贤人物，因而形成一套完整的官方纪念、祭奠仪式。传统乡贤文化历经两千余年的传承，尤其是明清两代六百余年的自觉建设，已经形成了包含乡贤的公举、祭祀、传记与方志的书写、乡贤组织乡村自治以及乡贤文化自觉传承等内容的文化体系。

乡贤群体在地方社会发挥着重要的治理功能。首先，乡贤以其贤德垂范乡里，教化百姓，维持儒家礼教秩序。在传统社会，士为四民之首，精通儒家经典的读书人备受乡民尊敬，其一言一行皆为乡民表率。如明代弘治朝状元朱希周，为官时颇为清廉，在退居乡里之后也成为一乡之望，"里中儿稍为不善，辄曰：'吾何以见朱公'其黠者曰：'秘之，幸毋使公知而已。'盖不出户而隐然为薄俗风励"。明末文震孟对此称赞说："夫大臣居乡，非独清谨贵也，有所系于乡之轻重乃贵。"② 其次，乡贤群体大量经办地方公益慈善事业，诸如修桥铺路、兴修水利、设置义仓、创办书院等。这种现象在传统社会后期已经非常普遍。张仲礼曾做了一个统计，在其收集的 5400 多份 19 世纪的人物传记之中，有 48% 的传主在家乡和宗族的事务中发挥了某些绅士功能，20% 的传主参与了若干私人慈善活动，只有 32% 的传记没有专门提及这类活动。再者，乡贤群体居于官民之间，在地方治理中起到上传下达的中介作用，他们既可以与地方官合作来共同完成一些朝廷公务，也有手段制衡地方官员。如果地方官肆意为非，他们可以利用其在官场的关系，如旧属、同乡、同年等，形成所谓的士大夫舆论从而不利于地方官，甚至干脆利用监察系统直接弹劾这些人。

---

① 楼宇烈：《"乡贤文化"漫谈》，《中国文化研究》2017 年第 2 期。
② 文震孟：《姑苏名贤小传》（卷下）《朱恭靖公》，扬州：广陵书社，2011 年版。

由以上论述已经可以看出中国有着源远流长的乡贤文化传统，尽管在经历近代一波波的反传统主义运动之后，传统的很多东西已经流失，但是传统对当前中国人社会心理和行为模式的深层影响仍然存在。尤其是在乡村社会仍然有着深厚的伦理文化传统，这种伦理文化传统扩散为一种重视亲情乡情、崇尚贤德、看重声望和要面子的社会文化心理。看重声望、要面子的心理有助于约束乡村精英的机会主义行为，使其更愿意为乡民做贡献，而非毫无原则地追求利己。看重声望、要面子的心理也能鼓舞乡村精英人才在走出乡村后努力奋斗，获得成功，从而光宗耀祖，使自己和家人在乡土社会更有面子。亲情乡情纽带则有助于牵引外出精英人才回馈家乡，在回馈家乡的同时也可以增加家族在地方社会的声望和脸面。尚贤的乡土社会心理则有助于形成一种崇礼乡贤的氛围，发挥见贤思齐的道德教化作用。总之，虽然传统乡贤文化的一些原有形式和内容已经消失，但相应社会文化心理仍然有着持续的影响力，可以为当前新乡贤文化的培育提供社会心理基础。

四、传统乡贤文化的创造性转化、创新性发展

虽说当前中国乡村仍然具有培育乡贤文化的社会心理基础，但是乡贤文化所植根的社会土壤确实在很多方面已经迥异于传统。其中有两方面的差异非常值得重视。一是相对于传统社会来说，新乡贤群体的构成更为复杂。传统社会中的乡贤具有很强的同质性，他们以读书人为主，接受的是儒家经典教育，很多都具有共同的科举出身。而新乡贤在社会成分、知识结构、职业路向等方面都不同于传统乡贤。在当前，有德行、有成就的企业家、党政干部、专家学者、医生教师、规划师、建筑师、律师、技能人才等外出精英人才和乡居的德高望重的宗族长者、老党员、老村官、老乡村教师以及新兴的经济能人等都可以成为新乡贤的人选，他们在知识结构、专业技能、职业路向等方面是非常多元化的。这些不同领域的精英可以为乡村建设提供多方面的资源（如资金、就业、人脉、见识、专业技术等）。不过由于大量精英人才早已走出乡村，导致"'在场的'乡贤少，'不在场的'乡贤多"。① 在这种情况下，如何让那些在外的乡贤有效支援乡村建设，甚至吸引他们回流乡村，就成为当前创新乡贤文化所不能回避的一个问题。二是当前的乡村治理结构

① 季中扬、胡燕：《当代乡村建设中乡贤文化自觉与践行路径》，《江苏社会科学》，2016年第2期。

也不同于传统。在传统社会，由于国家能力有限，朝廷无法将行政力量完全渗透到基层社会，因此相对于"官治"来说，基层是"自治"的。但这种自治并非现代的民主自治，而是权威主义的。作为基层社会的领袖，士绅群体并非由民主选举产生，而是通过科举考试选拔出来，也正是科举功名赋予他们超出平头百姓的优越地位和社会影响力，这说明士绅群体的权威不仅仅内生于乡土社会，而且具有很强的国家属性。而当前的基层自治则是一种民主自治。按照村委会组织法的规定，村民委员会是村民自我管理、自我教育、自我服务的基层群众性自治组织，实行民主选举、民主决策、民主管理、民主监督。因此，如何在基层自治制度的基本架构下让新乡贤群体民主、合法地介入乡村治理就成为当前创新乡贤文化需要解决的另一个重要问题。

由于社会条件和时代要求已经大为不同，具有悠久传承的乡贤文化要想在当前社会重新焕发活力就必须实现创造性转化、创新性发展。要想实现传统乡贤文化的创造性转化、创新性发展，一方面，我们需要珍视和传承传统乡贤文化中所蕴含的超越时代、具有永恒价值的东西，做到"不忘本来"。质言之，乡贤文化从历史走向当下乃至未来，一脉相承的是一种"乡贤精神"。乡贤精神就是一种居乡则立德立功、造福乡民，在外则不忘乡亲、回馈家乡的精神。乡贤作为一乡之望，原本就是乡民的表率，不说学为人师、行为世范，至少也要讲究脸面，自觉不自觉地做出一个体统来。"德"是内核，"事功"则是"德"的外化，所谓"己欲立而立人，己欲达而达人"是也。不管是引领乡风文明，还是奉献乡村社会，都需要乡贤精神所提供的内在动力。可以说，当前新乡贤文化建设能否获得实效，在很大程度上就取决于这种乡贤精神能否真正弘扬起来，能否在这种精神的促动下让一大批精英自觉地投身乡村建设。除此之外，传统乡贤文化所蕴含的一些其他合理性要素也都值得后人学习借鉴，诸如书香门第的优良家风传承、经典教育的立德树人功能、见贤思齐的道德教化传统等。

另一方面，我们需要根据当前社会条件，顺应新的时代要求，赋予乡贤文化以新的内容和形式，并加以转化提升。比如，明清时代主要是通过设立乡贤祠来祭祀过世的乡贤，以此来表示朝廷的表彰之意，也满足了文人士大夫群体特别看重"身后名"的心理需求，还能对社会起到劝勉、教化作用。但在当前社会，崇礼先贤固然仍有其重要价值，但是恰到好处地表彰那些有突出德行或贡献的新乡贤则更为现实有效一些。毕竟史官文化、祭祀文化已经衰落，而身边活生生的榜样则更有影响力。又如，当前大量的乡村精英人才早已流出乡村，面对乡村失血的现状，弘扬乡贤文化的一个重要意图就是吸引外出人才支援家乡建设。所以与传统社会更重视在地的乡贤不同，当前新乡贤文化建设就不得不重视沟通联络在外的乡贤。再如，在传统社会，基层治理模式是一种权威主义的模式，这一模式让乡贤群体发挥了积极的治理功能，但它也有着固有的局限，毕竟在传统社会，地方不只有良绅，也不乏土豪劣绅，一旦土豪劣绅势大，乡民则难免受到欺压。当前的基层自治是在现代民主、法治框架下展开的，因此必须探索新的方式来让新乡贤参与乡村治理。从各地实践来看，一般是通过成立乡贤理事会、参事会之类的民间组织来让新乡贤在村治中发挥特定的作用。当然，在地的乡贤也可以成为村两委成员，但必须通过民主选举的方式来进行。如此一来，新乡贤参与村治的方式就能符合既有的制度安排。同时，通过贯彻民主和法治也有助于防范乡贤治村可能出现的人治主义弊病，从而有助于超越传统的局限。

乡贤文化在朗德上寨旅游社区善治作用及机制研究

祝 霞①

（上饶师范学院，上饶，334001）

摘要： 本文以善治理论为基础，从苗族旅游村寨——郎德上寨田野调查出发，梳理出乡贤文化在郎德上寨旅游发展不同时期对社区治理的作用，并尝试解读乡贤文化何以作用的机制。研究发现，乡贤文化在礼治秩序的乡村因族缘性、发展理性选择等内在机制和政府推动、旅游市场冲击等外在机制的双重作用下，成为民族村寨旅游重要的内源性治理力量，是实现旅游社区善治的重要途径，助推少数民族地区旅游业的发展。

关键词： 乡贤文化；郎德上寨；旅游社区；善治

引言

近年来，众多少数民族地区的旅游业蓬勃发展，受到越来越多的旅游开发商和旅游者的追捧。但少数民族旅游村寨集景区、社区、族群等多功能为一体，空间上多重交叠，旅游社区冲突层出不穷，如何实现民族旅游村寨可持续发展成为学者研究关注的重点和热点。基于此，国内学者不断引入利益相关者理论、社区参与理论、社区增权理论以及治理理论等应用于少数民族旅游村寨管理中。目前治理理论在国内外应用范围很广，而治理理论提出的一系列概念"健全的治理""元治理""多主体治理"等方面影响最大，而备受学术界认可的则是"善治"理论。国内学者俞可平在1999年率先将治理理

---

① 祝霞，女，上饶师范学院旅游管理专业讲师。

论引入中国,定义"善治"就是使公共利益最大化的社会管理过程,本质是政府与公民对公共生活实现共同管理的过程。因此,将善治理论应用于民族旅游村寨中,强调的是实现多主体的社区治理,是需要自上而下和自下而上的良性互动,使公共利益最大化。目前聚焦民族旅游村寨社区善治研究内容主要包括治理模式、治理主体、治理内容、治理路径、治理成效等五个方面。本研究主要从乡村基础的内源性资源——乡贤为治理路径,开展民族旅游村寨社区善治研究。

乡贤文化作为中华优秀传统文化,扎根于乡村中,是乡村社会的实际治理者。而在少数民族旅游村寨,乡贤影响则更为凸显,直接关乎村寨社区秩序稳定,村寨活态文化保护与传承,政府、企业与社区居民的沟通等多方面。因此,要实现少数民族旅游村寨社区善治,乡贤则是一个重要的切入点。王泉根(2014)提出乡贤应该是在民间基层本土本乡有德行有才能有声望而深为当地民众所尊重的人。李建兴(2015)认为,乡贤应是德高望重的人,包括离开家乡但做出优秀成绩和贡献的人士。何倩倩(2015)则认为乡贤一般是具有雄厚经济实力的乡村贤达人士。总体而言,众多学者认为乡贤应是在政治、经济、社会、文化等任一方突出,且要受当地民众尊重的德高望重的人才。乡贤应是少数民族旅游村寨中的一种组织,一个群体。但目前在市场经济冲击下,乡贤文化受到一定程度的冲撞。本研究以"工分制"社区主导型的苗族村寨——朗德上寨为研究案例点,梳理乡贤文化在朗德上寨旅游发展不同阶段的作用,并挖掘乡贤文化在朗德上寨旅游社区治理中发挥作用的机制是什么,尝试从乡贤文化视角下,寻找少数民族旅游村寨社区善治的路径。

一、朗德上寨概况及调研过程

(一)朗德上寨概况

朗德上寨位于贵州省黔东南苗族侗族自治州雷山县西北部,向南距雷山县城 13 公里,向北距凯里市区 27 公里,向东距西江千户苗寨 18 公里。全寨共134 户 540 人,全系苗族。建寨有 500 多年历史的朗德上寨凭借保存完好的苗族文化资源和独特的"工分制"社区治理模式,先后荣获"中国民间文化艺术之乡""全国重点文物保护单位""中国历史文化名村""中国景观村落""中国传统村落""中国少数民族特色村寨""奥运圣火走过的苗寨"等殊荣。

自 1986 年开始开发旅游，郎德上寨成为贵州省最早开发少数民族旅游的重点村寨之一。目前经过 30 多年的旅游开发，许多非物质文化遗产和传统习俗得到充分挖掘和活态传承，郎德上寨已成为我国民族旅游村寨的典范。旅游人次也从过去 30 年的数万人次上升到 2017 年的一百余万人次，旅游业得到快速的发展。

（二）调研过程

运用人类学田野调查法，先后与云南大学、贵州师范学院分别于 2014、2017 年深入郎德上寨开展调研，时间分别累计一个月之久。与郎德上寨老支书陈正涛、新支书吴剑、牯脏头、鬼师、活路头、各方族寨老、旅游组部分成员、社区居民及游客等进行深入访谈。根据对象的不同，将采访对象分为三个类别：乡贤、社区居民、游客。访谈乡贤群体主要了解乡贤旅游故事、动机等；采访社区居民主要调查乡贤群体在社区居民的认可度及建议看法；采访游客是听取游客的意见和评价。目前共整理采访音频文字 3 万余字，为写作提供了丰富的一手资料。此外，本研究检索阅读大量乡贤以及乡村文化治理等相关文献，为研究打好了重要的理论基础。

二、乡贤文化在郎德上寨旅游社区善治作用演化

（一）旅游萌芽期：解放村民传统思想束缚

1978 年为恢复传统文化，当地提出恢复和建设博物馆。民族村寨作为天然的活态博物馆，得到贵州省文化厅的重视。郎德上寨老支书陈正涛在日常阅读报纸和文件过程中，挖掘到郎德上寨是民族英雄杨大陆的家乡，以此为契机主动发起申请博物馆。在获得 2 万元的经费支持后，号召组织全村人们共同开展杨大陆故居修复、道路和风雨桥修建等工作。陈正涛凭借个人影响，组织全村的人捡鹅卵石，从附近一直捡到 4 公里以外的地方，共同修建完成了一条高质量的道路。而郎德上寨在 1986 年，被国家文物局列为全国第一座露天苗族风情博物馆，也是贵州省的第一个村寨博物馆。

郎德上寨在博物馆、风雨桥、道路等资源基础上，已出现零星的游客到访。陈正涛抓住契机，及时鼓动村民开展民族歌舞表演、拦门酒、吹芦笙、跳木鼓等，但受到村民的反对。因为，郎德上寨几百年来，祖先都规定在农忙时节不可以进行唱歌、跳舞、喝酒，这个是亵渎神灵，会受到惩罚。特别

是吹芦笙，是有很多禁忌的，拦门酒也只是用来办喜事迎接客人的方式。陈正涛及时组织鬼头和活路头去和村民做思想工作，告诉村民以前祖先不让在农忙时候搞歌舞表演、吹芦笙等，实际上是为了不耽误农事，影响各家收入。但搞旅游实际上也是生计方式之一，目的都是为了让村民获得更好的生活，所以祖先神灵不会怪罪。此外，郎德上寨搞旅游接待，引起隔壁村寨的极大意见，认为第二年在农事上一定会招报应。陈正涛争取政府支持，获得一定的化肥投入，第二年村子农业收入较往年增长不少。这一实际行动，纷纷打消了村内外的顾忌。

显然，萌发期的郎德上寨旅游发展遭到重重阻碍，正是在以老支书、鬼头、活路头等一群乡贤带领下，率先解放思想，突破传统束缚，带动旅游产业发展。该阶段村民虽慢慢摆脱了思想束缚，但因游客量十分有限，村民参与整体积极性不高。

（二）旅游发展期：建立旅游管理组织制度

为有效组织旅游活动，防止"公地悲剧"出现。在村支书带领下，与村里能人共同商讨研究，不断完善系统旅游管理组织和制度。首先，1978 年成立代表社区利益的自治组织——旅游接待小组，小组成员 20 名，全部由四个小组村民自主推荐产生，采取轮换制。小组负责旅游接待前业务接洽，组织村民歌舞表演，收入分配，旅游市场秩序维护等综合事务。第二，建立公平的旅游激励制度——"工分制"。在广泛追求社区居民意见基础上，延续人民公社时期"工分制"。每场旅游接待以家庭为单位，根据多劳多得原则，按劳计分，每月结算一次，具体见表 1。旅游收入提取 25% 作为村寨旅游基金，用于旅游接待的集体支出，75% 收入根据总分结算给家庭。第三，制定文化保护制度及卫生管理制度。郎德上寨旅游发展的前提是保存较为完好的苗族文化资源和环境，为此，村委会在 2001 年制定了《上郎德村村规民约》《郎德上寨旅游卫生管理公约》等条例，促进村民对旅游资源的保护，实现可持续发展。

表 1　郎德上寨"工分制"计分表

角色	桌长	迎客	芦笙手	陪场	演员	学生	管理者
分值	1	1	9	6	4	1—5	18
着装	便衣	长衣	盛装	盛装＋银衣		盛装＋银衣＋银角	
分值	9	10	11	15		20	

该阶段，由推选产生的两个群众性自治组织村委会及旅游接待小组与村民在多番沟通与协商下，建立了代表群众利益的系统旅游管理制度。在政治上，群众性组织机构是由村民自主推举产生，实现了民主选举；在经济上，"工分制"在综合公平和效益的基础上，实现了人人共享的收入分配制度。旅游业得到一定程度的发展，旅游秩序稳定，旅游资源和文化得以保护与传承，旅游收入也成为该阶段村民的主要收入，年人均收入约5000—8000元不等。但与西江千户苗寨年旅游收入数十万元相差甚远。

（三）旅游高峰期：沟通多元主体桥梁

社区主导的旅游管理模式弊端开始凸现，西江千户苗寨村民由过去十分抵制外来资本进入的态度慢慢开始出现了转变。2015年通过对郎德上寨109户居民入户问卷调查，收回有效问卷100份。分析发现，78%居民希望西江旅游公司能参与郎德上寨的旅游开发，76%居民认为社区应该参与旅游决策与管理中，如表2—3。

表2　郎德苗寨社区居民对公司开发的态度

选项	欢迎	无所谓	不欢迎
所占比例	76%	8%	16%

表3　郎德苗寨社区居民参与管理决策的态度

选项	应该	无所谓	不应该	其他
所占比例	76%	12%	11%	1%

2016年，村委会与雷山县政府签订旅游开发协议。雷山县政府吸取西江千户苗寨旅游开发经验及郎德上寨社区主导旅游开发的基础，采取"国有企业＋合作社＋村民"的开发模式，将上郎德和下郎德合并，共同进行旅游景区运营和管理。国有企业郎德文旅公司是雷山县政府投资的国有独资公司，与雷山县政府共同提供政策供给、规划指引、基础设施建设、旅游市场运营和管理、旅游产品开发等事宜。村民在旅游接待小组基础上成立旅游专业合作社，目前共有15人，包括村支书、村主任、村会议、村寨四个小组组长、芦笙队长等村寨乡贤，主要职责是开展歌舞表演、手工艺品销售及旅游开发服务，具体是负责管理村寨旅游接待财务。每年郎德文旅向旅游专业合作社

拨款 13 万元，10 万元用于歌舞表演支出，3 万元属于管理费用。2018 年以后，村民每年在 13 万元基础上，还可以从门票收入中提取 12% 的提成。

该阶段郎德苗寨旅游蓬勃发展，2017 年旅游人次高达 147.11 万人次，旅游总收入共计 12.5 亿元。旅游专业合作社形成及行为产生正是乡贤与社区居民不断的沟通洽谈，充分考虑村民的诉求，与政府、企业进行多次协商，成为多主体沟通的桥梁，追求尽可能实现社区居民利益最大化。

三、乡贤文化在郎得上寨旅游社区善治运行机制

乡贤文化引领郎德上寨旅游社区治理。率先打破社区传统束缚，促进旅游产业萌芽。建立社区旅游管理组织及制度，强化旅游产业发展。沟通多元主体，实现自上而下与自下而上合作，实现旅游业蓬勃发展。根据乡贤文化在郎德上寨旅游社区善治作用演化，挖掘乡贤文化运行动力机制，主要包括内在机制和外在机制。

（一）内在机制

1. "血缘"为基础的族缘性

郎德上寨在历史发展中，不断经历以血缘为基础聚居，再过渡到以族缘为基础，最终形成以地缘为基础，以族缘为纽带的苗寨村落。目前郎德上寨主要是陈姓和吴姓两大姓，陈姓居多，吴姓仅有 4 家左右，且村寨内部不能通婚。显然，郎德上寨是典型的"血缘"为基础的苗族村寨，在长期的历史沉淀中，村寨内部形成很强的凝聚力，内部自然而然形成了一套有效的社会组织，即是乡贤，这是一种特有的地方性权威。而过去郎德上寨又长期属于外化之地，政府渗透较少，主要以依靠村寨内部乡贤开展社区治理。

乡贤在郎德上寨村寨文化中，村民大小事情长期互帮互助，关系十分和睦。如郎德上寨白喜事，家里建房等事情，村民都会主动义务地互相提供帮助。苗族村寨普遍存在"有肉同吃，有酒同喝"的消费方式。因此，乡贤在此环境生活，乡土情结重，也往往愿意主动承担旅游社区治理责任，期盼着故土好，家乡美，乡亲们日子富裕。

2. 发展理性选择

现代经济学认为，人是"理性经济人"。郎德上寨同比其他苗族村寨，较早拥有丰富的旅游资源。而 1983—1985 年三年，苗寨农业收成不理性，必须寻找副业来弥补生计问题。发展的优先选择促使乡贤带头开展旅游业，旅游

活动的开展仅仅靠单一的人是无法完成，需要带动村民一起参与旅游发展中。乡贤拥有资本、人脉、信息、技术等资源，并凭借自身的学识、本领作为一种榜样带头村民共同开展旅游。村民在浅尝旅游发展甜头以后，在经济人理性分析下，也不断地投入到旅游业中。

乡贤与社区村民作为利益共同体共同开展合作，壮大了队伍力量，与外界沟通获得更多的筹码，同时也降低了个人力量有限产生的高交易成本、高交易风险，维护了村寨经济、文化共同体，增强了社区自信。乡贤在此过程中，各种资本也得以相互转化。如最早的农家乐由老支书陈正涛率先做起，获得源源不断客源，与其他村民对比鲜明。但陈正涛农家乐越做越大，接待能力已不能满足市场的需要，就会将大量的客源介绍给村寨其他农家乐，带火了周边好几家农家乐生意。

然而在实践过程中，单一的依靠社区内源性资源开展旅游社区治理成效一般。"理性经济人"促使乡贤与社区居民急于寻找外在力量的帮助，实现多方互补，资源共享，提高广大社区居民的利益。

（二）外在机制

1. 政府支持引导

乡贤文化作为旅游社区治理的内生力量，发挥着重要的作用，但也离不开政府的支持与引导。政府在郎德上寨旅游发展不同阶段，充分征求社区居民意见基础上，提供不同方式的支持与引导。旅游发展前期，政府通过不同项目资金形式支持郎德上寨旅游组织制度形成、旅游规划的制定、旅游资源资源保护与打造、旅游基础设施的建设、旅游活动的开展及旅游接待质量提升等。如博物馆建设资金、全国文物保护单位专项资金、遗产保护资金、房屋改造资金、省县旅游支持发展资金等。而后社区主导型的郎德上寨旅游社区治理模式弊端凸显，旅游经济效益成效不大，社区居民旅游收入不高，乡贤受到挑战。村寨居民参与歌舞表演、拦门酒等积极性不高。政府根据村寨居民，及时引入国有企业，引导成立村寨旅游内部管理组织——旅游专业接待小组，企业、乡贤、社区居民优势互补，实现郎德上寨快速发展。

显然，政府的政策引导，项目资金支持是乡贤文化在旅游社区善治发挥作用的保障。

2. 旅游经济刺激

根据费孝通先生在《乡土中国》中的表述，"在变化很少的社会里，文化是稳定的，很少新的问题，生活是一套传统的办法。如果我们能想象一个完全由传统所规定下的社会生活，这社会可以说是没有政治的，有的只是教化"。朗德上寨没有旅游经济的强烈刺激，朗德上寨社区治理完全依靠二元机构：一是村委会，二是村寨老。两者都是代表群众性的自治组织，乡村秩序依靠礼治秩序。但朗德上寨旅游产业发展，乡贤必须为适应发展，成立旅游管理组织，制定系统旅游制度，来有效维护旅游社区秩序稳定。但以乡贤为代表的社区居民资本有限，市场运营经验能力较少，专业旅游人才队伍匮乏等，很难在激烈的旅游市场中凸显优势。

根据旅游市场需求，改善朗德上寨以社区主导的旅游社区善治结构，组建"国有企业 + 合作社 + 村民"多主体治理结构，积极发挥各方优势，实现优势互补，促进朗德上寨旅游产业可持续发展。

四、结论与讨论

研究发现，乡贤文化作为少数民族旅游村寨社区治理的重要内源性资源，是实现自上而下和自下而上良好沟通的桥梁，在旅游社区治理中发挥着基础作用，是实现旅游社区善治的主要途径。究其根本在于乡贤文化扎根于乡土，具有族缘性。而自身具有一定的先进性和优势，使社区居民乐于以乡贤为榜样，跟随开展旅游活动。而外在在政府的支持引导、旅游市场经济的刺激、乡贤主导的旅游社区管理模式逐渐向多元化主过渡，走向旅游社区善治。但对于如何避免乡贤行政化，真正作为旅游社区居民的自治组织是少数民族旅游村寨治理过程中需关注的重点。

五、贤文化的当代实践

贤文化研究综述

张鑫、陈莹燕、李刚①

（厦门大学，福建厦门，361005）

摘要："贤文化"建设在中国有多种尝试，既有社区、学校等实践，也有从历史商帮角度进行研究。对比来看，中盐金坛的"贤文化"通过理念架构，培育了员工良好的心性；通过"反求诸己、三才相通"等思维方式，提升了组织协同能力；通过"敬天尊道，尚贤慧物"的核心价值观，帮助企业实现经济价值与社会价值的双重创造，达到了"双赢"的治功效果。

关键词：贤文化；敬天尊道；尚贤慧物

自古以来，圣贤思想在中国备受推崇，以成圣成贤为追求的社会实践和文化成果形成历史悠久、源远流长的"贤文化"。贤文化内涵丰富，涉及的范畴极其广博。若从企业文化建设"由内至外"的角度剖析"贤文化"，则其突出表现为对"贤人"的仰慕，对"贤德"的推崇，对"贤治"的追求。进入现代社会，随着中国国力日渐强大，优秀传统民族文化的影响力日趋全球化，"贤文化"作为曾经在历史上发挥巨大作用的社会文化，重新焕发出生生不息的活力。根据调查研究，近年来，全国有不同区域和行业着手探索"贤文化"建设路径。位于长三角地区的中盐金坛公司将"贤文化"作为企业文化的重要组成部分，致力于通过传承与弘扬中国优秀传统文化，培育符合企业发展的核心价值观，在企业中树立起"敬天尊道、尚贤慧物"的核心价值理念，从而影响和改善全体员工行为，实现企业经营价值与社会价值的双重创造。

---

① 作者简介：张鑫（1995—），男，四川省泸州市人，主要从事法学研究；陈莹燕（1999—）女，福建省龙岩市人，主要从事哲学研究；李刚（1971—），男，福建省厦门市人，主要从事中国哲学及道家道教研究。

一、"贤文化"概况

根据当前的研究资料，我们进行收集整理分析，除了中盐金坛公司以贤文化作为企业文化的核心以外，国内其他单位或区域将"贤文化"作为主推的存在形式有三种，即地方城镇社区"贤文化"、学校教育"贤文化"和商帮历史"贤文化"。

地方社区"贤文化"以上海奉贤区为代表。相传春秋时代孔子"七十二贤人"中的言偃曾来此讲学，奉贤也因"敬奉贤人"而得名。奉贤区将以敬奉贤人、见贤思齐的"贤文化"作为自己的地方特色文化。根据相关新闻信息，2017年，奉贤区首发了区本教材《奉贤·贤文化》。"贤文化"课程将分别在小学三年级、初中六年级和高中一年级开设，安排在一学年中完成。奉贤区政府大力推动贤文化的弘扬传播，建造与贤文化相关的城市标志，将此作为城市文化的标签。贤文化为当地经济社会健康持续发展提供了重要动力。

类似的还有云南玉溪市红塔区弘扬传承"敬奉贤人、见贤思齐"的"贤文化"。红塔区在人民音乐家聂耳、铁面御史陈表、护国名将李鸿祥等名人乡贤的故里建起纪念馆、村史馆，让人们以家乡优秀传统文化为荣，遵照名人乡贤的教诲，保持良好的乡风民俗。与此同时，选举新乡贤，让一批既能带领群众致富、又具备道德示范作用的新乡贤脱颖而出。

此外，据已有信息，乔贤镇深入挖掘民族民俗的遗传文化，把"贤文化"作为当地特色文化，不断继承和发展贤文化的内涵。乔贤人把乔贤的"贤文化"归纳为"热爱生活、自强不息、行善积德、男女平等、尊老爱幼"，即为"贤孝、贤德、贤善、贤惠、贤义、贤礼"等思想。

学校教育"贤文化"案例如下：

内蒙古乌兰浩特市第四中学开展"尚贤文化"德育活动。他们主打的"尚贤文化"德育教育活动以"仁爱、义勇、尚礼、明智、诚信"即以"五贤"教育为根基，在传承传统文化的同时创新发展"尚贤文化"。乌兰浩特市第四中学除了通过早会学习、专题讲座、主题班会、校园广播等方式进行德育教育和活动推广以外，还采取了一些新的措施，如"五贤拳"团体操队、百人"古筝"队等，充分展示中华文化千年积淀，打造特色校园文化。

苏州市吴江区思贤实验小学以"见贤思齐"为校训，号召师生一切向贤。学校除了要求学生见贤思齐以外，还要求教师们树立起"贤文化"的价值取向。他们通过两个方面打造教师贤德、贤良的操守：一是培育贤师，进行师德熏陶，每学期分批组织教师前往特殊教育学校进行别样的体验，感受特殊教育人的爱心，写下心得体会并作为自我反思的标杆；进行"最美贤师"评选，和每一位教师进行深度交流，锻炼每一位教师。二是贤书共阅计划，给予教师读书经费和读书奖励，开展读书交流会等，鼓励广泛阅读优秀传统文化著作，创造良好的阅读条件，营造读书氛围，促进师生人文素养的提升和良好阅读习惯的形成，打造和强化学校"贤"的力量和"贤"的文化氛围。

广东省广州市从化希贤小学打造出以"贤文化"为办学特色的校园文化。构建尚贤教育模式，以贤立校，以贤治学，成为希贤小学内涵发展、品位提升、特色发展的现实选择。学校经过反复讨论、反复推敲，构建了独具特色的校园贤文化体系。这一体系的内容包括多个方面：教育特色——尚贤教育，校园文化——贤文化，德育理念——树贤人，校风——尚贤进取、阳光和美，教风——博学树人、厚德育贤。学校以这种科学的"内涵发展理念体系"统筹学校整体教育教学工作，让希贤的学子崇尚先贤，传承贤德、贤能，见贤思齐，向自尊顽强、求实创新、放眼世界、着眼未来的历史贤人学习，促使希贤小学的学子成为志气高远、品德高尚、不折不挠、勇于创新的新一代贤人。学校还专门编写了《尚贤教育》校本教材。以"习贤致远、成就人生"为核心，引导学生"见贤思齐"：思贤、习贤、尚贤。

商帮历史的"贤文化"以晋商乔氏的"尚贤"思想为典型。在古代，晋商稳居全国商帮之首，称雄商界500余年。在晋商这个显赫群体中，晋商八大家赫赫有名。乔家就是对中国经济有重大影响力的巨商之一。电视连续剧《乔家大院》就是讲述山西晋商乔家的故事、晋商乔氏"尚德""尚贤"的人才战略和经营管理中的宗族传统。乔家在人事管理方面吸收了儒家"贤贤"思想，突破了亲缘和乡缘的局限性，实施任人唯贤的用人原则。

从晋商尚贤思想中诞生的一个典型商业组织代表就是山西票号。山西票号在五百多年的时间内雄踞一方，并且其票号创立时间之早、延续年代之长、票号数量之多、网点分布之广、资本实力之雄厚，首开中国民族银行业之先河，创造了汇通天下的奇迹，被梁启超称为"执中国金融界牛耳"。从晋商乔氏可以发现，山西票号建立了一套"尊贤型"高绩效人力资源系统。其所倡导的人力资源管理理念包括"经商之道，首在得人""事由人举，人存事兴"等。通过"慎重选人、充分授权、培育员工、共享利益、多维约束"等手段，山西票号的"尊贤型"人力资源系统，创造了高效的组织绩效。山西票号的成功之处在于：在中国文化强调个体道德修为的背景下，"尊贤型"高绩效人力资源系统对"贤"的强调与中国文化情境更契合。

二、中盐金坛"贤文化"建设

中盐金坛的"贤文化"建设是在企业高层管理者坚定决策、全力支持以及以企业文化部为核心的相关职能部门高效执行下进行的。以 2013 年 8 月 25 日《贤文化纲要》的正式发布为企业文化的成型之里程碑，中盐金坛公司企业文化走上以贤文化为特设的建设之路，在中盐金坛公司创立以来的三十年历程之中，尚贤理念一直是企业人才思想的核心，德才兼备、以德为先成为中盐金坛公司选人、用人和培养人才的一贯原则。"贤文化"一直存在于中盐金坛公司生产经营和发展理念之中。

中盐金坛贤文化核心理念是"敬天尊道、尚贤慧物"，其理想中的贤者，是德才兼备、德才过人、博学厚德、知行合一的人格典范，是浸润了中国优秀传统文化风骨、同时又兼具现代文明素养的时代精英。贤文化以儒家"仁"的思想为核心，并且将儒家"仁"的理念分为三个层次，分别为：克己复礼，仁者爱人，仁者爱物。在此基础上，提出企业应具备的道德性、他向性、社会性。"贤文化"在思维方式上体现出对传统文化的批判性继承，具体表现为"反求诸己""三才相通"。反求诸己的思维方式源于孟子。"仁者如射，射者正己而后发，发而不中，不怨胜己者，反求诸己而已矣。"[①]（《孟子·公孙丑》）这里是说孟子把成就仁德比作射箭，先端正自己然后把箭射出去；射不中不能抱怨别人超过自己，而应找自己的不足，强调的是反省自身的思维方式。三才相通中"三才"，是指天地人，"三才相通"与科学发展观提倡人与自然和谐发展观念有异曲同工之妙，着重强调天地人和谐共存，协调发展的理念。在中盐金坛公司的实践上，具体体现为对自然资源的合理开采及对环境保护的严格把关，这与"敬天"思想相呼应。

中盐金坛"贤文化"把培育企业贤才、厚实企业道德资本、建立贤文化管理模式作为贤文化建设三个层次的目标。从时间上看，中盐金坛的贤文化建设过程分可为三个时期：1988—2006 年为积蕴期，2007—2012 年为成长期，2012 年末至今为成熟期。贤文化建设在中盐金坛公司经营管理机企业发展等方面取得了成效，具体表现为员工价值理念得到统一和提升，经济转型和回归盐业本质的进程提速，敬畏生命的安全文化理念深入人心，管理的人

---

① 方勇译注：《孟子》，北京：中华书局，2013 年，第 46 页。

文特色和精细化水平明显提升，技术研发成果数量持续增长，市场"贤商"团队建设成绩斐然，员工的组织公民行为更加自觉。

从学术视角分析，要理解中盐金坛贤文化的要义，首先要了解中盐人对"贤"的理解。在中盐金坛贤文化中，儒家价值理念是其形成之基础，其对于"贤"的理解也基于儒家对"贤"这一概念的理解与解释。中盐金坛的贤文化首先从"贤"的字义入手诠释了他们对于何为"贤"的理解。据许慎《说文解字》，贤字从贝，其本义是"多财也"。段玉裁《说文解字注》在注解"贤"字时说："贤，本多财之称，引申之凡多皆曰贤。人称贤能，因习其引申之义而废其本义矣。"①《左传·文公六年》中的"使贤者佐仁者"，范宁《集解》注释道："贤者多才也。"随着时代的变迁，贤的引申义渐成通义。引申义在使用的过程中，也有了多重衍变：一是超过义。韩愈《师说》："弟子不必不如师，师不必贤于弟子。"二是意为"善"。《礼记·内则》："若富，则具二牲，献其贤者于宗子。"郑玄注："贤，犹善也。"三是"尊重"义。《论语·学而》："贤贤易色。"贤文化之贤，取"德才兼备、德才过人"之义，同时兼具"善、尊重、超过"之意②。

除了儒家哲学的理论角度分析之外，墨家学派认为：贤良之士"应厚乎德行，辩乎言谈，博乎道术"，即贤良之士首先应具有敦厚的道德操守，其次要有辩才无碍的表达，再者需要具备广博的知识与执行方法。这与中盐金坛贤文化中"德才兼备，德才过人，博学厚德，知行合一"的人格追求是一致的。

另外，在如何培养贤才以及使那些担任管理者的贤士在职位上尽其职责，墨家学派也有精辟的论述，这能够为中盐金坛贤文化的未来发展以及落地提供思路或一定的借鉴作用。具体体现在如何育贤，如何使贤者尽其才、履其职，如果贤者未能履行好自己分内之职如何处理等方面。

对于培养贤才，墨家经典《尚贤》给出了精辟的总结：即富之，贵之，敬之，誉之。也就是说除了使贤者富有，保证其劳有所报，在社会上还必须赋予贤者崇高的地位，受人尊敬，有好的名声。这在企业管理中也同样适用。对于一名优秀的职工，除了要满足其物质追求，也要照顾其精深追求。每个人都渴望被重视，被尊重，被赞美，贤士也不例外。因此，当某一员工德才

---

① （清）段玉裁：《说文解字注》，许惟贤整理，南京：凤凰出版社，2015年，第1216页。

② 钟海连：《儒家价值观与企业管理的结合及其成效——以Z公司"贤文化"管理为例》，《南京晓庄学院学报》，2017年第3期。

兼备之时，除了要予以丰厚的物质奖励，更要对其在精神上予以嘉奖，在公司范围内予以公开表彰，这不仅是对该员工本身的肯定，也是对其他员工向优秀工作者看齐的号召。

对于如何使贤者尽其才，履其职，《尚贤》篇指出"三本"："何为三本？曰爵位不高则民不敬也，蓄禄不厚则民不信也，政令不断则民不畏也。故古圣王高予之爵，重予之禄，断予之命，夫岂为其臣赐哉，欲其事之成也。"[①]具体而言，即是除了对贤良之士贵之、福之以外，还必须赋予其工作责任以及执行任务的权力，如此百姓才会尊敬、信服。正所谓有责任才有动力，仅予财而不予责，会使人贪得无厌，游手好闲；仅予责而忽略财，则会使人心生不满，倍感压力。责任，在某种程度上也是对员工的一种激励与肯定，正所谓能者多劳，将某一责任重大的工作交于某一员工，从侧面也体现出企业对员工的信任，会使得员工身负使命感，从而在责任与报酬的双重支持下，更出色地完成工作任务。

至于如果贤者未能履行好自己分内的职责应如何处理？《尚贤》也指出："官无常贵，而民无终贱，有能者则举之，无能则下之。"[②]这里墨家强调的是明确责任的归属分配，使得奖罚分明，将责任落实到人，建立起严明的责任追究制度。这对涉及安全生产问题的大型工厂企业尤为重要。安全无小事，对安全的重视应重于一切，因此，对安全风险的管控也应做到尽善尽美，严格把控。对此，我们调查了解到，中盐金坛公司发布了"敬畏生命，居安思危，重在防范，安于未然"的安全生产理念，并确立执行；落实了老员工值班、新员工轮班的值班制度。公司盐厂自建厂11年来，未发生安全事故，累计安全生产超过3000余天，值得学习借鉴。

总而言之，中盐金坛贤文化以儒家价值观念为核心，融合中国优秀传统文化思想并结合现代企业生产经营和管理的实际，从企业发展及社会需要的角度来看，具有很大的历史合理性。

三、中盐金坛"贤文化"的启示

由中盐金坛公司"贤文化"建设及国内相关案例可以看出，"贤文化"建设历程是从内至外，由上而下的过程。所谓"由内至外"是指"贤文化"要

---

① 方勇译注：《墨子》，北京：中华书局，2013年，第76页。
② 方勇译注：《墨子》，北京：中华书局，2013年，第65页。

从理念、价值观入手，然后慢慢影响到具体执行者的行为，再后则产生制度化、组织化的效果。所谓"由上至下"是指"贤文化"建设必须由高层领导高屋建瓴地规划设计，然后由具体职能部门执行落地，最后体现在具体每一名员工身上。这种模式契合《左传·襄公二十四年》所提到的"太上有立德，其次有立功，其次有立言，虽久不废，此之谓不朽"之思想，也就是众所周知的"三不朽"。中盐金坛公司贤文化"植根于现代企业生产经营的实践，从积淀深厚中国传统文化中汲取养分，融合了对生命意义、人与自然之关系、企业长久之道等诸多问题的思考，凝聚着对天地的敬畏之情和社会责任的担当精神，诞生于践行'以人文本，科技兴盐'的中盐金坛公司，志在探索现代企业人'立德、立功、立言'的管理之道"[①]。

从中国哲学角度分析，中盐金坛"贤文化"给我们很多启示，较为重要和关键的是育化了员工"贤的心性"，生发了集体"贤的作为"，圆满和完善了企业"贤的治功"。

所谓育化员工"贤"的心性，是指通过信念培养，将"敬天、尊道、尚贤、慧物"等企业价值理念注入员工的心中，使之成为原则性的修养律令。中盐金坛的各种传播刊物，持续强化宣传"贤文化"核心价值观，逐渐塑造和培养员工"贤"的心性。员工心性的"贤化"程度稳定提升，尤其表现在情志方面。中盐金坛全体员工，从高层决策者到中层管理者乃至基层执行者，待人接物，均表现出彬彬有礼的谦和之风，"贤者"的君子之风由内而外自然流露出来。

所谓生发集体"贤"的作为，是指中盐金坛通过引导，促使职能部门、基层班组等集体的协同能力增强，组织绩效提升。从哲学的维度分析，则是将"贤"的"知"与"贤"的"行"相统合，以此促成具体行为"贤"的效果。这里的"贤"所激发的"知行合一"行为包括职业行为以及由职业行为延伸出来的其他行为。中盐金坛组织集体的职业行为提升，表现为部门分工协作时的高效执行，从而提高生产率创造更多的经济价值。延伸行为表现为受"贤"影响的工作之余，同事之间的关系和谐，员工家庭生活和谐。

所谓圆满和完善企业"贤"的治功，是指中盐金坛通过整体运作，不断创造价值，以企业为主体，实现人与自然的"天人和谐"，即所谓"治功"。"贤"的治功不仅包括企业本职范围的经营经济价值创造，还包括社会价值创

---

① 孙鹏:《贤文化管理:现代企业"立德立功立言"之道》,《中国盐业》2016 年第 5 期。

造。经济价值创造要求企业持续盈利，创造税收以强大国家实力，为员工带来薪资以保障生活幸福。社会价值创造则是通过弘扬与笃行中国优秀传统文化，以企业为轴心扩展开来，在一定区域内形成良好的社会环境氛围，并通过企业主体行为的运作，将传统文化优秀部分，如"贤"文化影响到更为广泛的领域。

综上所述，中盐金坛"贤"文化建设在经历了时间的检验之后，取得了员工、企业和社会多方满意的成果。

本文按照"中国古今贤文研究—中盐金坛贤文化整理—中盐金坛贤文化启示"的研究思路，通过研究贤文化在中国传统文化中的渊源与表现以及中盐金坛贤文化发展，由面及点，由广泛到具体，以贤文化本身为逻辑思路，较为全面地展示了中国传统文化中的贤文化在历史进程中的发展与革新。

其中，中盐金坛贤文化以"敬天尊道、尚贤慧物"为核心理念的价值主张，"反求诸己、三才相通"的修养模式、"知行合一"的阶段运作以及"天人合一"的人与自然关系处理，在当代对传统文化的批判性继承中独树一帜，将中国传统贤文化理论与现代文明素养结合起来，提出了一套适应现代社会与企业发展的当代贤文化发展模式。

总而言之，贤文化博大精深，源远流长，其体现在从古至今社会生活的各个方面。中盐金坛公司贤文化传承中国古代圣贤文化之精要，以此为基础发展出企业对贤文化的理解，并以此作为公司的核心文化加以贯彻落实，以此从贤文化中获得生生不息的精神养分与文化支持。

墨家尚贤思想的理论体系及当代价值

金小方①

（合肥学院马克思主义学院，安徽合肥，230601）

摘要： 墨家提出了系统的尚贤思想。墨家认为贤才应具有敦厚的德行、善辩的口才、广博的学识三个方面的特征。墨家认为统治者的主要任务在于增加贤良之士，贤才是实现国家富裕、政治和谐的基础。墨家主张从动机和效果方面来考察人才，主张量才授官，根据人才的品德、特长和习性进行分工。墨家主张从动机和效果来考核人才，提出人才的任职能上能下的思想。墨家尚贤思想对当代管理理论与实践具有重要的借鉴价值。

关键词： 墨家；尚贤；量才授官

举贤才是先秦诸子的重要思想，它打破了传统的世卿世禄制度，有利于废除贵族的特权，有明显的进步性。杨宽在《战国史》中论述西周的官僚制度时指出："在周王国和各诸侯国里，世袭的卿大夫便按照声望和资历来担任官职，并享受一定的采邑收入，这就是世卿、世禄制度。"②孔子在为政方面主张"先有司，赦小过，举贤才"③，先要使人人各司其职，不计较小的过错，提拔优秀的人才。相对于孔子论述贤才的经典言论，墨家关于贤才的理论具有鲜明的系统性。

---

① 作者简介：金小方（1979—），男，安徽安庆人，合肥学院马克思主义学院教授。研究方向：墨家管理思想；现代新儒学。

② 杨宽：《战国史》，上海：上海人民出版社，2003年，第213页。

③ 杨伯峻：《论语译注》，北京：中华书局，1980年，第133页。

一、墨家对贤良之士的素质要求

贤即良好的品德，才即过人的才能。《尚贤上》指出："况又有贤良之士厚乎德行，辩乎言谈，博乎道术者乎，此固国家之珍，而社稷之佐也。"由此可见，墨家所讲的贤良之士有三方面的特征：敦厚的德行，善辩的口才，广博的学识。敦厚的德行是品德要求，善辩的口才和广博的学识是才能的要求。

第一，厚乎德行。墨子提出了士、君子、圣人等多层次的人格目标，贤才可以属于这几个层次中的任一层次，所以贤才的品格特征是以上三个层次人格的综合。《墨子·修身》指出"士虽有学，而行为本焉"，将高尚的品德和正直的行为看成士人的根本，这体现了墨家重视人才的实践品格，而不仅仅以高深的学问来装饰外表。《墨子·亲士》提出"君子自难而易彼，众人自易而难彼"的观点，贤明的君子能严于责己而宽以待人，而平庸之辈则宽容自己而苛求别人，这表明墨家对于君子的品格提出了比普通人更高的要求。

墨家认为贤才的首要品格是努力关爱他人，做到兼爱，这是墨家道义精神的体现。《墨子·尚贤下》："为贤之道将奈何？曰：有力者疾以助人，有财者勉以分人，有道者劝以教人。"墨子此处提出了贤才品格要求：贤才要以自己的能力、钱财和知识去帮助世人，解决人们的饥饿、寒冷问题，平治天下的混乱局面，让人民过上安定的生活。可见，贤才努力作为的目标是让广大人民得以生存，这正是其"兴天下之利，除天下之害"的落脚点。这其实是强调贤才要有道义精神，《墨子·尚贤上》指出："古者圣王之为政也，言曰：'不义不富，不义不贵，不义不亲，不义不近。'"道义是古代圣王选择贤才的重要标准。道义精神是墨家提倡的贤才区别于其他诸子派别人才观的重要方面。

第二，辩乎言谈。墨家要求贤才聪明睿智，知识广博，明辨是非，言谈准确而机智。辩乎言谈既是战国时期百家争鸣的要求，也是士人游说诸侯的必然要求。只有辩乎言谈，墨家才能在与儒家等学术派别的辩论中脱颖而出，墨家弟子才能游说各国诸侯，大力宣传墨家理念。墨家的谈辩是"学习谈话辩论的技巧方术，专门培养游说之士"[①]，游说诸侯，参与政事，推行墨家的学说。有学者研究指出，墨家谈辩类弟子有曹公子、高石子、管黔滶、公尚过、高孙子、魏越等[②]。

---

① 孙中原：《墨子及其后学》，北京：中国国际广播出版社，2011年，第11页。

② 郑杰文：《中国墨学通史（上）》，北京：人民出版社，2006年，第31页。

　　高石子是谈辩者的典型，墨子对他十分赞赏，这在《墨子·耕柱》的内容中可以体现出来："子墨子使管黔游高石子于卫，卫君致禄甚厚，设之于卿。高石子三朝必尽言，而言无行者。去而之齐，见子墨子曰：'卫君以夫子之故，致禄甚厚，设我于卿。石三朝必尽言，而言无行，是以去之也。卫君无乃以石为狂乎？'子墨子曰：'去之苟道，受狂何伤！……'子墨子说，而召子禽子曰：'……夫倍义而乡禄者，我常闻之矣。倍禄而乡义者，于高石子焉见之也。'"在这段记载中，墨子的弟子管黔推荐弟子高石子到卫国去工作，卫国的国君给高石子很优厚的待遇，给他卿的官位。高石子对自己的工作目标很明确，即推行墨家的学说，他每次上朝都尽力地宣讲墨家的主张，但是卫君都没有采纳高石子的进言。最后，高石子只好抛弃卫国的高官厚禄，回到了墨子的身边。高石子由此受到了墨子的夸奖，他既是墨家辩者的典型代表，也是墨家弟子忠于墨子学说的典型代表。

　　第三，博乎道术。博乎道术在墨家表现为理解墨家之道，掌握多种技术，实现墨家的社会理想。在墨家看来，只有具备了较强的本领，才能更好地为民兴利除害。从墨子本人来看，其知识极其广博，涉及政治、经济、军事、逻辑学、物理学、数学等内容。墨子还是一位技艺很高的工匠，可以和鲁班比赛工艺，此外墨子还具有高超的外交才能，曾经成功止楚攻宋。

　　贤才的技能是其被选择任用的关键，根据其才能的不同，能够治理国家的就让他治理国家，能够主持官府的就让他主持官府，能够管理都邑的就让他管理都邑。《墨子·尚贤中》："贤者之治国也，蚤朝晏退，听狱治政，是以国家治而刑法正。贤者之长官也，夜寝夙兴，收敛关市、山林、泽梁之利，以实官府，是以官府实而财不散。贤者之治邑也，蚤出莫入，耕稼树艺，聚菽粟，是以菽粟多而民足乎食。"从这里看，治理国家、主持官府、管理都邑三种职务对贤才能力的要求是不同的，治理国家要求有行政管理才能和司法才能，主持官府需要有经济管理才能，管理都邑需要有农业种植才能。这些管理工作都十分繁杂，需要有严谨的工作态度和任劳任怨的心态，这样既能给君主分忧，又能很好地服务百姓。

　　任用贤才治理国家、主持官府、管理都邑，就可以实现国家安定而刑法严正，官府充实而百姓富裕。《墨子·尚贤中》指出，在此基础上，就可以实现："上有以絜为酒醴粢盛，以祭祀天鬼；外有以为皮币，与四邻诸侯交接；内有以食饥息劳，将养其万民，外有以怀天下之贤人。是故上者天鬼富之，外者诸侯与之，内者万民亲之，贤人归之，以此谋事则得，举事则成，入守则固，出诛则强。"上利天鬼，可以准备洁净的酒食祭祀上天和鬼神；下利人，可以准备皮毛和布帛等贵重的礼品与四邻诸侯交往，在国内可以使饥者得食、劳者得息从而抚养万民，对外可以招徕天下贤人。贤才能够帮助国家发展人口，从而增强国家力量，实现国家富强。由于墨子时代科学技术不发达，社会分工尚不十分细致，所以墨家所提及的贤才技能种类并不算多，但相对于当时儒家而言，墨子在科学技术和相关技能的传授方面在当时是比较先进的。

二、墨家论尚贤必要性

墨家从当时的社会需求出发提出了尚贤的必要性问题。当时的王公贵族执政于国家，都希望国家富裕、人口众多、政治和谐。然而王公贵族们不但不能使国家富足反而贫困，人口不能增加反而减少，社会不能安定反而混乱，出现这种状况的原因在于没有做到"尚贤使能"。墨家认为，国家拥有的贤良之士多，统治基础就坚实，国家拥有的贤良之士少，统治基础就薄弱。因此，《墨子·尚贤上》指出："大人之务，将在于众贤而已"，王公大人的主要任务在于招募贤良之士，这里墨家提出了尚贤的主张。

一方面，从贤才治理国家的作用角度论证了尚贤的必要性。

贤才是实现国家富裕、政治和谐的基础，贤才关系国家的存亡。贤才可以帮助国君继承祖先基业。墨家重视贤才在国家治理中的作用，《墨子·尚贤上》曰："士者，所以为辅相承嗣也。故得士则谋不困，体不劳，名立而功成，美章而恶不生，则由得士也。"贤士可以帮助国君继承祖先基业，与国君共谋国事，减轻国君的工作负担，协助国君成就美名和功绩。

君主只有接受臣子谏言有利于避免国君一意孤行，避免做出误国误民的错误决定。《墨子·亲士》曰："入国而不存其士，则亡国矣。见贤而不急，则缓其君矣。非贤无急，非士无与虑国。缓贤忘士，而能以其国存者，未曾有也。"贤才可以为国家缓解急难，怠慢贤才、发现贤才但不启用，是对国君的怠慢，不利于国家的长治久安，甚至会使国家陷入危亡。墨家认为，臣子仗义执言，敢于诤谏，需要君主虚心接受。君主必须有"弗弗之臣"和"諤諤之下"，也就是敢于进谏的臣子和敢于直言的下属。如果臣下只注重保全自己的爵位而不进谏，阿谀奉承的小人便有机会在君主身边生是非，正确的意见就被阻塞了，人民便会有不满情绪，国家就危险了，例如夏桀和商纣王便因为没有得到贤士的辅佐而招致国失身杀。

国君要善于择选贤才，与贤才为伍，才能受到良好的影响，从而治理好国家。《墨子·所染》指出："善为君者，劳于论人，而佚于治官。"善于当国君的人，对于评价选择人才很费心思，而对于管理使用官吏就很轻松。不善于当国君的人，虽身心疲惫，仍然国势越来越危险，自己愈来愈屈辱。墨家将选择人才看成君主治理国家的关键，得到贤才的辅佐，治理国家就变得很轻松。

另一方面，从古代君王尚贤的史实论证尚贤的必要。

墨家从选择人才恰当和不当两方面举例证明国君与贤才为伍的重要性，选择人才恰当的有四王和五君，这在《墨子·所染》中有论述："舜染于许由、伯阳，禹染于皋陶、伯益，汤染于伊尹、仲虺，武王染于太公、周公。此四王者所染当，故王天下，立为天子，功名蔽天地。举天下之仁义显人，必称此四王者……齐桓染于管仲、鲍叔，晋文染于舅犯、高偃，楚庄染于孙叔、沈尹，吴阖闾染于伍员、文义，越勾践染于范蠡、大夫种。此五君者所染当，故霸诸侯，功名传于后世。"四王即舜、禹、汤、武王，四位君王因为选择人才恰当，受到贤才的良好影响，所以能统治天下，被人们拥立为天子，他们的功业和名声遍布天下。五君即齐桓公、晋文公、楚庄王、吴王阖闾、越王勾践，此五人又合称春秋五霸①。这五位国君选择了正确的人才，所以能称霸于诸侯。

选择人才不当的有四王和六君，这在《墨子·所染》中也有记载："夏桀染于干辛、推哆，殷纣染于崇侯、恶来，厉王染于厉公长父、荣夷终，幽王染于傅公夷、蔡公谷。此四王者，所染不当，故国残身死，为天下僇。举天下不义辱人，必称此四王者。……范吉射染于长柳朔、王胜，中行寅染于籍秦、高强，吴夫差染于王孙雒、太宰嚭，知伯摇染于智国、张武，中山尚染于魏义、偃长，宋康染于唐鞅、佃不礼。此六君者所染不当，故国家残亡，身为刑戮，宗庙破灭，绝无后类，君臣离散，民人流亡，举天下之贪暴苛扰者，必称此六君也。"四王即夏桀、商纣王、周厉王、周幽王。这四位君王选择了不当官员，以致国破身亡，被天下人所辱骂。六君即范吉射、中行寅、吴王夫差、智伯瑶、中山尚、宋康王。这六位国君也因为选择了不当的官员，

---

① （战国）荀况著：《荀子校释》，王天海校释，上海：上海古籍出版社，2005年，第478页。

以致祖宗传承的家业被毁灭，后代断绝，百姓流离失所。后来人们凡是列举天下贪婪、暴虐、苛政而扰民的典型君王，都会列举这六位君王。

三、墨家贤才的选择与任用方法

墨家认为，任用贤才应贯穿整个政治活动的始终。《墨子·尚贤上》指出："得意贤士不可不举，不得意贤士不可不举。"贤才不仅是国家危难的时候需要，贤才可以救国家于危难之中，贤才在国家兴旺时也需要，国家兴旺发达局面的保持也需要贤才，总之国家要持续聚集优秀人才。

首先，选拔人才要重视品德，选择仁义之人，而不能以富贵贫贱、亲疏远近为依据。墨子推崇古代圣王以"不义不富，不义不贵，不义不亲，不义不近"为选择人才的标准。古代圣王管理政务，对于不义之人不让他富裕，不让他尊贵，不给予信任，不让他接近国君。这种选择人才的方法对社会风气有直接的导向作用。那些倚仗富贵、亲信而接近国君的臣子得知国君以仁义为选择人才的原则，就要收敛自己的行为，努力行仁义。那些边疆郊外的臣民、宫廷中的侍卫、城邑中的民众、四境的农民得知国君以仁义为选择人才的原则而不避亲疏远近，他们也会争着做仁义之事。因此，国君选用臣下只有尚贤一种方法，臣子得到国君的任用也只有行仁义一条途径。

其次，尊重才能，而不论阶级出身。墨子在人才选拔方面十分推崇古代圣王尚贤使能的做法，他在《墨子·尚贤上》中指出："古者圣王之为政，列德而尚贤，虽在农与工肆之人，有能则举之。"古代圣王选拔和任用人才，不拘泥于人才的出身，根据人才的品德和才能来给予官职。圣王非常尊敬贤才，只有贤才才能获得提拔和任用，他不会因为是自己的兄弟、富贵者或美貌者就有所偏袒。墨家的"批判的锋芒，直指在当时还保持巨大力量的奴隶主宗法制的传统"[①]，墨子"虽未取消贵贱等级的界限，但确是已经突破了原来的那种界限，只是代之以另一种界限而已。这种理论，在当时的变革意义还是十分巨大的"[②]，在以血缘关系为纽带的贵族专制统治下，墨子尚贤是一种"非常大胆的革新主张"[③]。

正如梁启超在《子墨子学说》中所说："墨子尚贤主义，实取旧社会阶级之习翻根本摧破之孔"。清代学者俞正燮指出："太古至春秋，君所任者，与

---

① 杨俊光：《墨子新论》，南京：江苏教育出版社，1992年，第84页。

② 杨俊光：《墨子新论》，南京：江苏教育出版社，1992年，第86页。

③ 孙中原：《墨子及其后学》，北京：中国国际广播出版社，2011年，第70页。

共开国之人及其子孙也。虑其不能贤不足共治，则选国子教之，上士中士下士府史胥徒，取诸乡与贤能，大夫以上皆世族，不在选举也。"①孔子在《论语·子路》中比墨子稍早提出了"举贤才"思想，但孔子没有突破宗法血缘关系的格局，强调尊尊、亲亲原则，墨家则实现了对周代礼制的突破。事实上，在墨子当时，尚贤还没有形成一定的社会风气，更没有成为确定的明文规定，人们的尚贤意识还很淡薄，墨子在当时大倡尚贤之道，实是一种具有突破性、革新性的理论创举。为了尚贤理论的推广，墨子把尚贤理论托之于古代圣王之口，乃是一种策略性选择，以圣王之口对以出身、长相论人才进行批判，对于当时社会干部选拔任用中重视裙带关系、任人唯亲现象确实起到了一定的遏制作用，至后世之李悝变法和商鞅变法，尚贤终成为国家的人才政策。

最后，从动机与效果考察人才。《墨子·尚贤中》："圣人听其言，迹其行，察其所能，而慎予官，此谓事能。"墨子提出了考察才能的方法"听其言，迹其行"，从人的言语和行为考察其才能，根据人的能力而授予官职。墨家重视对动机和效果加以分辨，在《墨子·大取》中提出："志、功不可以相从也。利人也，为其人也。富人，非为其人也。有为也以富人，富人也。"这句话的意思是：动机和效果不一定完全一致，例如利人是为人考虑，但如果只是口头上祝福某人富有，不等于真为人考虑，只有采取实际行动来使人富有，造福于人，才是真正的利人。

墨家将其动机与效果相结合的理论运用到了人才选拔上，《墨子·鲁问》记载了鲁国国君向墨子咨询如何选择太子的故事。故事大意为：鲁国国君有两个儿子，一个好学，一个好施舍财物给别人，鲁国国君问墨子选择哪一个作为太子比较好。墨子曰："未可知也，或所为赏与为是也。鲔者之恭，非为鱼赐也；饵鼠以虫，非爱之也。吾愿主君之合其志功而观焉。"墨子指出，仅根据一个好学，一个好施舍财物给别人无法判断选择哪一个做太子比较好，因为他们可能是为了获得赞誉奖赏才这样做的。例如钓鱼的人样子那么恭敬，并非为了给鱼以恩赐；用毒饼来喂老鼠，并非因为关爱他们。墨家提出判断一个人的行为要从动机和效果两方面来考察，"在中国思想史上首次提出志功这对范畴，第一次提出以功利的原则作为评判人的道德行为的尺度"②，有

---

① （清）俞正燮：《癸巳类稿》，北京：商务印书馆，1957年，第77页。
② 彭双、涂春燕：《墨子管理思想研究》，成都：电子科技大学出版社，2006年，第108页。

重要的价值。

儒家关于分工问题最典型的论述是劳心劳力说，如《左传·襄公九年》知武子曰："君子劳心，小人劳力，先王之制也"①，《国语·鲁语下》公父文伯之母曰："君子劳心，小人劳力，先王之训也"②，劳心与劳力可以看作脑力劳动者与体力劳动者之间的分工。墨家同样重视分工问题，主张针对不同才能的人才给予不同的任务。

首先，墨家主张量才授官，这叫作"事能"。《墨子·尚贤中》曰："圣人听其言，迹其行，察其所能，而慎予官，此谓事能。故可使治国者，使治国；可使长官者，使长官；可使治邑者，使治邑。凡所使治国家、官府、邑里，此皆国之贤者也。"根据人的能力而授予官职便叫作事能。根据才能的不同，分别让他们治理国家、主持官府、管理都邑。凡是派去治理国家、官府、都邑的都是贤人，这可谓"我国历史上最早的专家治国论"③。贤人管理政事的内容主要有国家、官府、都邑三方面，《墨子·尚贤中》指出，贤人治理国家，早晨上朝晚上退朝，处理刑事案件和政治事务，国家安定而刑法严正。贤人治理官府，晚睡早起，征收各种税收而使国家府库充实。贤人治理都邑，早出晚归，教导农民耕种庄稼，增加粮食生产而人民食用充足。最终实现国家政治清明，府库充实，百姓富足，国家各项工作呈现良好局面。

其次，墨家分工细致，希望人们"各从事其所能"。墨家不仅提到了行业分工，甚至同一行业内部，也有不同的分工。墨子在《墨子·节用中》指出，古代圣王根据各种人才专长的不同进行分工："凡天下群百工，轮、车、鞼、鲍、陶、冶、梓、匠，使各从事其所能。"墨子这里列举了当时的各种工匠，例如制造轮车的、制作皮革的、烧陶器的、冶炼五金的、当木匠的，让他们都从事自己有擅长的技艺，这是不同的行业分工。此外在同一行业内部，也有分工，在《墨子·耕柱》中，列举了关于筑墙的见解："能筑者筑，能实壤者实壤，能欣者欣，然后墙成也"，至少有筑土、夯土、测量三个工种。由于墨家成员多来自手工业者，他们有丰富的生产实践经验，墨子便有高超的木工技术，因此墨家所讲的分工比儒、道、法等派更为细致。

最后，墨家还提出根据人的品德、特长和习性进行分工。《墨子·杂守》

① 杨伯峻编著：《春秋左传注（修订本）》，北京：中华书局，1990 年，第 968 页。

② 邬国义、胡果文、李晓路撰：《国语译注》，上海：上海古籍出版社，1994 年，第 167页。

③ 孙以楷：《孟子对墨子思想的吸收与改造》，《齐鲁学刊》1985 年第 2 期。

曰："有谗人，有利人，有恶人，有善人，有长人，有谋士，有勇士，有巧士，有使士，有内人者，外人者，有善人者，有善斗人者，守必察其所以然者，应名乃内之（使人各得其所长，天下事当。均其分职，天下事得。皆其所喜，天下事备。强弱有数，天下事具矣）。"①墨家在这里对人的习性进行了非常细致的划分，提出有爱讲人坏话的，有助人为乐的，有品德坏的，有品德好的，有高个子的，有善于谋事的，有勇敢的，有心灵手巧的，有不怕死的，有老住户，有新来的，有好心人，有爱打架的。要求太守在防守城池时，要审查了解其管辖范围内人们的品德、特长与爱好，充分发挥各人的长处，分配的任务都是应其所能，要办的事情就能办好。墨家根据人才习性进行分工的论述对于现代社会实现更加人性化的分工和人性化的管理具有重要价值。

四、墨家的人才考核方法

墨家考核人才注重工作实效，注重考察产生的社会效果。同时，墨家也不忽视工作动机，良好的出发点也是墨家考察工作的重要内容，尤其是工作实效还没有呈现出来之前，动机便是考察的重要内容。

首先，墨家重视行为的效果，《墨子·亲士》载："虽有贤君，不爱无功之臣"，贤明的君主都希望臣子有良好的工作成绩。《墨子·贵义》载：子墨子曰："今瞽曰：'钜者白也，黔者黑也。'虽明目者无以易之。兼白黑，使瞽取焉，不能知也。故我曰瞽不知白黑者，非以其名也，以其取也。今天下之君子之名仁也，虽禹汤无以易之。兼仁与不仁，而使天下之君子取焉，不能知也。故我曰天下之君子不知仁者，非以其名也，亦以其取也。"盲人虽然能说出石灰是白色的，烟灰是黑色的，但是如果给盲人实际的黑白，他就无法判断。现在天下君子给仁下定义，在道理上都知道何谓仁，但如果把仁和不仁的事情混在一起，而让天下君子分别，他们就不能判断了。这表明，墨子希望人们不仅能够谈论仁义，更要践行仁义，重视行为的效果。

其次，如果行为的效果不明显时，墨家则注重考察行为动机的正当性。《墨子·耕柱》载："巫马子谓子墨子曰：'子兼爱天下，未云利也；我不爱天下，未云贼也。功皆未至，子何独自是而非我哉？'子墨子曰：'今有燎者于此，一人奉水将灌之，一人掺火将益之，功皆未至，子何贵于二人？'巫马

---

① （清）孙诒让撰：《墨子间诂》，孙启治点校，北京：中华书局，2001年，第633—634页。

子曰：'我是彼奉水者之意，而非夫掺火者之意。'子墨子曰：'吾亦是吾意，而非子之意也。'"故事中儒家代表巫马子与墨子辩论兼爱的价值。巫马子认为，在兼爱天下和不爱天下都不能看出实效的情况下，不能只认为兼爱是对的而不爱天下不对。墨子从考察动机的角度反驳了巫马子的观点，他举例说，现在假如有人在这里放火，一个人捧水准备浇灭它，一个人拨火而使它烧得更旺，都还没有实效，到底哪一个更可贵呢？巫马子认为捧水的人的动机是对的，而拨火人的动机是不对的。墨子因此提出，兼爱的动机是对的而不爱天下的动机是不对的。这场辩论中墨子论证了动机正当的重要性。

再次，墨家的人才考核重视实践行为的长期性，重视人才的忠诚问题。《墨子·耕柱》："巫马子谓子墨子曰：'子之为义也，人不见而耶，鬼而不见而富，而子为之，有狂疾！'子墨子曰：'今使子有二臣于此，其一人者见子从事，不见子则不从事；其一人者见子亦从事，不见子亦从事，子谁贵于此二人？'巫马子曰：'我贵其见我亦从事，不见我亦从事者。'子墨子曰：'然则是子亦贵有狂疾也。'"巫马子嘲笑墨子做义事，既没有人帮助他，又没有鬼神降福给他，他却坚持去做，简直是神经病。墨子反问巫马子，假设你有两个家臣，一个在你面前就做事，不在你面前就不做事，另一个无论在不在你面前都做事，你认为哪一个更可贵？巫马子认为那个无论在不在自己面前都做事的人更可贵，这也正是墨子的选择。虽然墨子举这个例子是为了说明无论他人和鬼神能否看见，自己都持之以恒地宣传道义，但通过巫马子之口却指出了考核人才更要注重长期性的观点。

最后，墨家主张人才的任职是能上能下的，不是终身制。墨家主张从品德、能力、效果等方面考核官吏，对他们进行奖励和惩罚，甚至直接改变其职务，乃至免职。《墨子·尚贤上》指出，古代圣王执政时的用人状况是："以德就列，以官服事，以劳殿赏，量功而分禄。故官无常贵，而民无终贱，有能则举之，无能则下之，举公义，辟私怨，此若言之谓也。"古代圣王施政时，按照德行分封官职，按照功劳决定赏赐，官员的待遇完全是从实际的能力和工作表现来裁定。墨子提出"官无常贵，而民无终贱"的原则"来打破亲亲、贵贵的周制，来取消世卿专政、贵族专权，使庶民能够登上政治舞台"①，代表了下层百姓的心声。墨家提出的官员能上能下的观点，有利于持续激发人才工作的积极性，保持人才队伍的生机与活力，值得当代管理者借鉴。

---

① 詹剑峰：《墨子的哲学与科学》，北京：人民出版社，1981年，第54页。

结语

习近平提出了评价一个国家政治制度民主性的标准，其中之一是"各方面人才能否通过公平竞争进入国家领导和管理体系"[①]。政府治理的难点虽然是制度设计，更关键的是依靠人才。如何公平公正地选拔优秀人才从事政府治理工作是自古至今的难题。墨家提出尚贤的主张，论证了贤才对于国家治理的极端重要性，在人才选拔、任用、赏罚方面都提出独到见解。墨家尚贤选贤，不辨远近亲疏，主张任人唯贤，反对任人唯亲，这种人才理论突破了当时的宗法等级制度，体现了鲜明的民主特色。墨家认为，唯有从百姓中选出人才代表，让他们参与政治，才能真正了解民情、体现民意，因此，《墨子·尚贤下》指出尚贤是"政事之本"。

墨家人才思想对当代政府治理的借鉴价值有：一是将贤才放在政治的根本地位。高度重视人才的作用，形成全社会尊重人才、尊重创造的风气。国家政治的稳定、经济的富裕、社会的和谐，都要依靠贤才来实现，这一道理古今通用。二是贤才标准中将道德放在优先地位，对于当今社会官员素质的提升具有重要的借鉴意义。当代社会之所以出现腐败现象，根源上都是官员的道德品质出现了问题，因此要完善官员道德品质的考核机制。三是官员的选拔和任用机制。现代政府管理工作面临的新问题新情况越来越多，很多社会管理者的才能与新时代的要求不相适应，这就需要加强官员的选拔，同时，有的官员能力不再适应管理岗位则应进行岗位调整乃至调离管理岗位，建立官员能上能下的流动机制。

---

① 习近平：《在庆祝全国人民代表大会成立60周年大会上的讲话》，人民日报，2014-9-6，第2版。

中盐金坛公司的贤文化实践个案研究

钟海连 [①]

（中盐金坛盐化有限责任公司，江苏常州，213200）

摘要： 本文基于传统文化在现代企业传播的形态和效果视角，对具有浓厚儒家文化特征的中盐金坛贤文化的传播形态、传播效果做了深度的解读，特别是对贤文化的内涵与历史传承、贤文化建设与传播的历程、贤文化传播的途径与形式、贤文化的传播效果等做了深入分析，为传统文化在现代企业的传播研究提供了一个典型案例。

关键词： 中盐金坛；贤文化；传播形态与效果

中国制盐业历史悠久，盐的生产、运输、销售曾经是封建时代各个王朝经济的重要命脉，盐业的繁荣与国家、民族、文化的兴盛息息相关。历史上盐业先民在生产盐的同时，创造了丰富多彩的盐文化，为中华传统文化的形成和积淀做出了重要贡献；同时，盐文化也成为中华文化的重要组成部分。正是基于传承中国盐文化并在新时代弘扬发展这一特殊行业文化的责任感，培育融现代科技精神与人文传统于一体的优秀企业文化，中盐金坛公司总结自身二十多年的发展经验，提出了以"敬天尊道，尚贤慧物"为核心价值观的贤文化，为培育贤才、奠定受人尊敬的百年基业提供精神动力和智力支持。中盐金坛提出的企业贤文化，是传统文化在现代企业传播的一种活泼形态，在当前国家大力提倡弘扬传统文化的新形势下，值得学界关注和研究。

---

① 作者简介：钟海连，哲学博士，副编审，中盐金坛盐化有限责任公司副总经理，南京大学商学院 MBA 中心兼职导师。

一、传统文化在中盐金坛传播的现实形态

中盐金坛公司之所以在建设企业文化的过程中，主动从传统文化的资源中汲取智慧和养分，首先源于其领导人对企业文化与传统文化之关系的独到理解，以及对现代社会环境下传承发展传统文化的积极探索。

（一）基础：对企业文化与传统文化关系的理解

中盐金坛公司的领导人认为："企业文化与传统文化之间，是源和流的关系，企业文化的源泉就在传统文化的经典中，企业文化只是一个'流'，中盐金坛的贤文化，其实就是从中国传统文化源泉中出来的一个'流'。如果这个'流'能成为下一代的'源'，我们这一代为往圣继绝学的中间传承角色就担当好了。中国传统文化的很多思想者，多数都是在普通的工作岗位上，孔子说过'执鞭之士'也可以做。现在我们是在一个企业里做企业文化工作，思想家并不是一生出来就是思想家、哲学家。我们现在就是在普通的岗位上，争取能够有文化思想、文化产品出来。'祸莫大于肤浅'，如果思想不深刻，只是呼吁一个口号，不能从传统文化源泉中找到深刻的思想，不能深入浅出，也就不能成为下一代的'源'。"①

中盐金坛的领导人还认为，企业文化关注和研究的对象不是管理的具体方法，也不是具体的管理工具，这些是管理的外在部分、外部因素，企业文化应当关注和研究管理的内在部分、内部因素。换言之，企业文化应当研究管理的主体——人，而不是管理的客体——方法或工具。如果企业文化以人这一管理主体为关注和研究对象，那么，价值观和思维方式就顺理成章地成为企业文化的核心内容。转换成管理话语——人的自我管理是企业文化的核心。②

人的自我管理是传统文化特别是儒家文化讨论的核心问题，从儒家创始人孔子到历代儒学思想家，无不将修己作为其道德哲学的根本，正如《大学》所言，"自天子以至于庶人，壹是皆以修身为本"。明代思想家王阳明则明确提出以"成圣作贤"为第一等事，以此作为自我管理的最高追求。因此，企业文化也应当围绕"做第一等事"来思考和探索管理之道，通过选择"做什么样的人，做什么样的事"，确立管理的价值取向。基于此种理解，中盐金坛

---

① 管国兴：《企业文化的使命》，《贤文化管理》2015年第2期。
② 钟海连：《企业文化是管理的"心法"》，《贤文化管理》2015年第4期。

领导人认为，建设企业文化并不是针对具体问题提供解决工具或方法，而应立足于更高层次，为企业员工建设足以安身立命的精神家园，所以企业文化是管理的"心法"。

中盐金坛公司贤文化以"敬天尊道，尚贤慧物"为核心理念，所提炼的正是中盐金坛人的管理"心法"，其思想源头则是儒家的圣贤文化。

（二）探索：汲取儒家智慧建设企业贤文化

盐，自古以来即被视为"百味之祖""食肴之将"，其最本质的特性就是"咸"。正是这一独特的"咸"味，使盐成为人类"开门七件事"之一。从字面和读音上看，"咸"与儒家文化的"贤"相通，受此启发，中盐金坛公司将其企业文化命名为"贤文化"，既体现盐文化的特征，又体现中盐人对儒家文化的融贯。在探索如何弘扬传统文化和建设贤文化的过程中，中盐人首先对儒家的"贤"做了现代诠释。

1. 对贤和贤者的新解

贤，是儒家文化的一个重要名词和概念，兼具道德和价值观两重意义。儒家从道德修养论角度，将人生的价值追求分为圣、贤、君子等多种层次，贤介于圣与君子之间。北宋著名思想家周敦颐在《通书·志学》中提出："圣希天，贤希圣，士希贤"的"三希真修"思想。中盐金坛人认为，现代企业员工大都是受过高等教育、学有专长的知识分子，类似于古代"士"的阶层，以成就贤德贤才为人生目标，既有历史的理论依据，也有着现实的可能性；若有更高的愿力，还可以向"圣"的方向努力，只是这样的人毕竟是少数，而成就贤人则可以成为大多数人的人生目标，故中盐人将企业追求的境界定位在"贤"，名其企业文化为"贤文化"。

中盐金坛的贤文化首先从"贤"的字义入手诠释了他们对于何为"贤"的理解。据许慎《说文解字》，贤字从贝，其本义是"多财也"。段玉裁《说文解字注》在注解"贤"字时说："贤，本多财之称，引申之凡多皆曰贤。人称贤能，因习其引申之义而废其本义矣。"随着时代的变迁，贤的本义用得越来越少，而其引申义则渐成通义。引申义在使用的过程中，也有了多重衍变：一是超过义。韩愈《师说》："弟子不必不如师，师不必贤于弟子。"二是意为"善"。《礼记·内则》："若富，则具二牲，献其贤者于宗子。"郑玄注："贤，犹善也。"三是"尊重"义。《论语·学而》："贤贤易色。"贤文化之贤，取"德才兼备、德才过人"之义，同时兼具"善、尊重、超过"之意。

如果说从字义上诠释"贤"，更多的是理解"贤"的内涵，那么，从具体表现言之，贤者的德才兼具、德才过人是一个什么样的状态呢？中盐金坛的管理者和员工从儒家创始人孔子的论述中得到了启迪。他们认为，贤者应当具备以下品行和才能：

一是安贫乐道。孔子称赞其弟子颜回之贤："贤哉回也，一箪食，一瓢饮，在陋巷，人不堪其忧，回也不改其乐。贤哉回也。"（《论语·雍也》）"安贫乐道"的贤德修养体现在企业生产经营活动中，要求企业和员工"义利兼顾，以义为上"，换言之，即以维护义——公共利益作为企业行为的价值取向，在此前提下实现企业和员工之福利。时任国务院总理温家宝曾说，企业家要流着道德的血液，其所倡导的也是一种安贫乐道的精神。

二是知人善任。鲁哀公问政于孔子时，孔子提出"见贤必进之，而退与分其禄"，"国无事则退而容贤"的观点（《孔子家语·贤君第十三》）。中盐金坛人认为，企业要发展，必然是贤者在位，能者治企，实施人才强企战略，用好用活人才这个第一资源，使英雄有用武之地，只有员工得到发展，企业才能兴盛。

三是见贤思齐。孔子说："见贤思齐焉，见不贤而内自省也。"（《论语·里仁》）企业向优秀者学习借鉴，员工向贤者看齐，消除自身短板，则企业充满发展活力。

四是贤贤易色。子夏曰："贤贤易色。事父母能竭其力；事君，能致其身；与朋友交，言而有信。"（《论语·学而》）这句话是说：看到贤人能肃然起敬，在家能竭心尽力地爱家庭，爱父母；在社会上做事，对人、对国家能放弃自我的私心，所谓许身为国。企业员工若能在事事物物上做到向优秀者学习，则能不断向贤者的目标接近。

要言之，中盐金坛人心目中的贤者，是德才兼备、德才过人、博学厚德、知行合一的人格典范，是浸润了中国优秀传统文化风骨、同时又兼具现代文明素养的时代精英。正如中盐金坛公司《贤文化纲要》之《尚贤》所言："知之不易，行之亦艰，惟贤者可通知行。如是则知中有行，行中有知，知则真切笃实，行则明觉精察，知行合一方为贤才。贤者内修其身，博学厚德，达者外建其功，修己安人。"

2.《贤文化纲要》：传统文化融入企业文化的成果

2013 年 8 月，中盐金坛公司发布《贤文化纲要》，正式将公司企业文化定名为"贤文化"。贤文化的核心理念为"敬天尊道，尚贤慧物"八个字，此为中盐金坛人的主流价值观，亦为中盐金坛人对"贤"的现代解读。

3. 贤文化的两大思维特征

贤文化不但在思想内容上传承中国传统文化，而且在思维特点上也延续了国学道统，其思维方式一是"反求诸己"，二是"三才相通"。

"反求诸己"是中国传统文化思维方式的鲜明个性，《中庸》要求"反身而诚"，宋代理学家提倡"居敬穷理"，明代王阳明则倡导"致良知"，这些都是对"反求诸己"的发挥。

"三才相通"中的"三才"，指的是天、地、人，"三才相通"，与科学发展观提倡的人与自然和谐发展有异曲同工之处。

"三才相通"的思维，亦源自中国传统文化。《周易》提出天道、地道、人道的观念，认为"立天之道曰阴与阳，立地之道曰柔与刚，立人之道曰仁与义"。老子则提出"人法地，地法天，天法道，道法自然"的思想，道教经典《太平经》则提出天地人"三合相通"的理念。不管如何表述，中国传统文化在提倡天地人和谐共存、协调发展的理念上是高度一致的。

中盐金坛人在开发利用岩盐资源的同时，就在认真探索资源的可持续利用途径，思考如何确保企业的经济行为更加人文化，企业如何与居民、环境和谐发展。正是基于这一思考，中盐金坛提出了"有限资源，无限循环"的发展理念，并建构起了"三个一体化"的发展格局，即：盐电一体化、盐碱一体化、盐穴一体化，使宝贵的岩盐资源在创造经济财富、造福国人的同时，避免耗竭式开采，最大限度地减少资源的浪费。贤文化将"三才相通"的思维凝结成"敬天尊道，尚贤慧物"八字理念。现在，以中盐金坛为核心的金坛盐盆经济共同体成员企业，在谋划工作、思考企业发展时，人与自然协调发展、企业与天地和谐共存的价值追求已成为自然而然的习惯，"三才相通"把中盐金坛的事业推向了与天地大道相契的坦途。

（三）贤文化建设的三个目标层次

中盐金坛把贤文化建设摆在极其重要的位置，并且把培育企业贤才、厚实企业道德资本、建立贤文化管理模式作为贤文化建设的三个层次的目标。

1. 培育贤才

培育贤才是贤文化建设的最高目标。

传统产业，尤其是有着几千年悠久历史的盐业要从劳动密集型转向知识型、技术型的现代高新技术企业，人才是关键。从真空制盐技术的引进与国产化革新、一次盐水的多次"革命"、盐穴综合利用，到特种盐的研发推广，从多层级科研平台的构建到进入江苏省高新技术企业行列，中盐金坛的每一次转型升级，都离不开人才队伍的支撑。中盐金坛人在追梦的过程中深刻地认识到，人才是企业的第一资源，企业的发展是成就人才的自然结果。正因如此，当《中国企业报》的记者在中盐金坛采访，想了解中盐金坛快速发展、不断创新的动力来源时，公司领导一语道破其中的奥妙："转变经济发展方式，做好这项工作，归根结底还是要先实现人的转型。""其实无论是做企业也好，还是做其他方面的工作也好，最为关键的是要正确地理解和实践'以人为本'。"[1]

自 2003 年从高校引进第一批人才以来，至今中盐金坛已招录 200 多名高校毕业生，学历层次横跨专科、本科、硕士、博士，从根本上改变了企业的人员结构。但高学历并不等同于高能力、高素质，什么样的人才是中盐金坛所需的？换言之，应当把企业员工培养成何种人才？中盐金坛人给出的回答是：向贤努力，成为贤才。

公司领导在回答"什么样的员工才称得上是人才"的问题时说："以德为先，德才兼备。"在回答"公司发展迫切需要什么样的人才"时说："企业人才是多方面各层次的组合，我们需要一线技术层面的应用型人才，在转型升级过程中，需要研究型人才，在管理上需要德才兼备的通才型人才。""贤才的最大特点是：无论工作和生活，向贤努力已成为一种思维方式和行为习惯。"[2] 因此，培育贤才，是公司管理的第一要务，文化建设作为管理的重要环节，理所当然地将成就贤才作为最高目标。

从另一个角度讲，企业作为社会组织，也应担当起富民育人的责任，并在建立富民育人的业绩中彰显企业的价值。孔子到卫国，看到卫国人口众多，弟子冉有问道："既庶矣，又何加焉？"孔子答曰："富之。"冉有再问："既富矣，又何加焉？"孔子回答说："教之。"（《论语·子路》）孔子当年提出的"庶、富、教"的思想对于现代企业也是适用的。企业是一个小社会，它天然地担当富民育人之责，由一企之富足安定，推及国家、民族之富足安定；由培育一企之高素质人员，推及培育一国一民族之高素质公民。因此，培育贤

---

① 万斯琴、麻婷：《中盐金坛：转型改革打造百年老店》，《中国企业报》，2014 年 1 月 21 日。

② 周小丽、耿晓辉：《成长成才备受关注，公司领导回应员工"五问"》，《中盐人》，2013 年 12 月 30 日第 3 版。

才，不仅仅是企业的行为，更有着全社会的意义；贤文化建设不仅有益企业发展，也将惠及社会、国家、民族。

2. 厚实企业道德资本

儒家认为，人之所以为人，是因为人是有道德的。孔子以道德教化为治国的原则，他说："为政以德，譬如北辰居其所而众星共之。"（《论语·为政》）中盐金坛把人才定位为德才兼备、以德为先的贤才，可见"德"在贤才培育中是处于第一位的；公司领导把员工贤德的养成视为企业的道德资本，而贤文化建设担负着培育员工贤德的功能，在厚实企业道德资本方面负有第一责任。正如中盐金坛党委副书记、纪委书记冯良华所言："公司建立贤文化，用中国传统文化来熏陶每一位员工，提升员工的修养。"[①]

2013 年 11 月 12 日，贤文化研究会在金坛盐盆经济共同体宣布成立，中盐金坛公司主要领导到会祝贺并发表讲话，明确指出贤文化研究会的立会宗旨是为企业培育道德资本。他说，"道德是一种无形价值，道德也是企业资本"，"贤文化研究会以培育贤才、养成贤德为出发点和落脚点，组织会员学习、研究、传播中国盐文化和传统文化，以成就贤德贤才为价值取向，把中国传统文化的义利之辨落实到个人的实践中，有了这样的价值追求，就会使我们在立身处世上呈现出不一样的气象"[②]。

在中盐金坛，企业的各种行为被视为道德智慧的实践过程，而这种实践体现为追求"义利兼顾，以义为上，与社会相适宜"的总体效果。具体言之，中盐金坛贤文化所指的道德智慧，包含三个方面，一是无私，二是和而不同，三是慧物，若达此三境界，则近者亲而远者悦，企业的生命力将长盛不衰。老子《道德经》曾以"水德"为例来形容："上善若水，水利万物而不争，处众人之所恶，故几于道。"（《道德经·第八章》）中盐金坛在新员工入职的第一天起，用一个月的时间开展贤文化培训，入职以后，还将接受贤文化专题培训，在班组中也持续不断地开展对贤文化的"行知"培训，这些举措旨在使贤文化进入员工的心灵世界，与员工的生命打成一片，成就如大地般厚实的道德素养，担当起振兴中国盐业的责任，这也就是《周易》乾卦所言的"厚德载物"。

---

① 麻婷：《金坛盐盆经济共同体有了人文建设的高端平台》，《中盐人》，2013 年 11 月 15 日第 1 版。

② 《贤文化研究会章程》。

中盐金坛倡导贤文化，是应对道德危机的顺势而为。须知企业的发展，在于人的发展；企业之长久，需要积累深厚的道德资本。因此，我们把"德"放在第一位，先立德再立功。一个企业若没有振奋的精神和高尚的品格，就不可能屹立于现代企业之林。

积累道德资本，就是要把贤文化精神贯穿于企业行为的全过程、各方面，使我们的事功奠基于厚实的"德"之上，进而合乎天地之"道"，因此，这是一个道德智慧实践的过程。①

《中盐人》评论员的这篇文章，表达了他们对道德作为企业资本的认识，以及通过建设贤文化厚实这一特殊资本的坚决路径。

3. 建立贤文化管理模式

企业文化如果只停留在口号、标语或理念阶段，它的影响力有限，其独特的凝心聚力、引导启智功能亦难以发挥。如果能把企业文化融入管理思想及其制度设计中，化身为员工和企业的行为准则，使企业的组织原则和管理方法带上独特的文化标识，则企业文化软实力的作用将发挥得更加全面透彻。

基于此种思考，中盐金坛人创办《贤文化管理》内刊，提出了探索贤文化管理模式的构想，并期待此种努力能在管理全盘西化的当今时代，为中国管理学的建立尽一己之力，呼吁学界和业界有识之士关注、重视中华文化的管理智慧。以下为其"贤文化管理"论纲：

"贤文化管理"植根于现代企业生产经营的实践，从积淀深厚的中华传统文化中汲取养分，融合了对生命意义、自然与人之关系、企业长久之道等诸多问题的思考，凝聚着对生命、天地的敬畏之心和对社会责任的担当精神，诞生于践行"以人为本，科技兴盐"的中盐金坛公司，志在探索现代企业"立德、立功、立言"的管理之道。

"贤文化"是用感恩自然、回报社会的胸怀和宿沙煮海之精神培育贤者的思想体系，这种培育是以润物细无声的方式进行引导和规避，是中国式的管理艺术。

"贤文化"提倡敬天尊道，以顺应的方式和敬畏的心态顺天生物，应地运行，助人进德修身、成圣成贤，达自然天成之功效，乃无为而治之管理。

---

① 郑明阳：《积累道德资本，为百年企业奠基》，《中盐人》，2014 年第 1 版。

"贤文化"引导人守清静之本，顺至诚之性，达成人之用。人成则事成，事成则业兴，开物务成，功业可定，乃明本顺性的中国式管理之道。

"贤文化"教育人内修其身，博学厚德；外建其功，修己安人；知则真切笃实，行则明觉精察；在倡导克己修身、疏堵结合中铸就圣贤。这是中国式管理的直接体现。

"贤文化"提倡和而不同、随方就圆、亲密和悦、厚德慧物，这正体现汉字"管""理"之本意，是利万物而不争、谦下容众的中国式管理。

"贤文化"主张以礼治企，以乐和人，使秩序可辨，其乐融融。这种管理之道，约己以礼，文之以乐，礼乐兼备，赏罚有制，诚如以"管"为器，疏堵结合，和谐的旋律油然而生，管理的神韵跃然纸上。

"贤文化"指出"信"为企业兴盛之源，"睦"乃人和事齐之象，讲信修睦使贤者如有源之水，盈科后进而致远，如"管"中之音，悠扬绵延，如玉之纹理，浑然天成。

"贤文化"体现出中国式管理思维，构成中国管理思想的特有体系，是中国传统智慧与现代企业管理的结合，是中盐金坛几代员工，积二十多年之力，对中国管理学的"知"与"行"之结晶。

"贤文化管理"是中盐金坛人对传统和现代管理思想的继承和发扬，是中国管理学建设中一支生机勃勃的思想力量。它突出敬天、尊道、明本、顺性、尚贤、慧物、贵和、致远的"贤文化"理念，力争在对中国传统智慧和现代管理经验吸收总结的基础上，建立现代企业修贤育贤的管理模式，推动中国管理学的成熟与发展，为世界走向"良知"发用流行的和谐之境，贡献中国企业人的心智成果。①

二、贤文化建设与传播的历程

事物的发展总是一个过程，"贤"文化不是凭空出现的，它也有着一段关于成长、成熟、发展、完善的故事，贤文化的确立，经历了三个重要阶段：

纵观中盐金坛企业文化建设史，有两个重要的转折点值得关注：一是2006年公司总经理管国兴提出"公司比拟于人"和做"全球最受尊重企业"的观点，他说，"一、公司治理比拟于人的行为规范；二、企业战略比拟于人

---

① 孙鹏：《"贤文化管理"：现代企业"立德立功立言"之道》，《贤文化管理》，2014年第1期。

的理想；三、企业公民比拟于人的社会责任；四、企业文化比拟于人的习惯
行为；五、企业的内部管理比拟于人的修身养性"①，同时提出"一个人要不
断提升和完善人格，最终实现完美的理想人格，用'成贤作圣'或者是'内
圣外王'来形容，一个企业也必须有所追求，实现完美的人格化，达到最高
境界——'全球最受尊重企业'"。另一个转折点是 2012 年 12 月出台《贤文
化纲要》（征求意见稿），提出贤文化十个条目，这标志着贤文化的初步成型。
因此，中盐金坛的贤文化建设过程分可为三个时期：1988—2006 年为积蕴期，
2007—2012 年为成长期，2012 年末至今为成熟期。各个阶段的内容及其特
点如下：

1. 积蕴期（1988-2006 年）

中盐金坛公司从 1988 年成立以来，一直关注公司企业文化的发展，但在
1988—2006 年，公司处于起步阶段，难免将更多的精力倾注在质量、产量等
关乎生存的方面。

2002 年《盐化人》刊发总经理管国兴的文章《江南雨》，其中提道："一
方水土养一方人，江南雨滋养了江南的才子佳人，也滋生了江南的企业文化。
江南雨无私奉献、润物无声的力量以及锲而不舍的精神是人生和企业所必须
具有的信念。企业的各项工作也要拿出江南雨的精神，善于挤、善于钻，全
体员工无论是处于何种岗位，都要有那种专心致志做好每件事、滴水穿石的
江南雨精神。"可以说，"江南雨精神"是这一时期企业文化的最大特点，此
文在《中盐人》2007 年第 6 期第 1 版、2010 年 9 月 25 日第 4 版两次刊登，
足见其重要性。

2002 年，在公司召开的"迎新春，话发展"知识分子座谈会上，总经理
管国兴提出"以人为本，科技兴盐"的发展战略，要求企业动员所有员工的
积极性，"必须尊重人、关心人、爱护人、培养人"。

可见，"江南雨精神""以人为本，科技兴盐"成为这一时期企业文化关
键词。

2. 成长期（2007—2011 年）

随着企业的发展壮大，中盐金坛的企业文化也随之成长、成熟。

《中盐人》2007 年刊登的《英雄造时势，时势造英雄——从"中盐之星"
评比谈开去》，2008 年刊发的《学习〈现代企业班组建设与管理〉有感》，

---

① 管国兴：《现代公司越来越趋向人格化》，《中盐人》，2006 年第 1 版。

2009 年刊发的《中盐金坛公司召开深入学习科学发展观活动动员大会》和《万红千紫春无限，只待新雷第一声——从做最受尊重的企业谈开去》，2010年刊载的《加强学企合作，传承弘扬中国盐文化》，以及 2011 年发表的《做最受尊重企业——中盐金坛公司企业文化建设之路的回顾与思考》等文章，都提到了"全球最受尊重企业"一词。中盐金坛确立了做"全球最受尊重企业"的美好愿景，从"尊重"二字可以看出公司文化开始寻求一种价值上的认同。

孟子说"人之异于禽兽者几希"，这个"几希"就是"德"。"德"是中国传统文化的重要条目。在中盐金坛公司召开的 2008 年度总结表彰大会上，总经理管国兴提出，我们要树立信心，确保增长，提升企业文化内涵。在用人上，坚持以德为先，先做人后做事，讲求信誉，讲求道德，不断发挥"德行"在经济社会发展中的规范、教育、引导作用；坚持"以德治企，以德兴企"的管理理念，力倡"言必行，行必果"的行为准则，采用"内修文德，外治武备"的用人机制；培养员工的道德意识，强调做人要"修身养德"，培植出"厚德载物、推己及人"的处事风范。2010 年第 1 期第 2 版《以德治业，以德兴业》一文提道："以德治业，以德兴业，是公司管理理念的根本，是企业文化的精髓。公司致力于建设和遵循现代儒家企业制度，在生产经营管理和用人上坚持以德为先，先做人、后做事的理念，修身养德，厚德载物，推己及人，不断发挥德在经济社会中的规范、教育、引导作用，促使健康企业、理性经济的形成。"同样，2010 年第 1 期第 3 版《遥知不是雪，为有暗香来——解读公司企业文化》中也对此进行了深入解读。

2010 年 8 月《中盐人》改版后的第 1 期第 4 版刊登的《中盐金坛企业文化的核心理念》一文提道：企业关心员工的工作、生活条件的改善，这是发展企业的一个目标，即把人放在中心位置。

因此，这一阶段企业文化的关键词为"最受尊重企业""德""以人为本"。

3. 成熟期（2012—）

这一阶段有两个标志性事件，其一，在 2012 年 12 月《中盐人》期刊上，《贤文化纲要》（征求意见稿）提出了十个条目，这是贤文化的一个雏形；其二，公司对各厂、矿、部、办进行了贤文化调研和宣讲，先后进行了两次贤文化培训，并围绕贤文化开展了多次主题活动。在此过程中，陆续听取了各方面的意见和建议，对《贤文化纲要》进行分析、研究和修改，于 2013 年 8月 25 日刊登了《贤文化纲要》修改稿，形成"敬天、尊道、明本、顺性、尚贤、慧物、贵和、致远"八条目,并以"敬天尊道,尚贤慧物"为贤文化的核心理念。自此,公司"贤文化"正式成型。

公司的"贤"文化谐音"咸",既寓意着古语"成贤作圣",又体现了公司产品"盐"的文化品质。贤文化不是无源之水,无本之木,一者它吸收了中国传统文化中儒家"仁者爱人"的伦理文化、道家"尊道贵德"的生命文化、佛家"理事圆融"的智慧文化,二者它融入了盐文化"耐得住煎熬、蓬勃向上、只留玉洁在人间"的气魄,也代表了不离世俗而超越世俗,扎根于生活、化成于人文的圣贤气象,三者它传承了江南文化之刚柔并济、崇尚文教、开放包容的品格。[①]

经过二十多年的积累,"贤"文化终于由萌芽发展壮大,并结出累累硕果。时至今日,贤文化进入成熟期,已深刻地融入员工的精神世界,对公司转型升级产生潜移默化的影响。未来,贤文化还将经历发展、完善阶段,为公司成就最受尊重的百年基业提供源源不断的智慧和不竭的精神动力。

贤文化在对待企业文化与企业发展的关系上,提出要处理好以下三个问题:

一是人文与科技的关系。"以人为本,科技兴盐",是中盐金坛人对人文与科技的鲜明态度,也是对企业管理中定性与定量关系的诠释。

人之所以是万物之灵,就在于它有道德,有自己独特的文化精神。人文精神是一种普遍的人类自我关怀,表现为对人的尊严、价值、命运的维护、追求和关切,对人类遗留下来的各种精神文化现象的珍视,对一种全面发展的理想人格的肯定和塑造。

中盐金坛贤文化强调"以人为本",将"人"置于一切企业行为之本体的地位。公司不仅关心职工的工作、生活条件的改善,为职工个人价值的实现和家庭生活的幸福创造良好的条件,同时引导和培育职工成为一个超越低级趣味的人,成为对社会、对国家、对民族有贡献的人,更高的目标是成为一个贤者。

"以人为本",对职工的要求,就是希望企业员工一是要脚踏实地,对自己负责,对他人负责;二是要修身养性,提升职业境界,从每一项细小的工作中,能悟到做人的根本,能悟出人的价值。因此,"以人为本"不仅仅是经

---

① 此段内容吸收了南京大学哲学系研究生余丹、王垭,南京财经大学学生朱惟玥 2014 年在中盐金坛公司的暑期实习报告《中盐金坛企业文化简史纲要》。

济意义上的话语，同时更具有道德层面的意义。

"科技兴盐"，关注的是如何运用人类的科技手段来发展企业。盐矿是大自然赐给我们的宝贵财富，但也是一种消耗式资源。中盐金坛倡导"有限资源，无限循环"，依靠引进先进科技和集成式的技术创新，建立绿色循环发展模式，把这一珍贵的资源开发好、利用好，造福人类，造福社会。同时，要成为受尊敬的制盐企业，为中国在世界制盐领域建立应有的地位，科技是根本保障，只有依靠先进科技，才能把金坛盐盆资源开发利用到极致。

"以人为本，科技兴盐"是一种定性和定量相结合的理念，如果说"以人为本"更多地体现定性，那么"科技兴盐"体现的是定量，定性与定量有机结合，人文与科技相得益彰，如车之两轮，推动企业不断向前发展。

二是品行与事业的关系。"贤于内，王于外"是中盐金坛人对于个人品行修养与成就事功的辩证理解，同时也是"以人为本，科技兴盐"这一文化理念的具体化，体现了中盐金坛人对传承和弘扬中国传统盐文化的鲜明态度。中国历代圣贤皆极为重视和强调人的品德修养为建功立业的根本，这是实现企业愿景的思想动力和智慧源泉。

"贤于内"，就是要求员工通过修身养性，养成良好的品德，成为君子，向贤者的目标努力；"王于外"，就是要秉持高尚的品德，努力践行自己的理想，推己及人，在社会上有所建树。换言之，"贤于内，王于外"要先修其德，再立其功。富而有德，众望所归，就能受到社会的尊重，真正做到"王于外"。

"贤于内，王于外"，还要求员工博学厚德。博学，即通过积累专业知识和磨炼岗位技能，提升专业素养和职业境界。厚德，即思想、品行如大地般厚重起来，勇担社会组织赋予的责任。

三是德治与法治的关系。治企者以德为先，以德治企，富而有德。儒家认为"人之所以为人"，是因为人是有道德的。孔子言："为政以德，譬如北辰居其所而众星共之。"（《论语·为政篇》）昌明道德必先富民兴业，富民兴业是企业的基本职责。管子曰："仓廪实则知礼节，衣食足则知荣辱。"（《管子·牧民》）但"甚富不可使，甚贫不知耻"（《管子·侈靡》），故富而不可不宣德，富而有德，众望所盼。而法治，强调以制度管人，按制度办事，法治是德治的必要辅助。二者的关系是，德治为根本，法治为辅助。

企业都有其自身的发展历程，然而不同的企业在发展的过程中，所经历的情况可能会有天壤之别。每一个企业的管理都是从"人治"开始的，只是不同的企业，其所持续的时间不一样而已。企业在不断的发展过程中会慢慢地迈向"法治"时期，当各种规章制度得到不断的完善，企业员工都能完全执行好的时候，企业管理开始走向新的高度——"德治"，在这个阶段，企业员工基本能够严格地约束自己，并利用企业文化去影响进入公司的新员工。

文化管理是企业管理的最高境界，文化管理是通向无为而治的途径。当"德治"深入人心的时候，企业文化就能使企业在激烈的市场竞争中越走越远。

三、贤文化传播的途径与形式

企业文化确立后，如何使员工理解、认同、融入，实现企业文化由精神向生产力和人的素质的转化，是企业文化建设的重要阶段，也是企业文化建设的主要任务。在传播媒介发达的网络时代，可供利用的传播渠道很多，但培训这一传统方法，仍然是企业文化传播的最有效的途径。中盐金坛的贤文化传播，采用的主要途径是最为传统的方法——培训，包括新员工入职培训、管理人员贤文化专题培训、行知班建设等。

（一）人文培训

1. 新员工入职培训

中盐金坛每年都要从当年高校毕业生中招聘30余名新员工，从事生产、技术、市场、管理等工作，在上岗之前，必须参加一个月时间的集中培训。对于新员工入职培训的定位、培训内容、培训师资、培训方法，中盐金坛有其独到的理解和做法。

（1）培训层次。中盐金坛将新员工入职培训分为两大层次，采取两种方法进行。一个层次是人文素质培训，采用集中时间、系统学习的方法；另一个层次是岗位技能培训，采用师傅带徒弟的方式，由新员工所在班组具体组织进行，不搞集中培训。技能培训之所以放在班组开展，一是所需时间较长，二是实践操作性很强，不同岗位之间知识、技能、要求差别很大，所以适合于以师徒相授的传统方式分散进行，这方面因涉及专业技术问题，不做详述。而其集中一个月时间举行的人文培训，特色鲜明，内容丰富，颇有可圈可点之处。

（2）培训内容。中盐金坛人文培训的内容主要分为四大板块：综合知识——了解所从事行业和企业的生存发展历史与现状；专业知识——企业所涉及的基本专业理论与知识体系,如安全生产、工艺技术原理、管理体系、市场工程建设等;人文通识——弥补理工科专业的新员工所缺的中国历史文化知识,特别是道德修养与实践智慧,同时有助于理解贤文化;实地参学——践行"读万卷书,行万里路"的精神,结合培训所学,实地考察同行企业、中国历史文化教育基地。

(3)培训的定位。中盐金坛公司将新员工培训定位为"理解和融入盐盆经济共同体文化——贤文化的人文综合素质培训"。公司领导指出:"做产品不可能长久,但做人却是长久大计,培养人、成就人比做产品更重要。因此,管理的第一职能是教育,管理不仅是科学、艺术,更是哲学。在一个月的培训中应以润物细无声的方式,为新员工种下一颗贤文化的种子,建立一个明确的理念,引导新员工由知识性的分散思维回归到整体性的综合性思维,尽快融入贤文化,适应角色转换。"[①] 在这一思想指导下,新员工培训领导小组明确了培训要求和培训目的:"既有科学的训练,更注重培养人文的情怀,以养成家国天下的责任担当精神;在认识宇宙人生方面,既掌握科学的方法,也了解人文的途径;在探索'无知之谷'时,养成博学、审问、慎思、明辨、笃行的方法。通过人文培训,使新员工安定身心,脚踏实地,勇于做中国文化的传承者与开新人。"[②]

长期以来,东西方的学术界、实业界皆存在一个认识误区:"把企业仅仅看作生产物质财富的组织,而未考虑人文因素,这样一个缺乏人文关怀的企业是一个生命力不健全、不旺盛、不完整的企业,这样的企业是无法让人安身立命的。因此,中盐金坛期望通过培训能使新员工不仅仅从物质文明的视角认识企业,更要从精神文明视角重新审视企业,多角度、立体化、全方面地认识自己的工作和职场,从而在尽快短的时间内适应角色的转变,真正把企业作为自己安身立命的场所。"[③]

(4)培训的效果。每次培训结束后,新员工培训办公室都会做一次问卷调查,以了解本届新员工培训的效果。从问卷调查的反馈情况看,对于培训的满意率,均在90%以上。2014年8月15日出版的《中盐人》,从"反求诸己:体会自我升华的愉悦""敬天尊道:探讨敬畏之下的责任担当""一阴一阳之谓道:感受平和之心看待得失""明德立本:思考未来的志贤之路"四

---

① 新员工培训工作领导小组:《2014年度新员工培训工作简报》(第2期)。

② 新员工培训工作领导小组:《2014年度新员工培训总结报告》。

③ 新员工培训工作领导小组:《2014年度新员工培训总结报告》。

个层面，对新员工培训的感悟与收获做了详细报道，有事例，有分析。一个月的集中培训结束后，公司组织举行培训汇报会，新员工打破常规的汇报形式，以情景剧和歌舞、太极拳表演、PPT主题汇报的"新花样"，与观众分享了一个月来的学习收获，表达了对贤文化的理解和对未来职场的信心，也让观众感受了一场传统文化的洗礼。

2. 贤文化专题培训

从2012年到2014年，中盐金坛在南京大学先后举办了三期贤文化专题培训班，针对各个层次的管理人员进行贤文化落地宣贯。选择在人文底蕴深厚的百年名校——南京大学，集中8—9天的时间脱产学习、研讨贤文化，这是金盐人在企业文化建设方面的创举。参与授课的南京大学博士生导师、科技思想史专家李曙华教授评价说："现在有很多企业目光短浅，只贪图眼前利益，但见到你们正在传承和弘扬传统文化，让我看到了中华文化的未来和希望。"教育部长江学者特聘教授、南京大学洪修平教授赞道："你们做了一件很有意义的事。"①

（1）培训宗旨。中盐金坛公司在阐述其培训宗旨时说：历经二十多年的发展，中盐金坛不但奠定了坚实的物质基础，同时构筑了独具个性的精神大厦，此精神大厦以"贤文化"命名。

贤者，有德有才之谓也。二十多年来，金盐人秉持向贤之志，在贤文化的推动下，以不凡的发展业绩，成长为中国盐行业的新标杆。

两千多年前，孔子告诉我们，国家富裕了，就要对民众施行教化，使国民成为有道德素质的群体，这才是国家长治久安之道。治国如此，治企亦然。因此，通过培训提升员工的素质，养成高尚的职业之"德"和精明的干事之"才"，成就一批"贤于内王于外"的企业精英，才能从容应对复杂经济形势的挑战，开拓企业发展的新空间，在世界范围振兴中国盐业，进而成就受尊重的百年基业。②

公司的经营班子期望未来的中盐金坛不仅是集聚财富的经济实体，更是志同道合者安身立命之所；既是员工实现价值和价值增值的平台，更是传承弘扬中国传统文化的重要基地。通过培训，开启员工慧性，将贤文化的思想智慧融入事业、家庭、生活之中，使身心和悦，家庭和谐，工作和顺，生活

① 麻婷、马建军：《"贤文化"培训带给我们什么？》，《中盐人》，2013年6月25日第3期。

② 郑明阳：《中盐金坛公司贤文化培训手册》，2013年，第1页。

和美，企业和乐，使中盐金坛人的共同事业在"敬天尊道，尚贤慧物"的路上走向更高境界，走得更加久远。要言之，中盐金坛贤文化培训的宗旨为："博学厚德，修心养身，知行合一，成贤合道。"

（2）培训内容。贤文化专题培训的内容分"贤文化与儒家智慧、贤文化与道家智慧、贤文化与佛家智慧、贤文化与易学智慧、贤文化与西方文明智慧、先贤王阳明及其心学"六大专题板块，全方位展示贤文化的思想渊源与现实品格，同时辅之以诗、书、礼、乐、艺、茶、养、武之教，修身调心，厚实人文素养，提升职业境界，深化对贤文化的理解，建立"志贤"的主流价值观。

担任培训教学的老师主要来自南京大学相关学科的名师或教授、博士，他们从讲解国学经典《大学》《中庸》《老子》《坛经》《周易》《传习录》的思想精华入手，引领学员体悟国学智慧与贤文化之渊源关系；介绍中国古代圣贤修身处世、建功立业的经典案例，开启良知，润养智慧；同时，展示贤文化之礼、乐、艺、茶、养、武的独特魅力，净化身心，澡雪精神，在学习新知识的同时，打开视野，别具慧眼看待工作与人生，修身养性，道术兼通，助益员工的职业境界上一个新层次。

培训期间，结合不同阶段学习、研讨主题，组织参访优秀企业和国学圣地，践行古代贤者"读万卷书，行万里路"的参学精神。

（3）培训效果。中盐金坛公司组织的三次贤文化专题培训，无论是课程设计还是师资力量配备上，都可谓精心设计。培训均在著名高等学府南京大学举行，先后邀请了近 50 位知名教授、博士授课 60 余次，三期共安排 26 天脱产学习，培训了近 150 名管理干部，在企业内外引起了不小的反响，受到了广泛的关注与好评。《中盐人》对培训的效果做了专题采访报道，有兴趣者可以参阅。

（二）以《中盐人》为主体的媒介传播

除了培训，由中盐金坛公司和中盐常化公司共同主办的纸媒《中盐人》，是贤文化传播的主阵地。

1.《中盐人》概况

《中盐人》的前身为《盐化人》，创办于 1998 年 10 月，主办单位为金坛市盐业化学工业总公司有限公司，A4 纸黑白印刷，主要起公司信息的上传下达作用，实为一份公司内部的工作简讯。2003 年 2 月更名为《中盐人》，由中盐金坛盐化有限责任公司主办，A4 纸黑白印刷。2005 年改为小四开铜版纸彩色印刷，开始有了新闻版面意识，文章内容注重多样化。2010 年 7 月，中盐金坛公司成立企业文化部，专职从事企业文化建设，《中盐人》转由该部门编辑出版。8 月，《中盐人》实施改版工程，主办单位增加中盐常州化工股份有限公司，版式由小四开铜版纸彩印，改为对开彩印大报，月刊，在中盐金坛公司网站上同时发行《中盐人》PDF 数字版。2013 年 10 月，出版周期改为半月刊。

随着公司"敬天尊道，尚贤慧物"的贤文化确立，《中盐人》在贤文化的引领下，开启了新的办刊之路。采编人员把贤文化贯穿在整个报纸的编辑策划流程中，版面的栏目设置充分体现贤文化的精气神，通过营造浓厚的贤文化氛围，增加贤文化对读者的渗透力和凝聚力，使贤文化成为推动公司"创新发展，转型发展"的强大精神动力。

2.《中盐人》版面内容

《中盐人》以企业内部员工为主要目标受众，努力把这份内刊建设成中盐人共同的思想家园。为此，编辑部确立了"传播先进文化，报道发展动态，反映员工心声，助推改革创新"的办刊理念，形成"要闻言论、动态新闻、专题报道、文艺副刊"的版面布局，一方面及时报道生产经营的重点、热点、亮点新闻，满足员工的信息需求，另一方面对企业重点新闻进行深度解读，引导员工理解新闻背后的"新闻"，用新闻事实来诠释贤文化，使新闻报道在"见人见事"基础上更要"见心"——贤文化精神。同时，在文艺副刊这个平台上，用读者喜闻乐见的文艺形式传递企业的人文精神和人文关怀，交流对贤文化的理解。

3.《中盐人》对贤文化的传播

《中盐人》以贤文化理念统领新闻报道，通过具体、生动的新闻故事揭示抽象的贤文化理念或精神，文艺副刊重点抒发员工的"贤悟"，使贤文化变得可触、可感、可亲。为了准确、生动、深入地传播贤文化，《中盐人》采取了如下措施：

一是公开宣告以"宣传贤文化、解读贤文化、融入贤文化"为办刊方针，并围绕这一方针从报道的选题、新闻价值的解读等方方面面传递贤文化，以此增强贤文化的辐射力。

二是开设"贤文化培训""新员工培训""贤德贤才""一线风采""中盐人素描"等贤文化专题或专栏，对贤文化主题活动、员工的志贤故事做深度报道，并配发评论，以此增强贤文化的感染力。

三是在副刊推出"经典丰饶贤文化""朴素的道德""诚者天下行""育英才，修贤德""《传习录》中的人生智慧""孔子与《论语》"等专题或专版，从多种角度诠释、传播贤文化，以提升贤文化的影响力。

（三）行知班传播

中盐金坛为推进公司学习型组织建设，践行"知行合一"的贤文化精神，使贤文化真正成为员工的价值观、思维方式和生活方式，从 2014 年起，在全公司开展"行知班"建设活动。

1."行知班"建设的提出

以贤文化为指导，实践"知行合一"精神，确保公司生产经营的计划、部署和企业管理的规章制度，在班组和员工层面贯彻落实，加强 5S 现场管理，进一步提高工作效率，并造就一支可爱可敬的员工队伍。通过"行知班"建设，在全体员工和管理人员中树立尊重劳动、热爱劳动的职业观念，养成亲力亲为、严谨细致的工作作风，培育发现问题、解决问题的实践能力，形成团结合作、共同进步的职场氛围。同时，通过"行知班"建设，开辟上下沟通的新路径，提高管理效率和执行力。

2. 传播贤文化是行知班的重点

"行知班"建设的重点是员工如何将应知应会的业务知识、岗位技能、管理能力、职业道德等事项逐一落实到行动上，使"行"为真行，"知"为真知。为此，2014 年"行知班"建设活动的重点内容为：从寻找存在的具体问题入手，通过研讨性学习提出解决方案并一一落实到行为中，使工作中的短板得以不断改善；发现"知"的不足并在"行"中完善，进而改善"行"的效果，从岗位操作员变成合格的工厂工程师；发现对贤文化"知"与"行"的不足，按照"知行合一"的要求做到"日日新"；在"行知班"建设过程中，结合具体工作、具体问题、具体案例学习、理解贤文化。[①]

3."行知班"的活动内容。

"行知班"是一种没有先例可循的探索性班组建设措施，如何开展此项活动，活动内容是什么，从《中盐人》等公开报道的案例看，主要有以下方面：一是综合管理部门与生产单位的班组结对子联合开展劳动。如公司生产部全

---

① 《中盐金坛公司关于开展"行知班"建设活动的通知》，2014 年 2 月 14 日。

体员工到金赛盐厂盐硝车间擦拭设备、清洁门窗地面，以形成尊重劳动、亲力亲为的职业精神；金东公司深入市场部了解市场动态，灵活组织生产。二是组织生产单位之间的学习交流，解决生产中的现实问题。如金东公司由厂长带领各班班长、中控至金赛盐厂学习热压缩工艺和工序操作，通过现场跟踪操作，采集大量工艺参数比对分析后，找到了蒸发罐频繁堵塞的根本原因，初步提出了解决方案。三是班组每个月拿出一天休息时间组织集中学习和劳动。如电厂由班组技术骨干授课，参与的员工讨论交流生产操作中遇到的问题，各自提出意见与建议，同时加强现场设备管理，清扫现场卫生，以培养员工爱厂爱劳动的主人翁意识，尽快成长为全能值班员；矿区组织员工学习贤文化、增强道德意识、提升操作技能、加强生产协调及 5S 现场管理。四是将 QC 小组活动纳入行知班建设，提高员工发现问题和解决问题的能力，激发员工的主动性和创造性，把班组建成学习型组织。五是将行知班建设与党建活动相结合。如公司党政办公室深入盐厂学习观摩，与生产单位共同研究解决党建中的实际问题，提高党建水平。

（四）贤文化研究会传播

2013 年 11 月 12 日，由金坛盐盆经济共同体的四家企业——中盐金坛、江苏盐道物流、金坛金恒基安装公司、金坛金赛物流公司联合发起成立的贤文化研究会举行第一次会员大会，讨论通过了章程，选举产生了组织机构，发布了 2014 年工作计划。这标志着，金坛盐盆经济共同体诞生了自己的人文建设平台，共同体的文化——贤文化建设进入一个新阶段。

1.贤文化研究会的宗旨

《贤文化研究会章程》规定，本会宗旨为：在金坛盐盆经济共同体中推动形成学习、研究、宣传、践行贤文化的良好环境，为贤文化体系的构建和丰富完善提供智力支持，为贤文化的传播积聚力量。[①]

在研究会的成立大会上，名誉会长、中盐金坛公司总经理、党委书记管国兴把贤文化研究会的宗旨概括为"培育道德资本"，他说："道德是一种无形价值，道德也是企业资本。作为学习、研究中国盐文化和传统文化的人文高地，贤文化研究会要秉承传统文化之独立研究精神，以成就贤德贤才为价

---

① 《贤文化研究会章程》，2013 年。

值取向，把中国传统文化的义利之辨落实到个人实践中。"。①

2.贤文化研究会的传播职能

根据《贤文化研究会章程》，该会的职能是：组织开展主题鲜明的贤文化学习、研讨、参观、考察、调研等活动；邀请专家、学者为会员做学习辅导报告或专题讲座，指导会员学习研究贤文化和中国传统文化；组织会员与高校师生开展学习交流活动，帮助会员获得相关资源和信息；为金坛盐盆经济共同体的企业文化建设提供支持和服务。

贤文化研究会会长在接受《中盐人》的采访时说，研究会的定位虽然比较高，但设计和开展的活动会脚踏实地，使员工易于接受，乐于参与，通过高品位的活动享受贤文化的美感和乐感，实现自我提升。②

3.贤文化研究会的传播活动

贤文化研究会成立后，即在金坛盐盆经济共同体中开展"贤文杯"有奖征文大赛，首届"贤文杯"活动期间共收到参赛作品50篇（部），其中微电影1部，相声剧本2部，诗歌1首，小小说1篇，散文及其他体裁作品45篇。评选出特别奖1部，一等奖3篇，二等奖5篇，三等奖10篇，优秀奖11篇，共计30篇（部），由大赛组委会给予物质和荣誉奖励。这是金坛盐盆经济共同体职工学习研究贤文化成果的一次集中展示和检阅。

2015年7月，贤文化研究会组织了"讲述贤的故事"专题活动，深挖员工在生产经营中创造的文化成果，提炼为贤文化建设的素材，并生动地展现蕴藏在员工身边体现贤文化精神的典型事例。此次活动收到28篇（部）作品，评出获奖作品16篇（部），其中微电影1部，相声1部，摄影作品1幅，诗歌散文演讲7篇，水墨配诗作品1幅，书法作品3幅，刻纸作品1幅，贺卡1张。

研究会开展贤文化传播的主要活动形式是成立读书会，组织和指导员工阅读经典。研究会在《中盐人》发布的《读经典倡议书》中说："阅读经典，就是与经典对话，在对话中理解先贤的人生，理解先贤的思想与感情，从而反观自身，体味自我的生命状态，反思自我的生命历程，回归自我生命的本质。一句话，在经典中重新发现自己。贤文化研究会乐于搭建平台，使您零

① 麻婷：《金坛盐盆经济共同体有了人文建设的高端平台》，《中盐人》，2013年11月15日第1版。

② 贤文化研究会：《读经典倡议书》，《中盐人》，2014年9月15日第4版。

距离地亲近中外文化经典，吸取经典的智慧，成就智慧的人生。"① 读书活动分为平时自主阅读和集体研读两种形式。参加者需平时自主阅读相应经典，养成良好的阅读习惯；集体研读时，由贤文化研究会将相关经典的重点章节印制成单页供集体研读，并设计若干问题以供讨论，贤文化研究会将邀请相关学科的博士，以志愿者的方式指导会员阅读和讨论。

贤文化研究会推荐的首批阅读书目为十二部中外经典：《论语》《孟子》《道德经》《庄子》《易经》《六祖坛经》《传习录》《圣经故事》《古希腊神话与传说》《古罗马神话》《全球通史》《新教伦理与资本主义精神》。

贤文化研究会成立至 2015 年，已组织十多次读经典活动，研读了《传习录》《论语》《周易》，加上其他的一系列活动，该会已在员工中产生了较大的影响，这是中盐金坛探索贤文化传播的一种鲜活有效的形式。

四、贤文化建设与传播的效果

如果从正式发布《贤文化纲要》算起，中盐金坛公司的贤文化建设与传播迄今已进行六年。六年来，贤文化建设与传播取得了什么样的成效呢？

（一）员工的价值观得到提升和统一

众所周知，文化建设的最高目标是形成精神信仰，这一目标位于企业文化金字塔的顶端，规范和引领着企业的行为方向与员工的价值追求，使文化的力量逐级逐层地渗透于企业的方方面面，给企业打上鲜明的文化标识，培育出独特文化风貌的员工队伍。

中盐金坛经过多年的贤文化建设，虽然还未达到形成精神信仰的层次，但在统一员工的精神追求和价值观方面，已有了明显的效果。走进企业，贤文化已成为主流意识，修贤育贤、尚贤志贤的风气在各厂矿得到倡导，润物细无声地影响着企业的生产经营和员工的文化修养，在这方天地，"贤故事"随处可遇，可感可触。

盐矿老员工仲贵喜认为："人不能延长自己生命的长度，但可以拓展生命的宽度。通过贤文化建设，几年后，员工的气质肯定会有变化，素养肯定会有提高。"② 盐矿老员工冯连庚认为："一个没有文化的企业，难以让人尊重。

---

① 贤文化研究会：《读经典倡议书》，《中盐人》，2014 年 9 月 15 日第 4 版。

② 麻婷：《信心、感动、方向——贤文化调研纪实》，《中盐人》，2013 年 1 月 25 日第 2 版。

贤文化主要体现在道德层面，提得很及时。如果要受人尊重，就必须做到贤。"①公司厂矿领导认为，《贤文化纲要》是吸收优秀传统文化、结合公司实际提出来的企业文化，其核心在于重德，使我们的工作有了努力的方向。贤文化不但统一了员工的价值观，而且员工们已经在自觉地将贤文化贯彻到工作和生活当中。加怡热电厂副厂长王国华说："从要我工作，向我要工作转变，就是在接近贤。"②加怡热电厂安全主管陆胜认为，当我们以敬畏自然的心态开发资源，并保护好一方碧水蓝天，就做到了贤文化倡导的"敬天"③。

自 2013 年始，公司设立"贤德""贤才"奖，获奖员工达 122 人，接近公司总人数的三分之一。公司在每年举行的总结表彰大会上对获奖员工颁奖，以此引导和激励员工确立向贤之志，员工也以获得贤德贤才奖为至高的荣誉。

据《中盐人》报道，获得 2014 年度"贤才奖"的加怡热电厂员工黄轶震对工作非常有激情，在电厂十多年，不仅上班的 8 小时全身心投入，下了班也一样爱动脑筋钻研工作上的事。他的经验是：下了班把上班时遇到的问题在脑子里过一遍，不仅让自己的知识更加牢固了，有时还能发现一些生产上的小缺陷。有人问他为什么这么有激情，他说："这都是很自然的事情，干一行爱一行嘛，我热爱这份工作，工作起来自然有激情。"④

获得 2014 年度"贤德奖"的金东公司员工陈华虎肯吃苦，不服输，什么脏活、累活他都抢着干，他说："我就是一个平平凡凡的人，干着平凡的工作，过着平凡的生活，不求有功，只求做好工作，无愧于心。"⑤

这种扎根基层、在平凡的岗位上全身心坚守着一份责任的贤文化精神，在今日的中盐金坛已成为常态。在贤文化的熏陶下，员工们用朴实的方式——兢兢业业地做好岗位工作，实践着他们对贤的"知"。

员工的价值观统一了，管理中的"内耗"减少了，企业的生产经营效益自然而然地提高了。自 2005 年至今，中盐金坛在利税方面对中盐总公司的贡献一直位居前列，连续 10 多年成为金坛市纳税大户前三名，仅以

---

① 麻婷：《信心、感动、方向——贤文化调研纪实》，《中盐人》，2013 年 1 月 25 日第 2 版。

② 麻婷：《信心、感动、方向——贤文化调研纪实》，《中盐人》，2013 年 1 月 25 日第 2 版。

③ 麻婷：《信心、感动、方向——贤文化调研纪实》，《中盐人》，2013 年 1 月 25 日第 2 版。

④ 张花等：《闪光在一线的"贤德贤才"》，《中盐人》，2015 年 3 月 30 日第 3 版。

⑤ 张花等：《闪光在一线的"贤德贤才"》，《中盐人》，2015-3-30（3）．

2011—2014 五年为例，累计向国家纳税达 7.85 亿元，并于 2011 年起进入江苏常州地区五星级企业行列。此外，2009 年被国务院国资委评为"中央企业先进集体"，2012 年，中国盐业总公司授予中盐金坛公司"特别贡献奖"，2012、2013 年被中国轻工业协会评为"中国制盐十强企业"。中盐金坛人以无可争辩的事实，证明了企业的发展是员工的发展之自然结果，同时向世人昭示了其企业文化——贤文化的力量。

（二）经济转型和回归盐业本质的进程提速

中盐金坛公司的领导人认为，中国文化的最大特征是一种道德实践智慧型的文化，在经济和社会生活中，明辨义利是这种文化关注和讨论的主题，也是个体向君子、贤人乃至圣人提升的要津[①]。2015 年 3 月 15 日的《中盐人》发表了评论员的文章《明辨义利，回归本质》，系统地表达了中盐金坛人从"义利之辨"的角度对贤文化的诠释，以及对盐行业本质的理解。

先说"明辨义利"。道义为先，还是利益为先，是每一个企业或行业在改革过程中将面对的选择，我们探索调结构促转型之路，选择的是道义为先。中国盐业有着两千多年的专营历史，这一制度在给盐行业和历代封建王朝财政经济带来丰厚收益的同时，也导致盐行业长期局限在产品结构单一的圈中，缺乏改革与创新的动力，成为既传统又落后的产业，至今在世界盐业同行中依然是大而不强，振兴中国盐业成为当代盐业人应担的道义。而要担当起这份道义和历史责任，就必须顺应国际盐业发展大势，借助改革之力，走出依赖专营的模式，调整盐产品的结构，打破小圈子，融入大市场，为古老的盐行业找到新出路。

次言"回归本质"。我们是井矿盐生产企业，与海盐相比，我们认为井矿盐是盐中的"贵族"，它和大自然赐予人类的其他矿产资源一样，其定位在于服务民生，提高百姓的生活品质，而食盐只是其中的一种，生活中的诸多领域如交通、医药、畜牧、水处理等，都有盐的用武之地，欧美盐业同行在生活用盐领域先后开发出成百上千的品种，在这方面走在了我们的前面。因此，研发特种盐，取之于大自然，用之于改善民生，这是传承盐宗宿沙之精神，回归盐的日用常行之本质的应有之义。

---

① 麻婷：《金坛盐盆经济共同体有了人文建设的高端平台》，《中盐人》，2013 年 11 月 15 日第 1 版。

要言之，通过研发生产特种盐以调结构促转型，是基于"明辨义利，回归本质"的选择，也是贤文化"明本顺性"的应然之举；这个选择也是以修贤成贤为志向的金盐人的必然选择。

上述评论员的文章提出，通过调整产品结构以融入国际大市场，推动中国盐行业的振兴是中盐金坛人选择的"大义"，推动盐行业向本质的回归，是中盐金坛人"明辨义利"的应然之举。他们这样说，也在这样做着。

2014 年 10 月 31 日，中盐盐业技术转化与应用中心正式落户中盐金坛。中盐金坛公司总经理、党委书记管国兴表示，中盐金坛将借助中心这一高层次平台，承担起三大任务：一是推动制盐行业的节能，二是推动制盐行业的减排，三是推动制盐业向本质的回归。①

研发特种盐，在民生领域推广特种盐，提高百姓的生活品质，这是中盐金坛在探索制盐业"回归本质"过程中迈出的重要一步。公司总工程师兼技术部部长陈留平对此做了如下的解读：

无论从经济效益，还是环保效益考虑，散湿盐都应当退出市场舞台。这两年，我们的技术团队就在着力研发特种盐产品，目的就是使公司的产业结构实现大调整，让金坛的精制盐应用于更适合的领域。

为此，我们必须不断加大科研投入，增强自身的科研能力。通过引进和培养人才，做大技术团队，做细研发项目，做深研究课题，确保每个产品的关键成分都能自主研发。以创新产品来创造市场，比如环保型防冻除冰剂、果蔬洗涤盐、畜牧盐都是靠技术推动市场需求的形成。②

走在"回归本质"的发展之路上的中盐金坛，"在大工业盐方面，未来将不再使用精制盐，而是进行盐水革命，推广全卤制碱；精制盐的发展之路是开发特种盐市场，回归盐的本质，为提升大众的生活品质服务，为中国上亿吨级的制盐产能寻找到市场"③。

2014 年 6 月，中盐金坛成立特种盐市场部，与公司技术中心的博士团队联手，研制六大类特种盐新品种，积极开发特种盐市场，改变国人的用盐观念，使盐这个再平凡不过的物品，以更丰富的种类进入生活日用领域，提高大众的生活品质。中盐金坛目前开发出的环保型防冻除冰剂，在原料选用、

---

① 麻婷：《勇担三大责任，引领"科技兴盐"》，《中盐人》，2014 年 11 月 15 日第 3 版。

② 《传统制盐业如何发展？看中盐金坛的转型之路》，《今日中国》，2014 年 7 月 18 日。

③ 转引自中国盐业总公司网站 2015 年 1 月 29 日新闻报道《中国盐业总公司召开 2015 年工作会议》。

加工工艺、技术指标等方面具有较强优势，尤其是低碳钢腐蚀率的性能使其具有良好的环保特性。另外，公司还建立了除冰剂的使用规范，能够做到科学合理的使用，使其对环境的影响很小。资料显示，世界盐业机构将目光投向生活用盐，以提高人的生活品质为追求，在引领盐的利用上，对资源重在循环利用，对环境加以保护，对生命予以关照。中盐金坛的特种盐事业与世界盐业发展方向不谋而合。①

如今，中盐金坛首提的"特种盐"及其产品结构调整思路已得到中国盐业总公司的认可，要求"加大投入，加快特种盐的产业化步伐"②。中盐金坛公司研制的防冻除冰剂已在江苏多地投入使用，同时打入日本市场，在东京、长野、丰桥和佐井等地区得到推广使用。谈到特种盐的未来规划，中盐金坛公司总工程师兼技术部部长陈留平说："公司将走绿色环保之路，培育特种盐产业群，为进一步满足市场需求，还将建医药用盐、畜牧盐、果蔬洗涤盐等一系列高端特种盐项目。"③此外，江苏盐道物流公司还为特种盐打开市场搭建"绿色通道"，负责特种盐的运输、仓储和包装等项目。为满足特种盐市场，将投资 4.9 亿元，建设占地面积 145 亩，总建设面积 53420 平方米的绿色物流园区，届时加工配送特种食用盐的生产能力可达 80 万吨。

"我们这代盐业人还怀揣着一个伟大梦想，要让中国成为世界盐业强国。""中国早已是世界第一产盐和用盐大国，目前年产能近 1 亿吨，但盐的品种还不够丰富，在世界盐行业仍缺乏话语权，我们这代盐业人应主动挑起振兴中国盐业的大梁，这是我们的责任与使命。"④中盐金坛人如是说。

"回归本质"的另一层含义是平衡好企业作为"社会人"与"经济人"的双重责任，在"义"与"利"的关系上，毫无疑问地选择生财有道、义在利先，主动担当起企业的社会责任，使企业的行为和影响惠及民生。在这方面，中盐金坛公司投入大量的资金，做了令许多业界人士一时无法理解的履行社会责任的科技革新项目：引进 MVR 制盐技术以降低真空制盐的能耗；持续

---

①　万斯琴：《盐改谋变，中盐金坛率先培育特种盐产业群》，《中国企业报》，2014 年 12 月 23 日。

②　万斯琴、麻婷：《中盐金坛：转型改革打造百年老店》，《中国企业报》，2014 年 1 月 21 日。

③　万斯琴、麻婷：《中盐金坛：转型改革打造百年老店》，《中国企业报》，2014 年 1 月 21 日。

④　马建军、麻婷：《氯碱行业全卤制碱或成可能》，《中盐人》，2014 年 4 月 30 日第 1 版。

推动盐水"革命"以带动氯碱企业全卤制碱，节约能耗、减少排放①；对加怡热电厂全面实施环保改造并取得显著成效②；不断推进盐穴综合利用，把隐患变成资源；制定不合格产品召回制度，并进行不合格产品召回演练③等等。

付出和回报虽然不会立竿见影地取得平衡，但从一定时期或从长远来看，付出必然收获回报。2014年8月18—19日，由中国矿业联合会、江苏省国土资源厅、江苏省矿业协会、江苏省地质调查研究院、常州市国土资源局组成专家组，对中盐金坛盐化有限责任公司金坛盐矿国家级绿色矿山建设进行验收。在验收意见中专家们评价道，金坛盐矿在建设国家级绿色矿山过程中，"构建了内外和谐的企业文化理念体系，发布了《贤文化纲要》，把'敬天尊道，尚贤慧物'作为公司'贤文化'的核心价值观，编辑出版《人文管理》、《中盐人》等刊物，设立'贤德奖'、'贤才奖'，激励员工向'贤'看齐；成立贤文化研究会，培养贤文化中贤力量；职工收入年增长达10%。经综合评定，中盐金坛盐化有限责任公司金坛盐矿达到了国家级绿色矿山标准，专家组一致同意通过国家级绿色矿山建设验收"④。

2013年2月，中盐金坛通过中国制造网审核，入驻国际电子商务平台⑤，2014年通过联合利华等第三方社会责任审核，审核周期由一年一次延长为两年一次⑥；多次获得常州市、金坛市"重合同，守信用企业"荣誉；自2010年始至今，连续六年获得"企业资信等级3A级"殊荣。这是政府、社会、用户、消费者对中盐金坛人在成长之路上明辨义利，坚守贤文化"明本顺性"的理念，推动盐业回归服务民生之本质的高度认可。

（三）管理的人文特色和精细化水平明显提升

毋庸讳言，中国企业的管理，主要采用的是源自西方的科学管理模式，这种管理模式建立在西方科学理性主义思想文化的基础上，从工业革命时期开始发轫、成熟、发展，其优点在实践中已得到了充分的彰显。与此同时，

① 高良俊：《改造后，电厂环保水平又有提高》，《中盐人》，2014年12月15日第1版。
② 麻婷：《利用盐穴宝库，中国盐业大有可为》，《中盐人》，2013年6月25日第2版。
③ 姚静、麻婷：《中盐金坛举行不合格产品召回演练》，《中盐人》，2014年5月30日第1版。
④ 中国矿业联合会：《江苏省绿色矿山调研及金坛盐矿核查验收情况报告》，2014年。
⑤ 姚桂霞、马建军：《金坛盐入驻国际电子商务平台》，《中盐人》，2013年2月25日第1版。
⑥ 姚桂霞：《中盐金坛通过联合利华社会责任审核》，《中盐人》，2014年9月30日第2版。

其人文关怀的不足，也日益暴露出来。进入 21 世纪，唯经济效益之马首是瞻的发展模式及相应的管理模式，受到了越来越多的质疑和批评，以人为本的观念进入发展和管理的主题。如何在管理的提升和转型升级中更多地体现人文因素，使人本身成为发展的目的并享受发展的成果，而不是成为赚钱的工具，是一个具有挑战性和迫切的现实性的课题。中盐金坛公司提出贤文化、建设贤文化，将贤文化融入管理的提升中，积极推行人文管理，促进现代企业管理向人文方向转型升级，不但带动了管理思维方式的转变，更带动了对管理目标和管理本质认识的转变。

一是贤文化"反求诸己"的思维方式，使自我管理与管理他人变得同样重要，从而打破管理与被管理的界限，推动了以自我管理为特色的"工厂工程师"制度的设计和实施。特别值得一提的是，"工厂工程师"制度运行三年来，员工从"要我学"转为"我要学"，系统驾驭能力大大提升，并能主动思考改进生产工艺，"在生产管理上实现了较大的创新和突破，在增产不增人的情况下，各生产单位成功推行五班三运转和年休假制度，大大提升了管理的效率和效益"①。

二是贤文化"尚贤慧物"的思想，突出了管理的教育职能，使管理的人文精神得到更加全面的贯彻。管理从本质上说到底是何种活动？中山大学著名管理哲学教授黎红雷先生应邀在中盐金坛"宿沙讲坛"做《无为智慧与现代企业管理》的报告时说："管理就是教育，管理者就是教育者，管理的过程就是教育的过程。"②这与贤文化管理的特点一致。

三是贤文化"明本顺性"的要求，使管理向"以人为本"的本质回归，人在管理的实施过程中，从工具回归到目标和价值取向。中盐金坛公司总经理管国兴说："管理既是一门科学，更是一门艺术。自从有了科学的管理，企业发展步入快车道。因此，我们首先要承认管理是一门科学，有它的内在科学性；同时管理中有很多微妙的东西，更需要提升管理者自身素养，使管理成为一种艺术。"③要使管理成为艺术必须用人文来提升管理的境界。中盐金坛成立 16 年来，已经从原有的粗放式经营进入转型升级阶段。

---

① 周小丽：《实施效果如何？员工有何评价？未来如何完善？》，《中盐人》，2014 年 12 月 30 日第 3 版。

② 郑明阳：《著名管理学专家黎红雷、葛荣晋为中盐金坛管理提升传道解惑》，《中盐人》，2013 年 11 月 30 日第 1 版。

③ 管国兴：《管理是一门艺术》，《中盐人》，2013 年 10 月 30 日第 1 版。

贤文化的提出，拓展了管理人员的视野，促进了管理水平的提高。中盐金坛公司总经理管国兴说："近年来，公司在计划管理、品质管理、设备管理、信息化管理等方面取得了明显的进步，企业管控能力和执行力不断提升，科技和人文建设快速向前推进，同时也进一步提升了公司员工的凝聚力和企业形象。"① 特别通过把贤文化精神融入公司管理中，使公司的精细化管理水平得到显著的提高。据《中盐人》报道：

2013 年，ERP 系统由 U8 平台升级为 NC 平台，VMI 代管业务得到深化应用，集团仓库五金超市体系建立完善，增强了公司在销售、物流、计量、质检、领料等方面的集团管控能力，实现公司内部各业务、母子公司之间信息的无缝对接。全年散湿盐的损耗率由 2012 年的 1.12% 下降至 2013 年的 0.75%，由此可产生 180 万元的经济效益，仓库库存资金占用同比下降 4.9%。信息化的深入推进，也使财务结账时间从 2012 年平均 3 天缩短为现阶段子公司 1 天、本部 2 天。年底，OA 系统正式上线，实现办公电子化。正在实施的项目管理、资产设备管理、成本管理、质量管理等一系列管理提升板块，将于 2014 年陆续上线。届时，将真正实现人人参与成本管理，达到生产效益的最大化。②

已跟进中盐金坛信息化建设三年时间的用友软件股份有限公司常州分公司代表说："这三年我看见中盐金坛的管理水平一直在提升，内控能力在不断加强，且速度很快。在信息化构建过程中，公司领导积极推进，员工的支持配合力度也很大，说明信息化在公司内部的认知度越来越高。"③

自 2012 年启动管理提升活动以来，在贤文化的引领下，中盐金坛的专业化、精细化、理性化的管理思路在公司内部逐步落地，并取得了"实现同质化集中供卤、计划管理到班组批次、仓库物资周转率提高、基本实现全年无大修"的管理提升效果，基本做到了"新增项目不增人、岗位增加不增人、班次增加不增人"④ 的管理目标。

---

① 麻婷：《2013，中盐金坛转型升级步伐稳健》，《中盐人》，2014 年 1 月 15 日第 1 版。

② 麻婷：《中盐金坛：三措并举提升自主研发水平》，《中盐人》，2013 年 1 月 25 日第 2 版。

③ 麻婷：《中盐金坛：三措并举提升自主研发水平》，《中盐人》，2013 年 1 月 25 日第 2 版。

④ 万斯琴、麻婷《中盐金坛：转型改革打造百年老店》，《中国企业报》，2014 年 1 月 21 日，第 24 页。

（四）市场"贤商"团队建设成绩斐然

中盐金坛贤文化提出以后，很快辐射到了公司销售部门，培育一批"贤商"成为市场部门人才队伍建设的目标。中盐金坛公司副总经理兼特种盐市场部长江一舟说："在特种盐营销队伍的培养壮大上，我们重视营销人员'术'的提升，但更关注营销人员'德'的储备，这是特种盐市场建设的一个重要任务。员工只有具备担当精神，对家庭、企业、社会和国家负责，才会拿捏好心中的那杆秤，也才会认同我们企业的发展方向。"[①]

在中盐金坛领导人的心目中，"贤商"队伍的"贤"，"不单指个人的文化素养，还包含个人的技术素养。只有对社会具有良好的洞察力，才能算是一位'贤商'。营销员不仅要重视对业务技能和贤文化的学习，更要注重在技术方面的学习提升"[②]。

中盐金坛的"贤商"培育从构建和谐的客户关系着手。《贤文化纲要》说："诚为人之本性，亦为企业之本性，故顺性者必明诚，不诚则无以成己成物。"市场营销人员以"明诚"的态度获得客户的信任，与客户建立和谐的关系。如：外贸营销人员面对美元走低、远洋船运费用提高的严峻形势，通过精心安排生产和发货，努力为客户争取最优质的海运服务、最优质的海运价、最实惠的目的港服务，使得出口量不减反增。一次盐水市场下滑时，客户对质量的要求比平时苛刻，营销人员始终把客户的要求放在第一位，真诚地对待客户提出的各种要求，多次赴客户单位进行沟通协商，进一步优化一次盐水的工艺和检验标准，同时采取提质保价的销售策略，用诚信打动客户，维护了市场份额。[③]

包装盐销售团队坚持走高端市场路线，找准市场，精心培育忠诚度高的客户群，重视和有一定市场影响力、精通盐行业且关注产品品质的规模企业开展合作。2013年中盐金坛出口量增加了30%，澳大利亚和中国台湾地区出口量实现了翻一番，开拓了希腊、毛里求斯、菲律宾、联合利华马来西亚等新市场。对中盐金坛来说，这不仅是量的扩大，更重要的是数据后面是客户对中盐金坛的信任和产品质量的肯定，和谐的客户关系将因此更加长久、坚实。[④]

---

① 麻婷：《特种盐市场需要培育和引导》，《中盐人》，2014年10月30日第1版。
② 江一舟：《我们需要怎样的"市场工程"师》，《中盐人》，2015年1月30日第1版。
③ 韩雪：《关注销售细节》，《中盐人》，2013年11月5日第3版。
④ 马建军：《中盐金坛十大新闻》，《中盐人》，2014年1月15日第3版。

在贤文化的熏陶下，市场营销人员应对市场变化的"定力"不断提升，心态也变得更为平和，综合素质朝着"贤商"的目标靠近。2013 年 9 月，盐行业恶性竞争加剧、上下游化工企业开工不足、市场持续萎缩，产品的积压又造成了价格战和无序竞争，在一段时间内公司市场销售人员被浮躁的情绪所左右。市场部销售科长任辉回忆说："那段时间，我们想起了去年在南京大学举行的贤文化培训开班仪式上领导的讲话，'追求智慧，放眼视界'。只有心定了，才能生慧。我们决心让心静下来。"① 于是，在市场部领导的带领下，销售人员调整心态，积极走访市场，拓展销售半径，开发出两个地区的新用户，最终销售市场恢复了以往有序发运的状态，销售价格也逐渐稳步提升。通过迎接逆境的考验，公司主管市场的领导更加体会到了培育"贤商"的重要。他说，市场部提出培育"贤商"，我们希望用贤文化来培养和提升人员素质，使员工队伍朝着贤的方向前行 ②。特种盐市场部副部长金柳表示，特种盐市场部将加强业务培训，提高专业技能；加强经销商管理，努力探索销售方法的转变；发挥好团队的力量，助推销售人员向"贤商"转型，为迎接"后专营时代"做准备 ③。

可以预期，贤文化将对中盐金坛的市场工程建设和"贤商"队伍的培育发挥越来越大的影响。

（五）员工的组织公民行为更加自觉

中盐金坛公司开展贤文化建设以来，员工们积极践行贤文化，除了兢兢业业地做好岗位工作，还在业余时间主动参与和完成本职工作以外的社会公益活动，赢得了社会的称誉，树立了可敬可爱的志贤者形象。

盐厂硝包装车间班长杨洪财，连续五年在车间度过春节。更让人感动的是，他不但自己过年上班不回家，在公司电厂做保洁的妻子、在盐厂码头工作的儿子也都在岗位上过春节，一家人把对公司的热爱融入了平凡的工作中，心中想的是："公司养育了我们这么一大家子，我们怎么能不以认真工作来回

---

① 任辉：《定心跑市场》，《中盐人》，2013 年 11 月 15 日第 3 版。
② 蒋红翠、荀美子：《20 句话读懂中盐金坛的 2014·2015》，《中盐人》，2015 年 1 月 15 日第 3 版。
③ 蒋红翠、荀美子：《20 句话读懂中盐金坛的 2014·2015》，《中盐人》，2015 年 1 月 15 日第 3 版。

报呢？"①

"金盐之星"陆明军，为了让外地员工能回家过年，春节他代了不少班。他的话特别的朴实："外地员工难得回家一趟，我家就在金坛，无所谓啊。"②

2013年10月26日，研究生毕业的中盐金坛技术部工程师李娜，为当地的中小学第二届科学节开设"崛起中的新盐都"讲座，受到了师生们极大的欢迎。"从来不知道，我们每天吃的盐原来是这样开采出来的！""也从来不知道，被开采完的盐穴居然还有这么多的用途，可以存储天然气，可以储油，甚至还可以用来发电！""身为金坛人，为家乡能拥有这样的盐矿、这样先进的制盐装置、这样与国际接轨的企业，真是深感自豪！"③

盐厂青年员工林峰、孟各拾金不昧的行为，更是在公司传为佳话④，公司员工参与当地无偿献血活动已成为常态。

近几年来，公司400多名员工先后向2008年汶川地震捐款32450元、2009年台湾"莫拉克"台风捐款21794元、2010年玉树地震捐款31531元和舟曲泥石流捐款26280元。一份捐款一份关爱，涓涓细流表达了中盐金坛公司全体员工对灾区同胞的真情关爱，为灾区的抗灾救灾、重建家园尽一些微薄之力。⑤

2013年4月20日四川省雅安发生7.0级地震，许多生命瞬间消逝，美好家园沦为废墟。中盐金坛公司领导和员工及时伸出友爱之手，支援灾区亲人，共计募得善款46300元，此外市场部外贸科在第一时间采用淘宝救援的方式进行了援助，用他们的实际行动履行企业人的社会责任，践行贤文化的博爱精神。⑥

金赛盐厂的仲俊翔是电仪主管，电仪工作压力大、任务艰巨，但是他从来不抱怨，而是怀着一颗挚爱的心来对待工作。仲俊翔常挂在嘴边的一句话

---

① 曹建明、徐文婷、马建军：《蛇年春节，一线员工怎么样过？》，《中盐人》，2013年2月25日第1版。

② 高良俊等：《在班组过年：春节坚守岗位的故事》，《中盐人》，2015年3月15日第2版。

③ 李娜：《金坛盐盆知识讲座受当地中小学生欢迎》，《中盐人》，2013年11月15日第2版。

④ 麻婷：《盐厂青年员工林峰、孟各拾金不昧受称赞》，《中盐人》，2011年7月25日第2版。

⑤ 郑明阳：《中盐金坛公司社会责任案例汇编（2010—2014）》。

⑥ 郑明阳：《中盐金坛公司社会责任案例汇编（2010—2014）》。

就是："我们要学的东西还有很多很多，学习是没有止境的。"① 为了实践他所学习的理论，他总是在车间加班研究操作。就这样仲俊翔通过多学多做多试，持之以恒，终于通过自学搞定了仪表，由门外汉变成了干盐车间的仪表大师。在同事们看来，无论什么问题，身在何处，他都会在第一时间赶来解决。仲俊翔的徒弟陆军对师傅毫无保留的传授感触颇多："师傅很有耐心，在我们学习之初，都是到现场手把手教我们，给我们讲机器的原理，如何调试，如何修理，不厌其烦。在我们逐渐能上手的时候就会放手让我们做，让我们学着慢慢独立。"② 在仲俊翔的字典里，"责任"是一个神圣而坚定的词。刻苦钻研，勤奋好学，无私传授的仲俊翔，他的青春之歌充满贤韵。

---

① 徐文婷：《激扬贤韵的青春之歌——干盐车间电仪主管仲俊翔素描》，《中盐人》，2014年8月30日第1版。

② 徐文婷：《激扬贤韵的青春之歌——干盐车间电仪主管仲俊翔素描》，《中盐人》2014年8月30日第1版。

后记

　　2019 年是中华人民共和国七十华诞，也是传播学中国化进程走过的第四十个年头，继承前辈学者开创的华夏传播研究传统、高扬华夏传播研究的主体意识、争取中国文化国际话语权、建设具有中国特色的传播学体系仍然是华夏文明传播研究学者们不变的信念与追求。中华文化是中国本土传播学思想的藏宝之地，而贤文化正是以经世致用为特征的中华文化的重要组成部分。《贤文化理论体系建设与实践研究》一书所收录的文章主要来自 2019 年 7 月在厦门大学新闻传播学院举办的"贤文化与华夏传播研究"工作坊。该工作坊由厦门大学传播研究所与中盐金坛盐化有限责任公司共建的华夏文明传播研究中心发起举办，正是旨在探索中华文化中崇贤、尚贤、聚贤、访贤、求贤等博大精深的"贤"文化智慧，深研建构华夏文明传播理论体系的进路问题，深化学科对话与融合。本书分为五个讨论主题，分别从"贤文化与社会治理""贤文化与道德培育""贤文化与历史传承""贤文化与乡村振兴""贤文化与个案研究"这五个方面就传统贤文化及其现代价值进行了多学科对话与传播理论深研。

　　华夏文明以圣贤治世为基本治理模式，以贤士为兴国安邦之才，以乡贤为教化民众的意见领袖。在"贤文化与社会治理"专题中，王昀与徐睿聚焦于"贤"作为一种社会价值体系的生成过程，从政治传播视角考察"选贤任能"制度。钟海连与蒋银对贤文化的研究文献进行了大量数据分析，总结其研究现状、热点与进展；并基于企业贤文化建设案例进行了实证研究。连晨曦与王福忠分别从地方文化研究与媒介研究的两个不同视角对"乡贤"进行了研究和探讨。王荣亮则以基层社会治理为案例探析了贤文化打造基层社会治理新模式的有效对策。

"贤文化与道德培育"专题聚焦于主体人格的道德与品格养成。王婕以道家经典《庄子》为文本进行分析，揭示其中"行贤而去自贤"的贤人形象塑造与精神特质。奚刘琴分析讨论了孔子圣贤思想的治道原则、方法与旨归，祝涛则探讨了范仲淹的"圣贤"品格道德实践，吉峰对王充传播主体人格层次以及传播主体素养境界进行探析，此三篇论文都是针对儒家理想人格培育理论与实践所做的研究与探讨。

"贤文化与历史传承"这一研究专题主要从传播考古学的角度入手，对传统经典中的贤文化与传播思想进行研究和分析。杜恺健以《中庸》为文本，探究发现"中庸"作为"显圣物"的媒介作用。张丰乾对《大学》和《管子》与《老子》"身""家""国""天下"等重要观念及其相互关系的不同向度的探讨进行了比较分析，条分缕析，足资参考。王超以北宋以前的 12 家注为背景，考察了北宋 10 位注家对《老子》文本中"不尚贤"观念的解释，揭示了通过"不尚贤"来避免争端、实为对儒墨"尚贤"思想补充的真意。刘育霞则通过对作为"贤"之典范的"夷齐"二人的典故变化的梳理与讨论，侧面呈现"贤文化"内涵的发展与易变。管国兴与祝涛则从《老子》中的贤德观入手以新视角阐释其传播价值。

在"贤文化与乡村振兴"专题中，郭俊红以山西晋中白燕村为案例对新乡贤在乡村文化参与过程中的身份塑造与精英素质进行了分析与探讨。苗永泉与高秀伟探讨了乡贤文化的自觉及其现代转化。祝霞则对苗族旅游村寨——郎德上寨进行了田野调查，梳理乡贤文化对社区治理的作用并阐释其作用机制。

"贤文化与个案研究"专题中，张鑫、陈莹燕、李刚针对社区、学校及企业等的"贤文化"建设研究进行了综述。钟海连则以中盐金坛公司的贤文化实践为案例，对企业贤文化的传播形态、传播效果进行了深度解读。金小方重点考察了墨家尚贤思想，分析其理论体系并阐述其当代价值如何转换。

2020 年是中盐金坛公司提出"贤文化"企业管理理念 10 周年的喜庆年份，为了继往开来，我们决定系统梳理这些年来在贤文化领域所耕耘的成果，将有关成果结集出版，进而形成《圣贤文化传承与华夏文明创新研究丛书》，以作为贤文化理论体系建构与实践研究的新起点。我们期盼着社会各类人士积极参与，共襄盛举。

本书主编

2020 年 2 月 26 日